ファインセラミックスの構造と物性

荒井 康夫・安江 任 著

技報堂出版

まえがき

　材料の研究は金属材料を中心として古い歴史をもつが，主として実験的検証により試行錯誤の方法（try and error method）により発展してきた．第2次世界大戦後から高度成長期にかけて工学を科学と結びつけようとする動きが活発になり，米国を中心として基礎工学（engineering science）という新しい学問が登場した．この学問の中に情報工学，生物工学，原子力工学，宇宙工学と並んで材料工学があり，後に材料科学（materials science）と進化した．この材料科学は金属（金属結合），プラスチック（共有結合），セラミックス（イオン結合）の区別を捨てて，すべての材料に共通の原理，とくに構造論から物性論にまたがる基本原理を体系化した画期的な試みであった．なかでも陶磁器，ガラス，セメントで代表されるセラミックスは，古い歴史をもつ材料でありながら金属，プラスチックとくらべると，わき役の感があったが，近年は材料科学的視野から研究が見直され，測定技術の進歩に助けられ飛躍的発展をとげた．すなわち，セラミックスでつくられた半導体，誘電体，圧電体，磁性体，光電体などがつぎつぎと開発され，高度で精密ないわゆる"fine"な物性を有する意味からファインセラミックスとよばれる一群の新セラミックスが登場した．この時においてセラミックスは単なる耐熱材料から高度な機能性材料としての格付けを獲得したのである．

　著者は日本大学理工学部において45年もの長きにわたりセラミックス物性について講義を行ってきたが，セラミックスという名さえ初めて聞くという学生たちに，いきなりその構造論，物性論を展開してもついてこられるはずはなく，たちまち消化不良に落ちいってしまう．そこでセラミックス物性のeverythingをつめ込むことはあきらめ，必要欠くべからざるsomethingを選び，化学と結晶学の初級的レベルで理論を説き，時間を十分かけ，分かりやすく解説することが大切と痛感し，本書を企画した．もちろん，その中心となるsomethingとは物性発現の原理であり，材料各論はいっさい行っていない．とくに読者の理解を容易とするため数多くの図（247図）や表（34表）を駆使し，まだ一般的にはなじみの浅いSI単位についても，本文中でいちいち非SI単位換算値を併記したことも本書の特徴の一つといえる．さらに著者が力を入れたのは末尾の索引（和文）で，本文から1550語におよぶ用語を選び，きめの細かい分類により読者の検索の便に供したことである．

本書は題名を「ファインセラミックスの構造と物性」としたが，ナノ，ミクロの構造論をマクロな物性論に直結させるのはかなりの無理がある．すなわち，ファインセラミックスは使用目的に応じて，焼結体（多結晶体），単結晶体，薄膜，繊維，超微粉体などがつくられ，それぞれ特異な機能性が展開されている．このような形，大きさ，組織，組成の制御は，合成反応のさいの反応条件の変化によって制御可能である．たとえば，誘電体として知られている $BaTiO_3$ の場合，Ba/Ti 原子比を正確に調整するため液相反応によりいったん $BaTiO(C_2O_4)_2 \cdot 4H_2O$ を共沈殿させ，これを加熱脱水して高純度 $BaTiO_3$ 粉体を得る．このさいの過飽和濃度や析出速度を変化すれば，粒子の形，大きさの制御ができる利点がある．一方，$BaTiO_3$ を加熱すると，120°C で正方晶から立方晶に転移し誘電性を失う．その対策としては，あらかじめ水溶液中に Ba^{2+}，Ti^{4+} のほかに Sr^{2+} を適量添加しておくと，共沈殿物の加熱物組成は，$Ba_{1-x}Sr_xTiO_3$ となり x が増えるほど転移温度の低下と誘電率の増大が可能となる．

　このような合成時の形態制御は，ファインセラミックスの物性制御のための重要プロセスである．したがって，本書では構造→合成（形態制御）→物性の流れによりファインセラミックス材料科学にアプローチしたことも特徴の一つといえよう．

　本書は 1 章 構造，2 章 合成，3 章 物性の三つの章から成り，全章を著者が執筆したが，3 章の一部については日本大学理工学部　安江　任教授に共著をお願いした．なお，パソコンによる原稿作成については小嶋芳行専任講師の熱心なご協力をいただいた．また，本書の制作，発刊については技報堂出版(株)天野重雄氏のりっぱなお仕事の成果である．記して感謝の意を表する．

　本書が理工系大学のセラミックス材料教科書として，材料開発を志す技術者，研究者のセラミックス入門書として，広く使用されることを期待する．

2004 年 1 月

荒　井　康　夫

目次

第1章 固体化学の基礎 1
1.1 化学結合と固体物性 1
1.2 結晶構造の決めかた 4
1.2.1 結晶学の基礎 4
1.2.2 X線回折法 8
1.3 結晶配列の基礎 13
1.3.1 イオン半径と球充填モデル 13
1.3.2 配位の形 15
1.3.3 組成と単位格子 19
1.3.4 格子エネルギー 24
1.4 酸化物の構造 28
1.4.1 単一酸化物 28
1.4.2 複合酸化物と酸素酸塩 29
1.4.3 固溶体と複塩 32
1.5 ケイ酸塩の構造 35
1.5.1 ケイ酸塩の分類 35
1.5.2 一ケイ酸塩と二ケイ酸塩 36
1.5.3 環状ケイ酸塩と鎖状ケイ酸塩 37
1.5.4 層状ケイ酸塩 39
1.5.5 3次元網状ケイ酸塩 40
1.6 結晶の熱変化 41
1.6.1 熱分析 41
1.6.2 熱分解 42
1.6.3 結晶転移 47
1.6.4 状態図 51
1.7 ガラス 57
1.7.1 ガラスの生成 57
1.7.2 ガラスの構造 59
1.7.3 ケイ酸塩ガラス 61

第2章　ファインセラミックスの合成と形態制御 65
2.1　ファインな技術開発 65
　2.1.1　ファインセラミックスの分類 65
　2.1.2　高純度化 67
　2.1.3　粒子形状の制御 70
　2.1.4　薄膜のエピタキシャル成長 72
　2.1.5　プレーナー技術と集積回路 75
　2.1.6　超伝導セラミックス 79
2.2　合成反応の基礎と形態制御 82
　2.2.1　鉱物から目的成分の分離，精製 82
　2.2.2　固相反応 83
　2.2.3　液相反応 92
　2.2.4　気相反応 97
2.3　単結晶体の合成方法 101
　2.3.1　融解法 101
　2.3.2　水熱法 104
　2.3.3　高圧法 106
2.4　成形と焼結 108
　2.4.1　加圧成形 108
　2.4.2　等圧成形 110
　2.4.3　押しだし成形 111
　2.4.4　流し込み成形 112
　2.4.5　焼結と焼結体のミクロ構造 113

第3章　ファインセラミックスの物性 119
3.1　熱的性質 119
　3.1.1　比熱 120
　3.1.2　熱伝導 122
　3.1.3　熱膨張 124
　3.1.4　熱衝撃抵抗 126
　3.1.5　融点 127
3.2　機械的性質 130
　3.2.1　応力-ひずみ曲線 130

3.2.2　ヤング率と強度 132
　　3.2.3　高温における機械的性質 134
　　3.2.4　エンジニアリングセラミックス 137
3.3　化学的性質 142
　　3.3.1　耐　食　性 142
　　　　(a) 黒鉛の高強度化　(b) フラーレンとカーボンナノチューブ*
　　　　(c) 炭素繊維とその複合体　(d) 高温材料の総合評価
　　3.3.2　吸着性と触媒作用 153
　　　　(a) 固体表面の分子吸着
　　　　(b) 合成ゼオライトの選択的吸着性とイオン交換性*
　　3.3.3　バイオセラミックスと生体親和性* 159
　　　　(a) バイオセラミックスの特性　(b) 有機物との相互作用
　　　　(c) 生体親和性
3.4　電気的性質 165
　　3.4.1　電子欠陥と電気伝導性 166
　　3.4.2　導　　体 176
　　3.4.3　半導体と半導体素子 178
　　　　(a) サーミスター　(b) 光導電素子　(c) 半導体ガスセンサー
　　　　(d) p-n 接合とダイオード　(e) 太陽電池　(f) 発光ダイオード
　　　　(g) p-n-p 接合と接合トランジスター
　　　　(h) MOS トランジスターと半導体メモリー素子
　　3.4.4　固体電解質と酸素センサー 192
　　3.4.5　絶　縁　体 194
　　3.4.6　誘電体とチタン酸バリウムコンデンサー 196
　　3.4.7　圧電体と PZT 201
3.5　磁気的性質 205
　　3.5.1　金属の磁性 206
　　3.5.2　酸化物の反強磁性 209
　　3.5.3　フェライトの構造とフェリ磁性発現 210
　　　　(a) フェライトの構造と磁性発現　(b) 磁心材料
　　　　(c) 磁気メモリー素子　(d) 磁気ヘッド材料　(e) 永久磁石
　　　　(f) 磁気記録材料
3.6　光学的性質 217

- 3.6.1 光の吸収と透過 217
- 3.6.2 透光セラミックス 220
- 3.6.3 光 の 屈 折 222
- 3.6.4 光ファイバー 223
- 3.6.5 電気光電セラミックス 225
  - (a) PLZT の電気光電効果　(b) 光メモリー素子
  - (c) 光シャッター
- 3.6.6 ルミネッセンスと蛍光体* 228
  - (a) 蛍光体の発光機構
  - (b) 蛍光ランプとカラーテレビ用ブラウン管
- 3.6.7 レ ー ザ ー 234
  - (a) ルビーレーザー　(b) 半導体レーザー

付　表 239
1. 単位とその記号（物理定数　SI 基本単位　SI 誘導単位
   SI 接頭語　単位換算表　ギリシャ文字） 239
2. 元素の周期表 243
3. 電子配置・原子量表 244

索　引 247

*印：安江　任 分担

第1章

固体化学の基礎

　工学的に用いられている容器や機械を構成する材料のすべては固体であり，とくにセラミックスの大部分は原子またはイオンが空間に規則正しく配列した結晶である．マクロ (macro-) な材料物性が発現する原因を考えると，終局的には材料結晶を構成する原子，イオン，電子などのミクロ (micro-)，ナノ (nano-) のスケールの構造や組織に負うところが大きい．この章においては化学結合から決まる固体物性の原則，結晶学の基礎と X 線回折，原子やイオンを素材とする結晶の基本構造の組立て，状態変化による配列の組みかえと物性変化，状態図の理解，結晶とガラスとの構造上の相違など，工学的に意義の大きいセラミックス材料の物質変化の基本原理を解説する．

1.1 化学結合と固体物性

　固体中の原子 (またはイオン) はイオン結合，共有結合，金属結合の 3 種の 1 次結合によって構成される．

　イオン結合 (ionic bond) は遊離の原子が価電子 (valence electrons, もっとも外側の殻にある電子) を失ったり受けたりしてできる陽イオンと陰イオンとの間のクーロン引力によって生ずるもので，多くのセラミックス固体に見られる結合である．

　いま，図 1.1 に示すように価電子として s 電子 1 個を配する球状電子雲から成る陽性原子と，p 電子 5 個を配する非球状電子雲 (一つ一つは非球状であるが，電子殻に電子が 6 個入り満員となると球状電子雲となる) から成る陰性原子が，電子雲に重なり合いはじめるまで接近したとする．このとき，陽性原子の s 電子は陰性原子の半分満たされている p 軌道に移り，全体としてのエネルギーを低下させようとして，結合力が起こる．s 電子を核からとり除くに必要なエネルギーは $-E_A$，p 軌道に受け入れるときのエネルギー低下は E_B であり，イオンをつくるのに必要なエネルギーは両者でうち消されて，なお，残り ΔE がなければならな

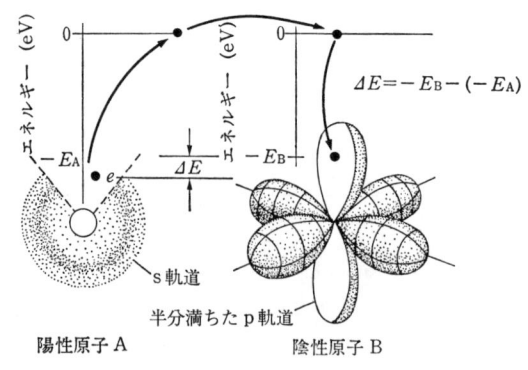

図 1.1 遊離原子からイオン対生成のエネルギー変化

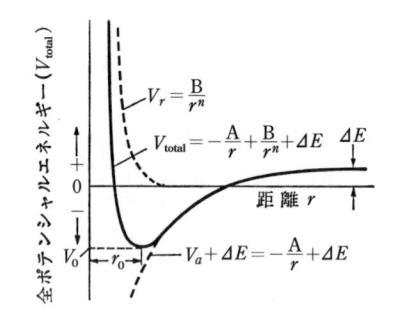

図 1.2 イオン対の全ポテンシャルエネルギー変化

い．クーロン引力と核どうしの反発の反発力とは，図1.2 に示すように平衡距離 r_0 でつり合い，これよりずれるとポテンシャルエネルギーは増大して復元力を生ずる．イオン結合は方向性がなく，陽イオンと陰イオンとは互いに引き合い，大きな集団となると各イオンはなるべく多数の反対電荷のイオンでとりかこまれるように配列する．とりかこむイオンの数(配位数)は幾何学的条件によって定まる．表1.3 を見よ．

共有結合 (covalent bond) をつくるためには，原子は電子が一部しか入っていない，あるいはまったく入っていない空軌道をもっていなければならない．この軌道へ他の原子の電子が入り込み，その電子を共有するときに共有結合を生ずる．図1.3 は炭素原子の軌道の形を示したものである．

この場合は2個のs電子と2個のp電子との間で再配列が起こり，4個の平等なsp軌道 (sとpとの区別がなくなる) となり，結合角108°の正四面体型軌道をつくる．これを sp^3 混成 (sp^3 hybridization) という．これら4個の結合はそれ

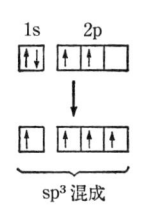

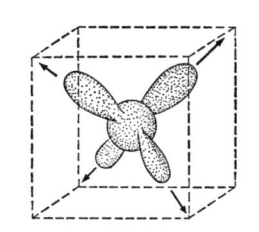

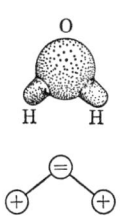

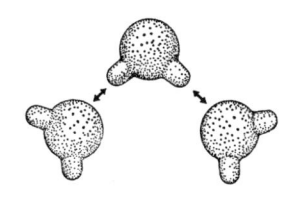

図 1.3 炭素原子の正四面体型軌道　　**図 1.4** 水分子相互にはたらく双極子力

それ半分しか満たされていない空軌道であるから，他の 4 個の炭素原子からそれぞれ 1 個ずつの電子を受け入れ 4 個の共有結合をつくる．ダイヤモンドは，このような 3 次元共有結合による炭素の結晶である．

　金属結合 (metallic bond) は原子が他の原子に接近するとき，そのエネルギーが低下するという点では共有結合と同じであるが，両者のいちじるしい相違は共有結合がわずか 2 原子間でも生ずるのに対し，金属結合は常に原子の大集団において存在することである．金属結合における価電子は核とのつながりが弱く，電子雲の広がりは大きい．したがって価電子の自由度は大きく，固体内を自由に動きまわることから自由電子 (free electron) ともよばれている．したがって，結合の方向性はなく，金属の変形の容易さや熱や電気をよく導く原因となっている．

　イオン結合，共有結合，金属結合のような 1 次結合のほかに，固体にはいろいろな 2 次結合が存在する．1 次結合とくらべると結合が弱いという意味での 2 次結合であって，分極により生じた双極子 (dipole) のクーロン力により結合する．水分子の場合，図 1.4 に示すように酸素原子は双極子の負端 (negative end) としてはたらき，水素原子は正端 (positive ends) としてはたらく．双極子の正端は他の水分子の負端と引き合う．

　H_2O 分子のように水素原子が正端として作用する双極子結合を水素結合 (hydrogen bond) という．水素原子の大きさが小さいので，結合の強さはかなり大きく，方向性をもつ（たとえば氷の場合は sp^3 混成）．酸素原子が負端として作用する場合にセッコウ ($CaSO_4 \cdot 2H_2O$) の結晶水の例がある．図 1.65 も見よ．水分子の負端がセッコウ中の Ca^{2+} と双極子結合している．2 次結合であるので結合の強さは弱く，120°C 程度の加熱で水分子は気散しはじめる．

　最後に 3 種の 1 次結合によって特徴づけられる固体の性質について考える．イオン結合と共有結合では，いずれも機械的強度が大きく融点が高いという点では似ているが，前者は熱膨張率が大きく電気伝導性がきわめて小さい（高温ではや

や大きくなる）のに対して，後者は熱膨張率が小さく電気の絶縁体で光をよく屈折する．金属結合は展延性が大きく，融点と沸点との間が大きいので融解状態が広い温度範囲にわたることが，その加工性を高める原因となっている．また，電気の導体である．

1.2 結晶構造の決めかた

結晶 (crystal) は原子 (またはイオン) が空間に規則正しく配列したものである．このような結晶に対して一定波長の X 線をあてると回折現象が起こり，回折によって得られた図形について解析を行うと，結晶における原子の空間的配列を知ることができる．まず，予備的な知識として結晶学の基礎について解説する．

1.2.1 結晶学の基礎

結晶は原子が立体的に秩序正しく配列したものであるから，その中の同種の原子について中心位置を直線で結ぶと，図 1.5 に示すような空間格子 (space lattice) ができる．この格子は太線で示すような平行六面体が単位となっている．これは単位格子 (unit lattice) とよばれ，結晶の形や大きさをあらわす重要な基本単位となっている．単位格子は a, b, c およびこれらの間の角 α, β, γ の 6 個の変数よりなり，これらは格子定数 (lattice constant) とよばれている．

平行六面体の各頂点だけに原子が存在する格子は単純単位格子 (primitive unit lattice) とよばれ，$a, b, c, \alpha, \beta, \gamma$ の選びかたで，図 1.6 に示すような立方，正方，斜方，単斜，三斜，菱（りょう）面体，六方の 7 種の結晶系 (crystal system) に分類される．なかには P または R の記号で示される単純単位格子のほかに，F (面

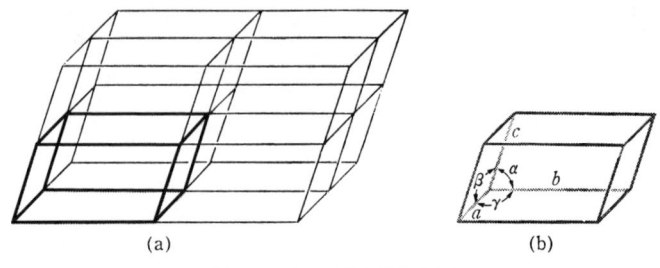

図 1.5 空間格子と単位格子

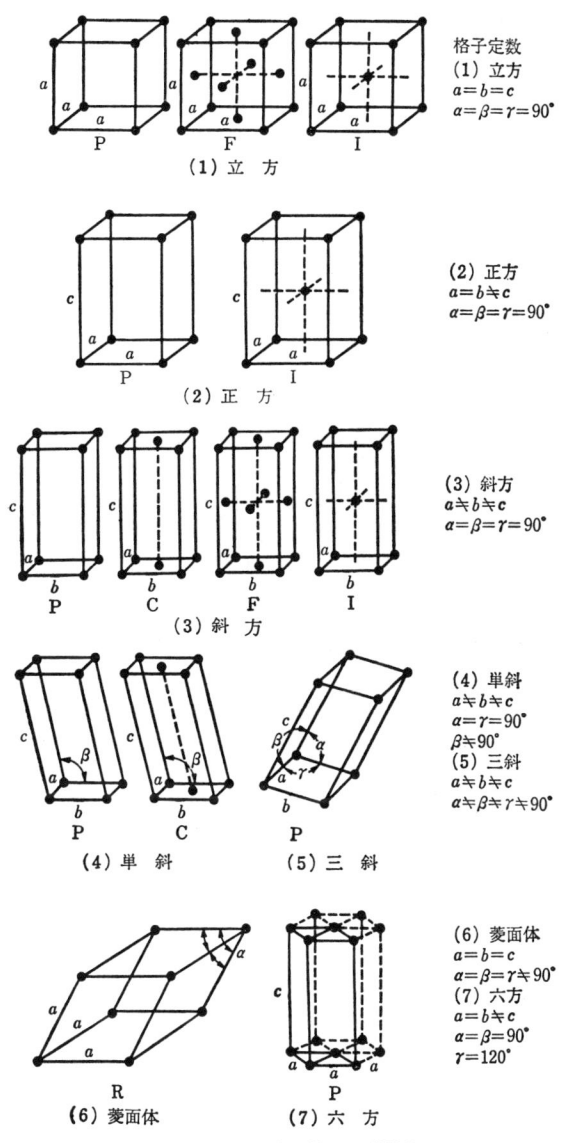

図 1.6 Bravais 空間格子の単位格子

心),I (体心),C (一面心) の記号で示される複合単位格子 (complex unit lattice) が見られるが,これらは頂点以外の格子点を含む格子で,2 個またはそれ以上の

図 1.7 面指数

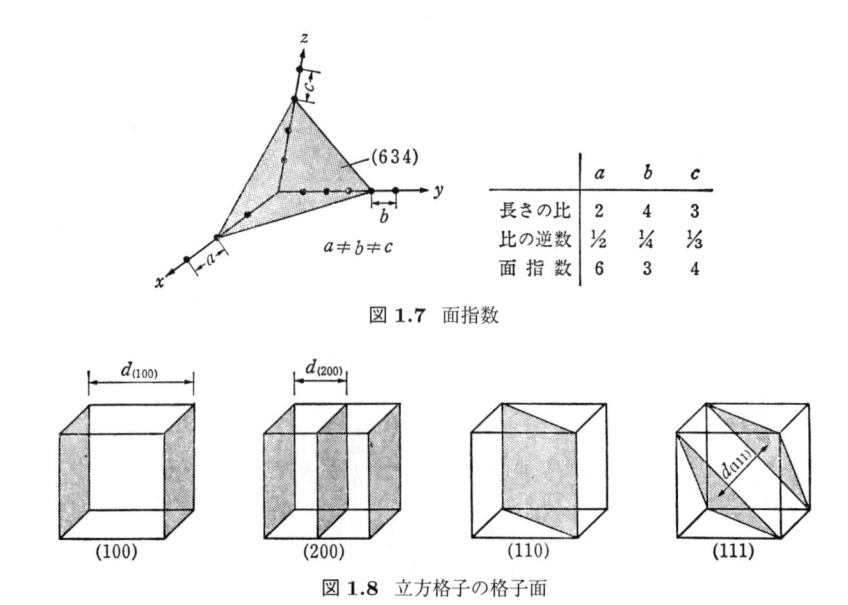

	a	b	c
長さの比	2	4	3
比の逆数	½	¼	⅓
面 指 数	6	3	4

図 1.8 立方格子の格子面

単純単位格子を重ね合わせることによってつくることができる.たとえば,2個の単純立方格子 (P) をその体対角線に沿って 1/2 ずつずらせて重ねると,体心立方格子 (I) となる.7種の結晶系の単純単位格子に複合単位格子が加わると,全部で 14 種の単位格子が得られる.これらを Bravais 格子とよぶ.すべての結晶はこれら 14 種の格子のうち,どれかに分類される.

結晶は原子が配列する平行平面群,すなわち結晶面によって構成される.一般に結晶面は結晶軸 x, y, z に対してある傾きをもっているので,その傾きの程度を面指数 (または Miller 指数) を用い,(hkl) として各結晶面を区別する.図 1.7 は面指数を求める手続きを示している.すなわち,面指数は原点から面が結晶軸で交わる点までの距離の,その単位長さに対する比の逆数であらわされる.単位の長さとは格子定数 a, b, c である.単に比であらわすと軸に平行な面はすべて ∞ となるが,逆数ならば 0 であらわされ便利であるからである.面と軸との交点が負のときは,これに対応する指数を負にとり $(\bar{h}kl)$,$(h\bar{k}l)$ などのようにあらわす.図 1.8 に立方格子における格子面の決めかたおよびそれぞれの面指数を示す.立方格子は,(100), (010), ($\bar{1}$00), (0$\bar{1}$0), (001), (00$\bar{1}$) の六つの面でかこまれているが,このような組は |100| のように代表される.

図 1.9 は NaCl 結晶の代表的外形を示している.NaCl は面心立方格子をとるか

図 1.9 NaCl 結晶の外形

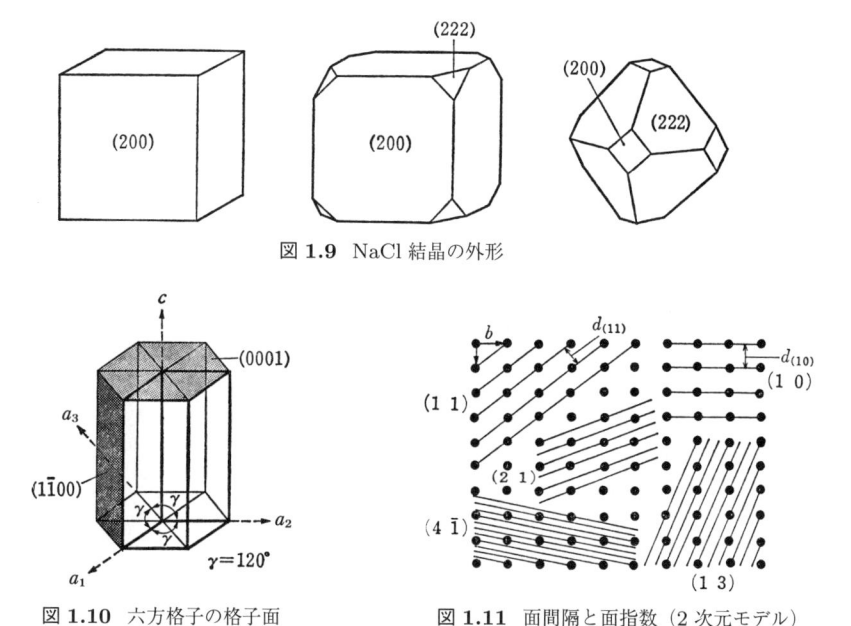

図 1.10 六方格子の格子面

図 1.11 面間隔と面指数（2 次元モデル）

ら (200), (220), (222) が主要面となり，これらが外形に特徴的にあらわれている．表 1.1 も見よ．一方，六方晶系については，その他の結晶系とやや異なる面指数が使われている．すなわち，図 1.10 に示すように六方格子中に三方格子を仮定すると，他の格子と同じように同一平面上の a_1, a_2 は，これらに垂直な c 軸によって決まるが，六方格子となると，あらたに a_1, a_2 と対称的な a_3 軸が加わり，面指数は 4 本の軸により $(hkil)$ であらわされる．

格子中のいろいろな面 (hkl) は，それぞれ面に垂直に測られた間隔 $d_{(hkl)}$ をもっている．面間隔の大きい面は面指数は小さいが原子密度は高い．これに対して面間隔の小さい面はまったくその逆となる．図 1.11 は 2 次元的にこのことを説明しており，3 次元的にもまったく同じである．面間隔 $d_{(hkl)}$ は，面指数 (hkl) および格子定数 $(a, b, c, \alpha, \beta, \gamma)$ の関数である．これらの関係は結晶系によって異なるが，比較的簡単な立方晶系，正方晶系，斜方晶系，六方晶系の場合の関係式をつぎに示す．

$$（立方）\quad d_{(hkl)} = \frac{a}{\sqrt{h^2+k^2+l^2}} \quad (1.1)$$

立方格子の (100), (110), (111) の面間隔は，それぞれ $a, a/\sqrt{2}, a/\sqrt{3}$ となる．

$$（正方）\quad d_{(hkl)} = \frac{a}{\sqrt{h^2 + k^2 + (l/c)^2}} \quad (1.2)$$

$$（斜方）\quad d_{(hkl)} = \frac{b}{\sqrt{(h/a)^2 + k^2 + (l/c)^2}} \quad (1.3)$$

$$（六方）\quad d_{(hkl)} = \frac{a}{\sqrt{\frac{4}{3}(h^2 + hk + k^2) + (l/c)^2}} \quad (1.4)$$

1.2.2 X線回折法

結晶格子によって回折 (diffraction) が起こるためには，用いる電磁波の波長が格子中の原子間隔程度 (0.1 nm 前後) である必要がある．X 線 (X-ray) はほぼこの波長を有する電磁波で，核外電子によって散乱された回折 X 線は結晶構造に対応した回折図形 (diffraction pattern) を生ずる．

X 線を発生させるためには，図 1.12 に見られるような X 線管球 (X-ray tube) が使用される．数万 V というような高電圧で加速した電子で金属ターゲットの面をたたくと，K 殻から電子がたたきだされ原子を高いエネルギー状態に励起する．したがってエネルギーを下げる操作として，図 1.13 に示すように K 殻の空いたところへ外側の電子殻から電子が落ち込むが，そのとき，放出されるエネルギーは一定波長をもつ放射線，すなわち特性 X 線となる．

図 1.13 (a) に示すように，電子の供給が L 殻からの場合は K_α 線，M 殻からの場合は K_β 線となるが，L 殻から落ち込む確率が高いので，もっとも強い K_α 線が使われている．ターゲットに電圧をかけると，まず，いろいろな波長の混じった連続 X 線を発生するが，K 励起電圧に達すると波長のそろった特性 X 線がでてくる．半価幅 0.0001 nm (ナノメーター，0.001 Å) というような鋭い K_α 線の発生が，X 線回折による結晶解析を可能にしたのである．

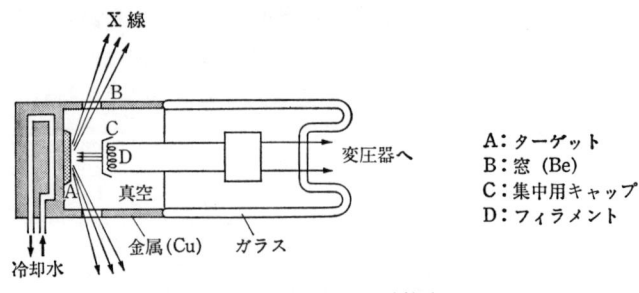

A：ターゲット
B：窓 (Be)
C：集中用キャップ
D：フィラメント

図 1.12 封入型 X 線管球

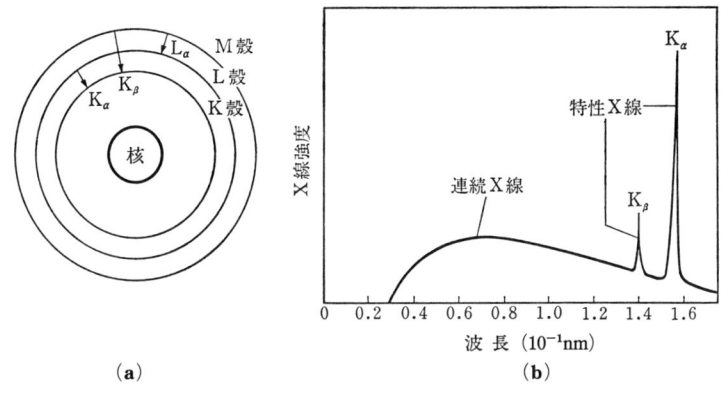

図 1.13 Cu ターゲットを 30 kV の加速電子で励起したときの X 線スペクトル

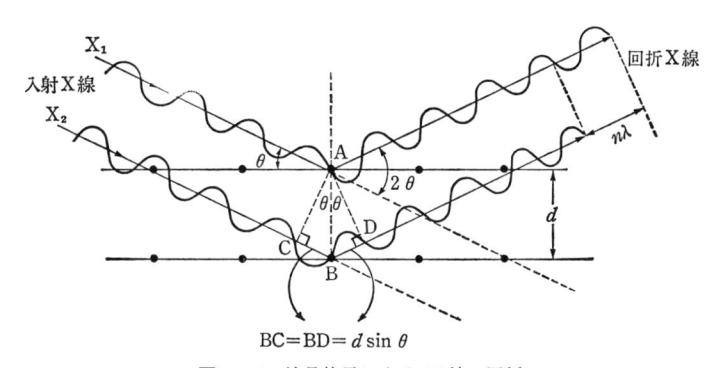

図 1.14 結晶格子による X 線の回折

　金属ターゲットとしては Cr, Fe, Cu, Mo, W のような d 金属（最外殻に d 型軌道をもつ）が用いられ，原子量が大きいほど K 励起電圧は高く，発生する K_α 線の波長は小さくなる．図 1.13 (b) では Cu ターゲット（K 励起電圧 8.86 kV, K_α 線の波長 0.15418 nm）を 30 kV の加速電子で励起したときの X 線スペクトルを示している．K_β 線は K_α 線と K_β 線の中間の波長をもつ物質をフィルターとして用い，吸収，除去する．Cu ターゲットの場合には Ni フィルターが用いられる．

　ある格子面に角度 θ で入射した一定波長の X 線が，つぎの格子面で回折し互いに強め合うためには，図 1.14 に示すように，つぎの格子面から回折された回折 X 線との間の光路差 $2d\sin\theta$ が X 線の波長 λ の整数倍でなければならない．これが X 線回折の基本となる Bragg の条件 (Bragg's rule) である．

$$2d\sin\theta = n\lambda \tag{1.5}$$

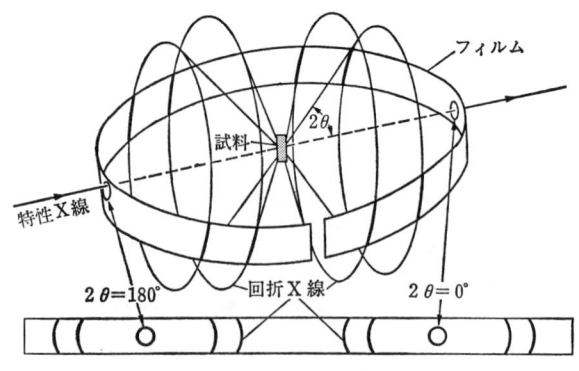

図 1.15 粉末法 X 線回折

　ここで，d は格子の面間隔，λ は X 線の波長，n は反射の次数である．2 本の回折線の光路差が $n\lambda$ のときは，位相は一致して X 線は強め合い，式 (1.5) が成立する．光路差が $n\lambda/2$ となると，位相はずれて X 線は弱め合う．この式により格子面間隔 d は θ だけで求められるが，単位格子の形と大きさは格子定数によって求められるので，d の値を手がかりとして格子定数を算出する．この場合，さきに示した式 (1.1)～(1.4) などが用いられる．

　Bragg の条件さえ満たされれば，格子面において X 線はかならず回折する．結晶解析にもっとも広く利用されている X 線回折法に，粉末法 (powder method) がある．図 1.15 に写真法の概要を示す．まず，粉末状結晶を試料として円筒状のフィルムの中央に置き，これに一定波長を有する特性 X 線をあてる．試料は微粉体であるから無秩序にあらゆる方向に向いており，Bragg の条件を満足する回折線は円錐状に広がる．周囲のフィルム上に感光，現像によりあらわれる回折図形の線間距離から各面の θ を求め，これからそれぞれの d が計算される．

　写真法は手間がかかり精度もよくないので，最近は図 1.16 (a) に示すように，回折 X 線をフィルムの代わりに比例計数管で受けて，放射能の計数量を自動記録する方法がとられている．この場合の回折図形は，(b) に見られるように写真法の回折線がでる位置に回折強度に応じて高さの異なるピークがあらわれる．この方法は結晶物質の同定や精密定量にきわめて有用であり，結晶の対称性や原子配列に関する重要な情報が得られる．結晶物質の同定方法は未知試料の一組の d とそれぞれの回折強度比 I/I_1 (I_1 は最強ピークの強度) を測定し，あらかじめ作成された標準物質の d とその強度比をあらわすデータと対照して同定を行う．信頼性の高いこの種のデータとして JCPDS (Joint Committee on Powder Diffraction

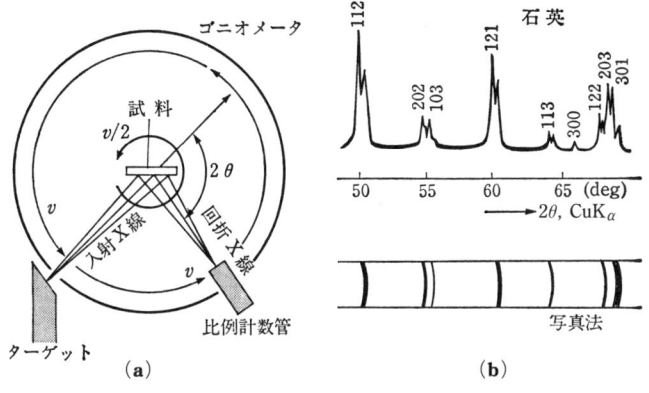

図 1.16 比例計数管による X 線回折図形

表 1.1 面心立方格子の面指数づけ

θ (deg)	I/I_1	d (nm)	$\sin^2 \theta$	$(h^2+k^2+l^2)$	$\lambda^2/4a^2$	a (nm)	hkl
18.49	0.10	0.243	0.101	3	0.0337	0.4199	111
21.47	1.00	0.211	0.134	4	0.0335	0.4212	200
31.18	0.52	0.149	0.268	8	0.0335	0.4212	220
37.38	0.04	0.127	0.369	11	0.0335	0.4212	311
39.34	0.12	0.122	0.402	12	0.0335	0.4212	222
47.05	0.05	0.105	0.536	16	0.0335	0.4212	400
54.93	0.17	0.094	0.670	20	0.0335	0.4212	420

Standards) のデータがある.

一組の d の値から試料の結晶構造に関する知見を得るには,まず各回折線にそれぞれの面指数を配当する必要がある.

表 1.1 に未知結晶の X 線回折図形から得られる一連の θ と d との関係から各回折線に面指数 (hkl) を配当する方法を示した.この場合,Bragg の条件,式 (1.5) に θ と λ (Cu, K_α 線) を代入すれば,それぞれの回折線の d を計算できる.つぎに式 (1.5) と立方晶系の面間隔 d と格子定数 a との関係式 (1.1) を組み合わせると,つぎの式が導かれる.

$$\sin^2 \theta = \frac{\lambda^2}{4a^2}(h^2+k^2+l^2) \tag{1.6}$$

ここに $\lambda^2/4a^2$ は定数であるから,$\sin^2 \theta$ の値は三つの整数 h, k, l の二乗の和に比例することになる.一組の $\sin^2 \theta$ に対する $(h^2+k^2+l^2)$ は一組の整数となっ

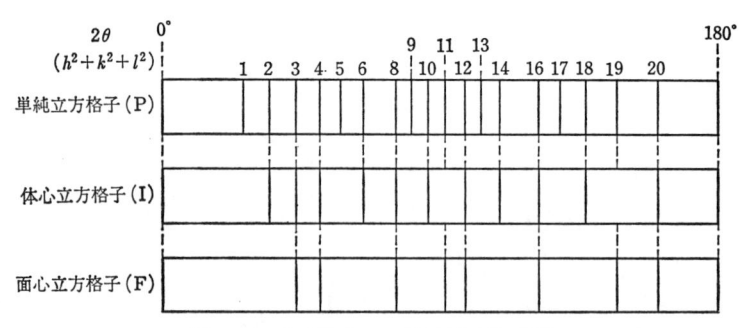

図 1.17 立方晶系の X 線回折図形の対比

て対応し，これらの整数の組み合わせは格子の種類によって異なる．たとえば，面心立方格子では θ の低角度側から (111)，(200)，(220)，(311)，(222) の主要回折線があらわれるから，$(h^2+k^2+l^2)$ は 3，4，8，11，12 のような整数の組み合わせとなるはずである．したがって，回折角 θ から $\sin^2\theta$ を対応する整数で割れば $\lambda^2/4a^2$ が計算され，格子定数 a が求まる．θ が小さいと $\sin^2\theta$ の誤差も大きいので，(111) の結果を除けば，格子定数 a は 0.4212 nm (4.212 Å) と決まる．これらの結果から，試料結晶は面心立方格子に属する MgO であることがあきらかとなった．

立方晶系の各回折線は図 1.17 に示すようにフィルムまたは記録紙上にあらわれるが，体心立方格子や面心立方格子の回折線は単純立方格子とくらべると数がかなり少なくなっている．この理由は，たとえば (100) 面の中間には同数の格子点を含む別の格子面 (200) が存在するため，(100) 面からの回折線は (200) 面からの回折線と位相が逆になり，うち消されてしまうためと考えられている．立方晶系以外の結晶の指数配当は単位格子の大きさが分かっていれば簡単であるが，未知の場合はかなり複雑となる．とくに，対称性の低い結晶や大きな単位格子をもつ結晶の回折図形には非常に多くの回折線があらわれ，重なり合ってほとんど分別できないことが多い．このような回折図形の指数づけはほとんど不可能で，回転結晶法 (rotating-crystal method) のような単結晶体を用いる方法により構造を決定しなければならない．この方法では単結晶体を c 軸上に回転させながら特性 X 線をあてると，$(hk0)$，$(hk1)$，$(hk2)$ の格子面からの回折線が，フィルム上にはん点の列となってあらわれるので，これらより $d_{(00n)}$ を計算し，格子定数 c を直接求めることができる．

Bragg の条件によって得られる回折図形からは単位格子の大きさや結晶の対称

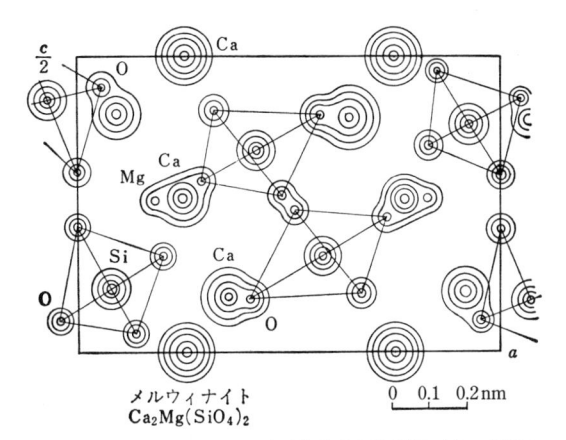

図 1.18 Weisenberg カメラによる電子密度分布投影図（山口悟郎ら，1967）

性についての情報は得られるが，単位格子内での原子配列についての知識は得られない．X 線回折は原子の配列面によって行われているよりも実際にはこれらの原子の電子雲によって生ずるのであって，その回折強度は電子密度に比例する．したがって，格子面より回折された X 線の強度分布を適当な方法で解析すれば，これより格子内における電子雲の密度分布を知ることができる．図 1.18 に示した電子密度分布図は Weisenberg 写真法という特殊カメラで，単結晶体を結晶軸を軸として回転させながら特性 X 線をあて，回折 X 線をその回転軸に対して平行に移動するフィルム上に記録し，記録されたはん点の濃度を Fourier 解析により強度分布として求めたものである．

1.3 結晶配列の基礎

1.3.1 イオン半径と球充填モデル

イオン結晶をミクロな立場から見ると，中心からどこまでがイオンであるというような厳密なことはいえないが，確率分布関数としての電子雲の密度によりイオンの大きさをあらわす必要がある（図 1.1 参照）．

図 1.19 は代表的な陽イオンと陰イオンの大きさを比較したもので，さらに数個の原子が集合して SO_4^{2-} や CO_3^{2-} のような錯イオンを形成する場合の結合状態も示している．この図において CO_3^{2-} 錯イオンの中心の C 原子の形を見ると分か

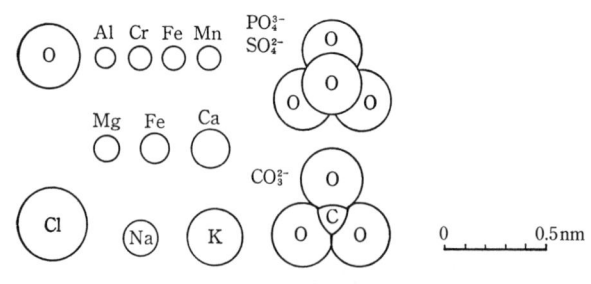

図 1.19 イオンの大きさの比較

表 1.2 イオン半径 (nm)

Li^+	0.068	Be^{2+}	0.035	Ti^{3+}	0.076	Ti^{4+}	0.068	F^-	0.133	B^0	0.081
Na^+	0.097	Mg^{2+}	0.066	V^{3+}	0.074	Zr^{4+}	0.079	Cl^-	0.181	C^0	0.077
K^+	0.133	Ca^{2+}	0.099	Cr^{3+}	0.063	Hf^{4+}	0.078	Br^-	0.196	N^0	0.070
Cs^+	0.167	Sr^{2+}	0.112	Mn^{3+}	0.066			I^-	0.220		
Cu^+	0.096	Ba^{2+}	0.134	Fe^{3+}	0.064	Si^{4+}	0.042			Al^0	0.125
Ag^+	0.126			Co^{3+}	0.063	Ge^{4+}	0.053	O^{2-}	0.140	Si^0	0.104
NH_4^+	0.143	Fe^{2+}	0.074			Sn^{4+}	0.071	S^{2-}	0.184	P^0	0.110
		Co^{2+}	0.072	Al^{3+}	0.055					S^0	0.117
		Ni^{2+}	0.069			Ce^{4+}	0.094				
		Zn^{2+}	0.074	Y^{3+}	0.092	Th^{4+}	0.102				
		Pb^{2+}	0.132	La^{3+}	0.122	U^{4+}	0.097				

(M^0 は原子半径)

るように,結合によって原子やイオンはかなりゆがんだ形になっている.結合状態にあるイオンのゆがみはクーロン力と核どうしの反発力とのつり合いによって起こるもので,そのゆがみの程度は相手のイオンによっても異なる.しかし,そのゆがみの程度も考慮に入れ,イオンを一定の半径を有する球と考えると,結晶配列を理解するのに便利である.この半径はイオン半径 (ion radius) とよばれ,固体化学における重要な数値となっているが,厳密なものではなく,あくまでも便宜的なものである.セラミックスの構成要素として知られているイオンや原子の半径を表1.2にかかげる.

イオン結晶のモデルは構成するイオンの半径に相当する大きさの球を空間に配列することにより,実際に近い形をつくることができる.図1.20はこのような方法でつくった NaCl と CsCl の球充填モデルである.

しかし,このようなモデルではもっと複雑な結晶となると,内部の配列状態がはっきりせず不便である.そこでイオンや原子の大きさを無視して単位格子の中

(a) NaCl　　　　　　(b) CsCl

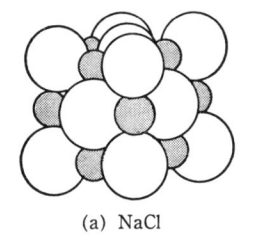

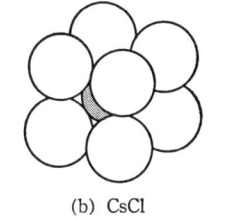

図 1.20　NaCl と CsCl の球充填モデル

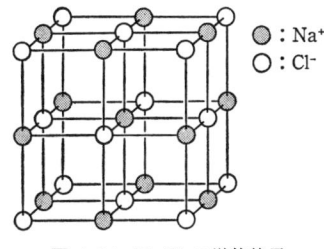

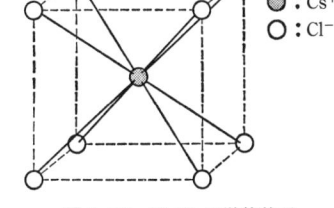

図 1.21　NaCl の単位格子　　　　図 1.22　CsCl の単位格子

にイオンや原子の位置を球で示す方法がとられている．図 1.21，図 1.22 はこのような方法によりあらわした NaCl と CsCl の単位格子を示している．

1.3.2 配位の形

イオン結晶の多くは小形の陽イオンと大形の陰イオンから構成されているが，この場合，小形の陽イオンのまわりに大形の陰イオンが配位しているという．この配位 (coordination) の形が結晶配列における最小の結合単位となっている．小形の陽イオンのまわりを大形の陰イオンがとりかこんでいるとき，両者の大きさの差がそれほど大きくなければ，配位数は 8 または 6 となり，イオン球は密充填してイオン結合の性格が強まる．これに対して，両者の大きさの差が大きくなるにつれて配位数は 4 または 3 となり，結合は方向性を増すとともに共有結合の性格を強くする．配位の形は表 1.3 に示すように前者は陽イオンと陰イオンとのイオン半径比で定まるが，後者の場合は混成軌道の形で定まる．陽イオンを M とし陰イオンを X として，配位の基本形を球充填モデルであらわしたのが図 1.23 である．

まず，配位数 3 (MX_3) では sp^2 混成による平面三角形結合をとり，代表的な共有結合性結晶をつくる．C (黒鉛) や BN はこのような結合により形成された層状

表 1.3 結晶配列の基礎形

イオン結晶		共有結合性結晶		形状
配位数	r_M/r_X	最外殻電子数	混成軌道	
		2	sp	直線
3	0.155 →	3	sp^2	平面三角形
4	0.225 →	4	sp^3	四面体
		5	sp^3d	三角両錐
6	0.414 →	6	sp^3d^2	八面体
8	0.732 →			体心立方
		(4)	(dsp^2)	平面正方形

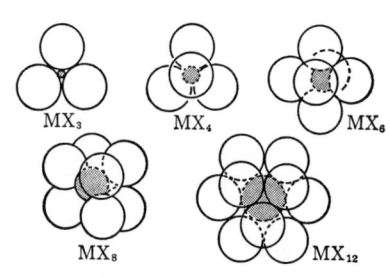

図 1.23 MX_n 形配位

構造より成る．また，平面三角形錯イオン(内部は共有結合)としてCO_3^{2-}, NO_3^-などがある．

さらに配位数 4 (MX_4) でも共有結合性が支配的で sp^3 混成による四面体形結合をとるが，イオン結合性も増してくる．たとえば，BeO, SiO_2 はいずれも sp^3 混成をとるが，一方，イオン半径比はそれぞれ 0.25, 0.30 で，MX_4 の幾何学的条件 0.225 からも妥当な形をとっている．SiO_4^{4-}, PO_4^{3-}, SO_4^{2-} なども正四面体形錯イオン(内部は共有結合)も MX_4 に属する．

配位数 6 (MX_6) となると代表的なイオン結晶となり，イオン半径比による幾何学的条件だけで配列が定まる．したがって，混成軌道による方向性はもはやない．たとえば，このグループのイオン半径比は NaCl (0.52), MgO (0.47), Al_2O_3 (0.39), TiO_2 (0.49), CdI_2 (0.45) などのようになり，MX_6 の幾何学的条件 0.414〜0.732 の範囲にほぼ収まっている．Al_2O_3 (0.39) は MX_4 の SiO_2 (0.30) と，イオン半径比が近いため，AlO_6 のほかに AlO_4 の配位もとれ，Al は SiO_2 中の Si と置換固溶が可能である．p.40 を見よ．

配位数 8 (MX_8) も代表的なイオン結晶で，イオン半径比が 0.732 よりも大きければこの配列をとりやすくなる．たとえば，CsCl，NH_4Cl，CaF_2 のイオン半径比は，それぞれ 0.93，0.79，0.74 で，この配列に適する．

イオン半径比はイオン結晶の構造安定性と密接な関係にある．いま，MgO (0.47)，CaO (0.71)，CaF_2 (0.74) の三者をくらべてみると，MgO は MX_6 の幾何学的条件 0.414 にもっとも近く，MX_6 として構造は安定しているため高温材料としてさかんに用いられるが，同じ MX_6 でも CaO は条件から大きくずれるため構造は不安定で水とはげしく反応し，工業用塩基としての用途が開かれるのである．しかし，CaF_2 になると MX_8 の条件 0.732 に近くなるため構造は安定化し，水にも溶けなくなる．つまり Ca^{2+} は MX_6 では無理があり，MX_8 ではじめて安定な構造となる．

最後にのべる配位数 12 (MX_{12}) は同径の球を密に重ねていく方式で，その積み重ねかたによって図 1.24 に見られるような立方最密充填 (cubic close packing，略称 ccp) と六方最密充填 (hexagonal close packing，略称 hcp) の 2 種の配列がとれる．球の平面的最密充填層は平面上に 1 個の球を 6 球でとりかこんだものを第 1 層とする．立方最密充填層は第 1 層の球のすき間を一つおきにとって第 2 層の 3 球をのせ，さらに第 3 層は第 2 層によってうめられなかった残りのすき間の上に 3 球をのせることによって，MX_{12} 配位が完成する．

図 1.24 MX_{12} 形最密充填

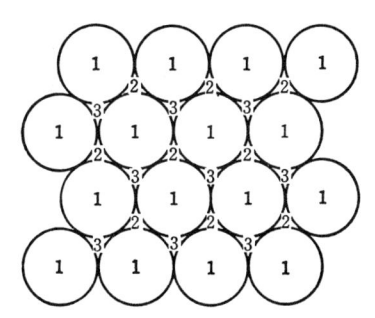

立方最密充填 ……123123……
六方最密充填 ……121212……

立方最密充填層を側面から見ると図 1.25 に見られるような 1-2-3-1-2-3 の配列となるが，この配列は見かたを変えると，図 1.26 に示すような面心立方格子の配列となり，1-2-3 の層はその (111) 面に相当することが分かる．すなわち，図 1.20 に見られた NaCl の単位格子は Na^+ 球と Cl^- 球とが，それぞれ立方最密充填で配列しているといえるのである．

つぎに六方最密充填層は第 1 層の上に第 2 層の 3 球を積んでから第 3 層の 3 球は第 1 層の 3 球の真上に置けば，別の MX_{12} 配位となる．すなわち，図 1.27 に見られるような 1-2-1-2-1-2 の層の積み重ねとなり，これらの層は六方格子の (0001) 面を形成する．

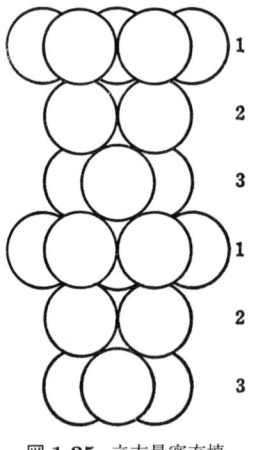

図 1.25 立方最密充填

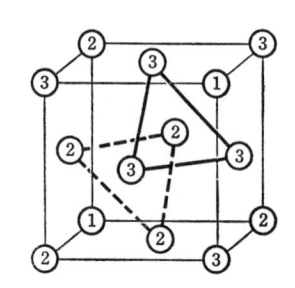

図 1.26 立方最密充填と面心立方格子の関係

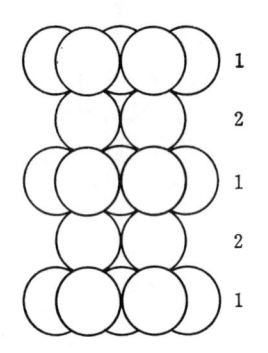

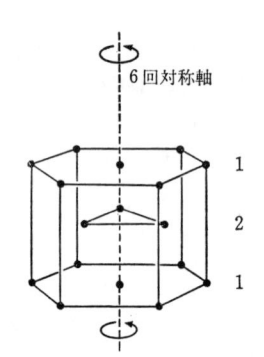

図 1.27 六方最密充填

さらに MX_{12} ではないが，MX_{8+6} ともいうべき準密充填構造として体心立方格子 (body centred cubic lattice, 略称 bcc) がある．この配列は図 1.28 からも分かるように単位格子の中心にある原子に注目すると，単位格子の各頂点にある原子と MX_8 配位をとっているが，さらに前後，左右，上下の単位格子の中心にある6個の原子にもかこまれて MX_6 配位をとっている．しかし，MX_6 配位の原子間距離はさきの MX_8 配位のそれの $2/\sqrt{3}$ 倍で，配位は同格でないので MX_{8+6} であらわしているが，充填性のかなり高い構造である．空間占有率は立方と六方の最密充填がいずれも 74% であるのに対し，体心立方格子は 68% でややすき間が大きい．

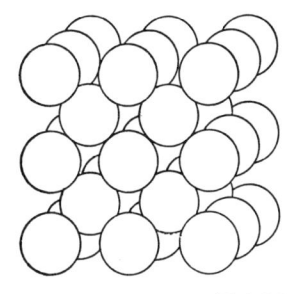

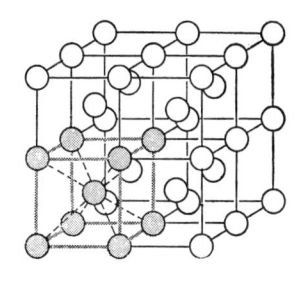

図 **1.28** 体心立方格子

金属結合は方向性をもっていないので，金属結晶は ccp, hcp, bcc の密充填構造をとるものが多い．なかでも ccp はもっとも対称性が大きく，すべりやすいので展性，延性にとむ．Cu, Ag, Au, Pt, γ-Fe などの金属の加工しやすいのは，この理由による．Fe は高温でやわらかい ccp の γ-Fe であるが，室温ではすべりにくい bcc の α-Fe にもどるので熱間加工をほどこすのに適した工業材料である．

1.3.3 組成と単位格子

NaCl と CsCl とは類似の組成をもつハロゲン化アルカリであるが，それぞれの単位格子は図 1.20，図 1.21 に示したように大きく相違する．このように結晶の組成を示す化学式があっても，その構造は単位格子によって初めて知ることができるのである．

まず，炭素原子から成る元素結晶として代表的な変態であるダイヤモンド (diamond) と黒鉛 (graphite) との関係を考えてみよう．両

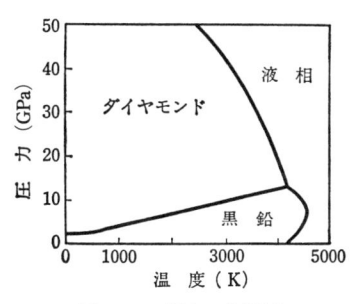

図 **1.29** 炭素の状態図

者はいずれも炭素原子によって構成される共有結合性結晶であるが，図 1.29 の炭素の状態図に示されるように，それぞれの安定域ははっきり異なり，図 1.30，図 1.31 に見られるように構造もまったく異なる．まず，ダイヤモンドは MX_4 配位で sp^3 混成の四面体形結合 (図 1.3 参照) から成る等方的構造で，炭素原子間距離はすべて 0.154 nm，その 3 次元共有結合は強固なので硬度は大きく，光をよく屈折する．しかも 4 本の結合に電子が固定されているので電気の絶縁体である．その単位格子は 2 個の面心立方格子を体対角線に 1/4 の長さだけずらして重ねた複合格子と考えることができる．結合の方向性のために構造内のすき間は大きく，

原子位置図 　　　　　　　　単位格子

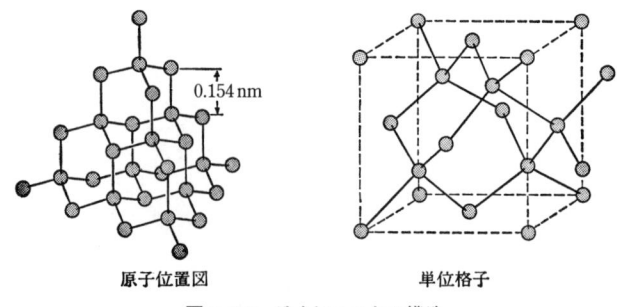

図 1.30 ダイヤモンドの構造

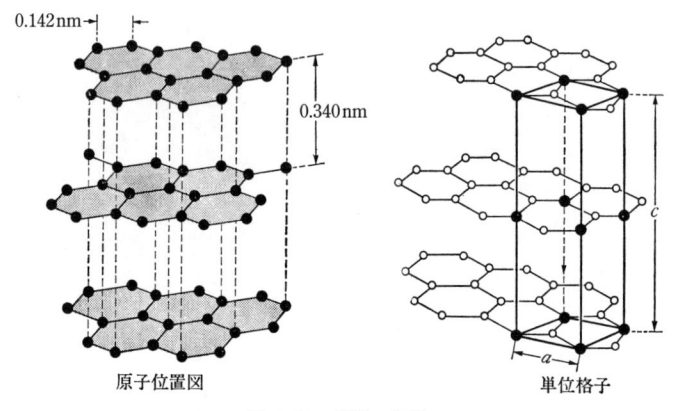

原子位置図 　　　　　　　　単位格子

図 1.31 黒鉛の構造

空間占有率は34%にすぎない．ダイヤモンド構造をとる単体としては，そのほかに半導体として有名な Si, Ge がある．

これに対して，黒鉛は MX_3 配位で sp^2 混成の平面三角形結合による層状構造で，その単位格子は六方晶系に属する．層間における炭素原子間距離は 0.340 nm で，van der Waals 結合でつながれているのに対し，層面内の炭素原子間距離は 0.142 nm で共有結合 (σ 結合) で結ばれている．sp^2 混成から除外されている残りの電子 (1 原子あたり 1 個) は π 軌道に入り，これらは層間の上下に伸びて層面に平行な方向の電気伝導性の原因となっている．したがって，層間の結合は弱いため強いへき開性 (cleavage property) を示し，潤滑剤としての用途も開かれている．また，層面内の結合の強さを利用して，炭素繊維やその複合材料がさかんに製造されている．3.3.1 項 (c) を見よ．

図 1.32 BN の構造

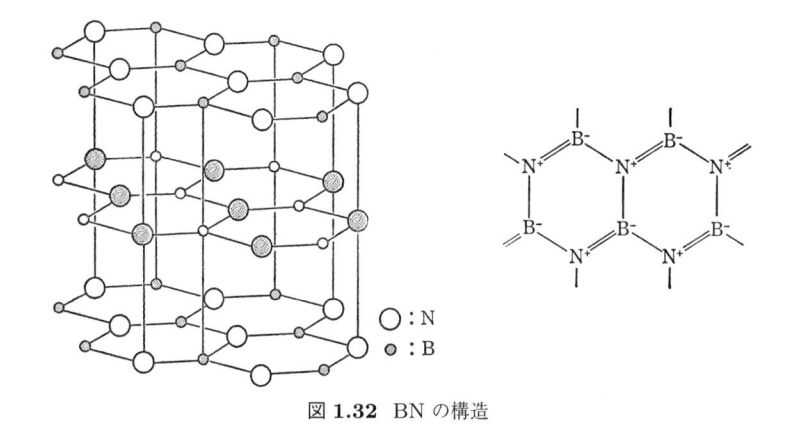

A 原子と B 原子が 1:1 組成をもつ AB 型結晶について，単位格子を比較してみよう．まず，MX_3 配位をとるものに BN があるが，図 1.32 の BN の構造に見られるように黒鉛に類似した層状構造をとる．この場合，層面間は共有結合であるが 3–5 族元素間の結合であるため，いったん N ($2s^2 2p^3$) の p 電子 1 個が B に移るので形式的には B^--N^+ の荷電結合となり，黒鉛と同様に sp^2 混成の平面三角形結合を形成する．sp^2 軌道に直角にあるもう 1 個の p 電子はこの面の上下で非局在的な π 軌道になる可能性もあるが，BN は電気の絶縁体である．層間は van der Waals 結合でつながっているが，層の重なりかたは導電性のある黒鉛と異なり層間の六角形配列が上下に重なり合っていることが，その理由であるといわれている．

AB 型結晶で MX_4 配位をとる代表的な変態は β-ZnS と α-ZnS で，いずれも共有結合的性格が強い．β-ZnS は図 1.33 に示すように Zn の面心立方格子 (ccp) と S のそれとの組み合わせによる複合格子で，ダイヤモンドときわめてよく似た構造である．S ($3s^2 3p^4$) の p 電子 2 個が Zn にあたえられたとすると Zn^{2-}，S^{2+} となり，両方の電子は混成されてダイヤモンド中の炭素と同じような平等な sp^3 混成の四面体形配置となる．Zn^{2-}，S^{2+} とは，Zn-S の間に sp^3 混成という 100% の共有結合をあたえれば，このような電荷が形式的に存在するという意味で，このようなイオンは存在しない．なお，β-ZnS のほかに AlP，β-SiC，β-CdS などが，この構造に属する．一方，α-ZnS は図 1.34 に示すような Zn の六方最密充填 (hcp) と S のそれとの組み合わせによる六方晶系の複合格子で，Zn-S 間は sp^3 混成の四面体形配置である．なお，α-ZnS のほかに，BeO，ZnO，AlN，α-CdS などが，

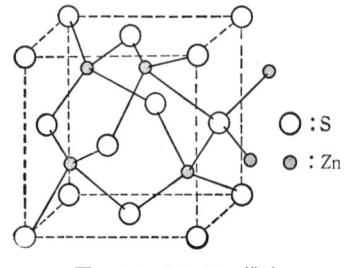

図 1.33 β-ZnS の構造 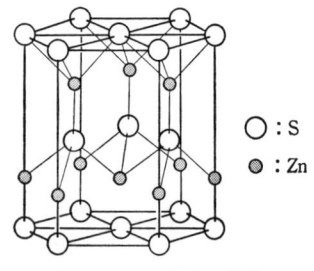 　　　　　図 1.34 α-ZnS の構造

この構造に属する.

　以上の 2 種類の構造について見かたを変えると, β-ZnS の (111) 面は ccp (1-2-3-1-2-3) で積み重なり, α-ZnS の (0001) 面は hcp (1-2-1-2-1-2) で積み重なっているが, そのエネルギー差は球のつめ込みかただけからは理解できない. おそらく小さいものであろうと考えられる. ZnS にかぎらず CdS, SiC などにおいては, この層の重ねかたにきわめて多くの変化があり, 立方, 六方の両相が混ざったり, 積み重ねの順序が乱れたりする. とくに結晶生成のさいの条件が, このような構造変化に敏感に感応すると思われる. 表 3.7 を見よ.

　AB 型結晶で MX_6 配位をとるものには LiF, NaCl, MgO などがあり, いずれも図 1.22 に示したような NaCl 型のイオン格子をつくる. これは Na の面心立方格子と Cl のそれとの組み合わせによる複合格子である. さらに MX_8 配位となると CsCl, NH_4Cl, TlCl などがあり, いずれも図 1.21 に示したような CsCl 型のイオン格子をつくる. これも Cs の単純立方格子と Cl のそれとの組み合わせによる複合格子である.

　1：2 の組成をもつ AB_2 型結晶では, 陽イオンのまわりの配位と陰イオンのまわりの配位が対称でなく, 大きな陰イオンの配列が構造の大わくを決定している. したがって構造内の電場の強さにも片よりを生じ, AB_2 型結晶では完全なイオン結晶を形成するには十分なイオン性をもたない場合が多い.

　まず, MX_4 配位では SiO_2 の変態が有名である. すなわち, SiO_2 (silica) には石英 (quartz, 六方晶), クリストバライト (cristobalite, 立方晶), トリジマイト (tridymite, 六方晶) の 3 種の変態があり, それぞれ低温型 (α) と高温型 (β) とに分かれている. α と β との構造上の相違については, 図 1.75 の石英の例を見よ. いずれの変態においても Si 原子のまわりの配位数は 4 であるが, O 原子のまわりのそれは 2 である. Si 原子とそれをとりまく 4 個の原子は sp^3 混成により SiO_4

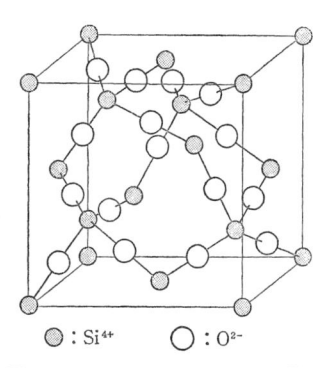

○ : Si⁴⁺ ○ : O²⁻
図 1.35 β-クリストバライトの構造

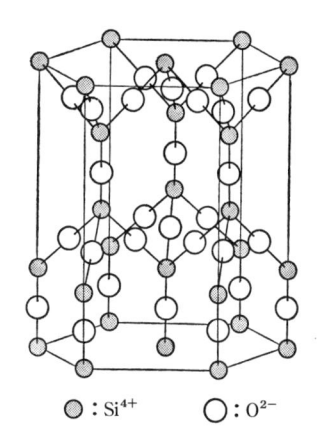

○ : Si⁴⁺ ○ : O²⁻
図 1.36 β-トリジマイトの構造

四面体を形成し，SiO_4 四面体は頂点の O を共有して配列している．Si と O の電気陰性度の差から，その結合は共有結合性 50%，イオン結合性 50% とされているが，そのイオン半径比 (0.30) は MX_4 配位の条件にもよく適合している．β-クリストバライトの構造を図 1.35 に，β-トリジマイトの構造を図 1.36 に示す．ここに注目すべきことは両者の関係が，さきの図 1.32 の β-ZnS (立方晶) と図 1.34 の α-ZnS (六方晶) との関係にきわめて類似していることである．すなわち，Zn と S の位置をすべて Si に置きかえ，すべての Si と Si との中間の位置に O を置けば，β-クリストバライトと β-トリジマイトになる．

　AB_2 型で MX_6 配位をとるものにルチル (rutile, TiO_2 の変態) と CdI_2 がある．図 1.37 はルチルの構造で，イオン結合性の高い体心正方格子であらわされる．Ti 原子は 6 個の O 原子によってかこまれ八面体形結合をとるが，O 原子には 3 個の Ti 原子が平面上に 3 配位をとっている．TiO_2 (ルチル) のほか，GeO_2，SnO_2，MnO_2，MgF_2，MnF_2，FeF_2，CoF_2 などがこの構造に属するが，これらの多くのものの八面体は多少ゆがんでおり誘電性発現の原因となっている．

　図 1.38 はイオン結合性の CdI_2 構造を示す．陰イオンはほぼ hcp に配列しており，そのすき間に一層おきに小さな陽イオンが配列している．したがって，陰イオンどうしが接する層間は van der Waals 力が作用しているだけで結合力は弱く，いちじるしいへき開性を生ずる．Cd^{2+} のまわりにはルチル構造と同じように 6 個の I⁻ によって八面体形結合をつくっているが，I⁻ のまわりでは片側に陽イオン，その反対側に同種の陰イオンが存在し，単なるイオン結合体としては理

図 1.37 ルチルの構造

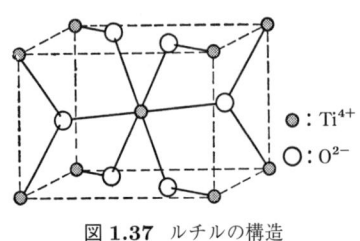

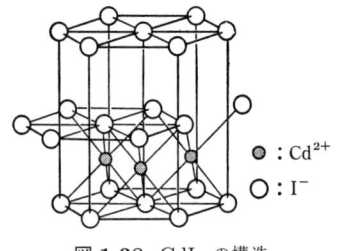

図 1.38 CdI$_2$ の構造

解できないものがある．分極作用の大きい Cd^{2+} のため I$^-$ がいちじるしく分極され，このような層状格子ができるものと考えられている．なお，CdI$_2$ のほかに MgI$_2$, MnI$_2$, FeI$_2$, Mg(OH)$_2$, Ca(OH)$_2$, Fe(OH)$_2$, Cd(OH)$_2$ などがこの構造に属する．CdCl$_2$, MgCl$_2$, ZnCl$_2$ も CdI$_2$ とよく似た構造をとるが，Cl$^-$ はほぼ ccp に配列している．

AB$_2$ 型で MX$_8$ 配位をとるものには，図 1.39 に示す CaF$_2$ (fluorite) の構造がある．Ca^{2+} は面心立方格子の配列をとり，それぞれ F$^-$ のつくる立方体の中心に位置する．Ca^{2+} のまわりの配位数は 8 であるが，F$^-$ のまわりのそれは 4 である．CaF$_2$ のほかに SrF$_2$, BaF$_2$, ZrO$_2$, HfO$_2$ などがこの構造に属する．この構造

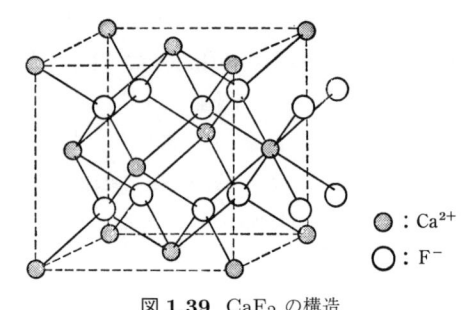

図 1.39 CaF$_2$ の構造

は見かけ上は面心立方格子であるが，よく見ると単純立方格子と CsCl 型体心立方格子との組み合わせから成ることに注意せよ．

1.3.4 格子エネルギー

イオン格子 (ionic lattice) の安定性は，イオン間のクーロン力によって定まる．1 対の反対電荷イオンのポテンシャルエネルギー V は，式 (1.7) によってあらわされる．

$$V = -\frac{Z_1 Z_2 e^2}{r} + \frac{be^2}{r^n} \tag{1.7}$$

ここに第 1 項は引力，第 2 項は反発力をあらわす．r は核間距離，Z_1, Z_2 は電荷数 (符号を含めた整数値，NaCl 格子の場合は $Z_1 Z_2 = 1$)，e は電子の電荷，n

はBorn指数，bは反発係数である．nは通常5～10で核のまわりの電子密度の増加とともに増大し，たとえばHe配置では5，Ne配置では9となる．式(1.7)はBorn方程式とよばれ，1対のイオンが距離∞からrまで運ばれてくるときに放出されるエネルギーである．しかし，NaCl格子ではNa$^+$は6個のCl$^-$によってかこまれ，Cl$^-$は6

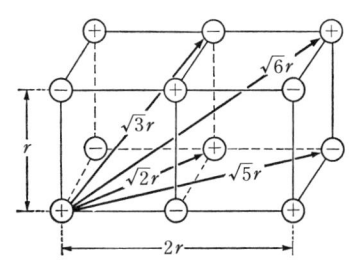

図1.40 NaCl格子中のイオン間距離

個のNa$^+$によってかこまれている．図1.40にNaCl格子中の1個のNa$^+$のまわりの各イオンの距離を示す．これらのすべてのイオンの相互作用によって，式(1.7)の第1項$V_{(1)}$は式(1.8)のようにあらわされる．

$$V_{(1)} = -\frac{6e^2}{r} + \frac{12e^2}{\sqrt{2}\,r} - \frac{8e^2}{\sqrt{3}\,r} + \frac{6e^2}{2r} - \frac{24e^2}{\sqrt{5}\,r} + \frac{24e^2}{\sqrt{6}\,r} \cdots$$
$$= -\frac{e^2}{r}\left(6 - \frac{12}{\sqrt{2}} + \frac{8}{\sqrt{3}} - \frac{6}{2} + \frac{24}{\sqrt{5}} - \frac{24}{\sqrt{6}} \cdots\right) \tag{1.8}$$

式(1.8)の無限級数の和は1.747558に収束する．この数はNaCl格子のMadelung定数とよばれるもので，NaClだけでなく同じ構造の塩ならば，どれでも使用できる．代表的な構造のMadelung定数を表1.4に示した．

第2項$V_{(2)}$のとりあつかいかたは，$V_{(1)}$よりも簡単である．すなわち，反発力はr^nに反比例して変化するから，最隣接の6個のCl$^-$だけを考慮すればよい．そこで$V_{(2)}$は$6be^2/r^8$であらわせることになる．したがって，結晶格子中における任意の1対のイオンに対する一般式は(1.9)となる．

$$V = -\frac{Ae^2Z^2}{r} + \frac{Be^2}{r^n} \tag{1.9}$$

表1.4 Madelung定数

構造	A	構造	A
NaCl	1.747558	TiO$_2$ (ルチル)	4.816
CsCl	1.762670	TiO$_2$ (アナターゼ)	4.800
β-ZnS	1.63806	CdI$_2$	4.71
α-ZnS	1.641	SiO$_2$ (β-石英)	4.4394
CaF$_2$	5.03878	α-Al$_2$O$_3$	25.0312

ここに A は Madelung 定数, B は反発定数 (NaCl 格子の場合は $6b$) である. 引力と反発力とが平衡距離 r_0 でつり合ったとき ($dV/dr = 0$), 式 (1.10) が成りたち, これにより式 (1.11) が導かれ, B が求まる.

$$\left(\frac{dV}{dr}\right)_{r=r_0} = \frac{AZ^2}{r_0} - \frac{nB}{r_0^{n+1}} = 0 \tag{1.10}$$

$$B = \frac{r_0^{n-1} AZ^2}{n} \tag{1.11}$$

したがって, r_0 におけるポテンシャルエネルギー V_0 は, 式 (1.11) を式 (1.9) に代入することによって求められる.

$$V_0 = \frac{Ae^2 Z^2}{r_0}\left(\frac{1}{n} - 1\right) \tag{1.12}$$

ここに Z はイオン電荷の最大公約数である. たとえば, NaCl, Al_2O_3 では 1, MgO, TiO_2 では 2 となる.

0 K における格子エネルギー (lattice energy) U_0 は, 互いに距離 ∞ だけ離れたガス状イオンから 1 mol のイオン結晶を形成するときに放出されるエネルギーと定義される. したがって, N_A を Avogadro 定数とすると, U_0 は式 (1.13) であらわされる.

$$U_0 = -V_0 N_A \tag{1.13}$$

これに式 (1.12) を代入すると, 式 (1.14) が導かれる.

$$U_0 = \frac{N_A Ae^2 Z^2}{r_0}\left(1 - \frac{1}{n}\right) \tag{1.14}$$

ここに N_A, A, e はすべて既知であり, r_0 は X 線回折により求められる.

イオン結晶の形成や破壊は固体化学における重要な現象であるから, 格子エネルギーの値の利用価値は大きい. なお, 格子に共有結合性が加わり電子雲の変形が大きくなると, 式 (1.14) によって計算された格子エネルギーの値は実験値と合わなくなってくる. この問題についてつぎにのべる.

格子エネルギーは実験的に求められる他の熱力学的諸量を用いることによって計算することができる. イオン結晶 (MX) を M (固相, 記号 s) と X_2 (気相, 記号 g) から形成するには二とおりの経路があり, 図 1.41 のように関係づけられる. これを Born-Haber サイクルという.

この図において U_0 は格子エネルギー, I は M のイオン化ポテンシャル, E は X の電子親和力, D は X_2 の解離熱, S は M の昇華熱, H は M と X_2 から MX を生成するさいの生成熱である. ＋はエネルギーの供給, － はその放出を意味する. したがって, U_0 は式 (1.15) により計算することができる.

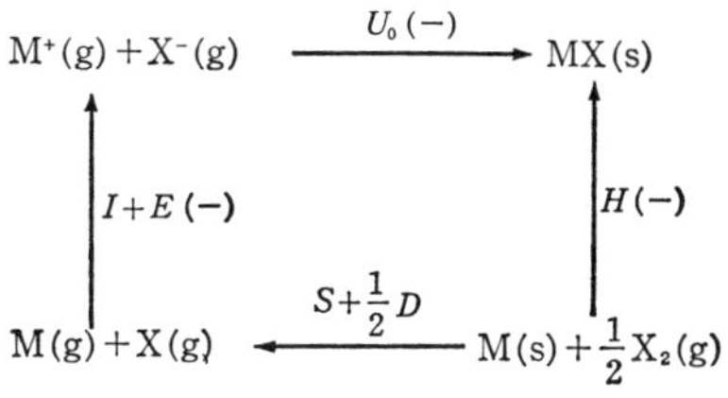

図 1.41 Born-Haber サイクル

$$U_0 = H + S + \frac{1}{2}D + I - E \tag{1.15}$$

すなわち, NaCl に対しては, 単位を kJ (キロジュール)/mol (1 kJ = 0.239 kcal) で示すと, $H = 411, S = 108, D = 242, I = 496, E = 365$ により, $U_0 = 771$ と実験的に求めることができる. 一方, 式 (1.14) により理論的に U_0 を計算してみると, $N_A = 6.02 \times 10^{23}, A = 1.747558, e = 4.80 \times 10^{-10}$ esu $= 1.6 \times 10^{-19}$ C (クーロン) $= 1.6 \times 10^{-19}$ J, $Z = 1, r_0 = 0.281$ nm, $n = 8$ とすると, $U_0 = 758$ kJ/mol となる.

このようにしてハロゲン化物の格子エネルギーについて実験値と理論値を比較してみると, 表 1.5 のようになる. 陽イオンがアルカリ金属イオンのときは両者は比較的よく一致するが, d 型金属イオンとなると共有結合性が強まるため, あまり合わなくなる.

表 1.5 ハロゲン化物の格子エネルギー

結晶	U_{exp} (kJ/mol)	U_{theor} (kJ/mol)	$\varDelta$
NaF	908	908	0
NaCl	771	758	+ 13
NaBr	736	724	+ 12
NaI	690	678	+ 12
KCl	703	695	+ 8
RbCl	674	669	+ 5
CsCl	644	628	+ 16
MgF_2	2 908	2 862	+ 46
CaF_2	2 611	2 602	+ 9
FeF_2	2 912	2 849	+ 63
CoF_2	2 962	2 879	+ 83
CuF_2	3 042	2 623	+419

1.4 酸化物の構造

1.4.1 単一酸化物

酸素はクラーク数は 1, 地殻で 49.5% を占める元素で, しかもフッ素についで電気陰性度が高いため, 多くの金属元素と酸化物をつくり, 資源的に広く利用されている. 単一酸化物 (simple oxide) の一般的な形としては M_2O, MO, M_2O_3, MO_2 などがあるが, これらの単位格子は M_2O_3 を除いて, すべて既述の構造形に属する.

まず, M_2O としては Li_2O, Na_2O, K_2O などのアルカリ金属の酸化物があるが, いずれも CaF_2 構造 (図 1.39) の変形である. すなわち, この構造において Ca の位置に O を, F の位置に M を置くことから, 逆 CaF_2 構造 (anti-fluorite structure) とよばれている.

つぎに MO の大部分は MX_6 配位の NaCl 構造 (図 1.21) をとる. MgO, CaO, SrO, BaO, CdO, VO, MnO, FeO, CoO, NiO, PbO などがこの構造に属する. このほかに, MX_4 配位の α-ZnS 構造 (図 1.34) をとるものに BeO, ZnO がある.

M_2O_3 の代表的結晶は α-アルミナ (α-alumina, α-Al_2O_3) である. これは菱面体格子をとるが, 換算して図 1.42 のような六方格子で示したほうが, 配列をよく理解できる. O^{2-} は六方最密充填 (1-2-1-2-1-2) に配列し, その層間のすき間の

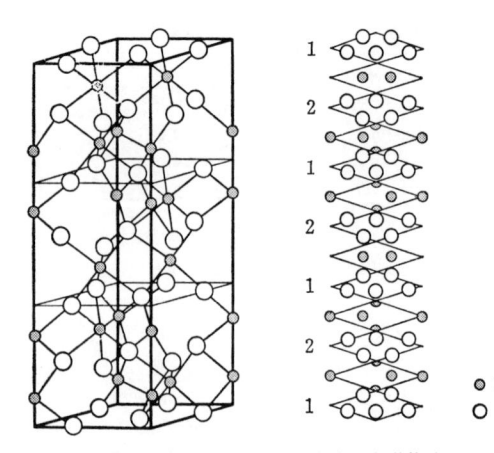

図 1.42 α-アルミナの変形六方単位格子

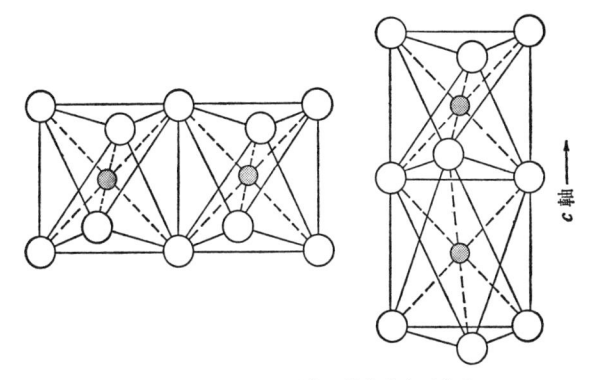

図 1.43 AlO$_6$ 八面体の稜共有と面共有

2/3 を Al^{3+} が占めている．層間に入った Al^{3+} は MX$_6$ の八面体形結合を形成しているが，Al$_2$O$_3$ のイオン半径比は 0.39 で MX$_6$ の条件 0.414 よりも小さいので，八面体は多少ひずみ，菱面体格子となるのである．

構造内の AlO$_6$ 八面体は図 1.43 に見られるように c 軸方向に稜共有，c 軸に直角方向に面共有の組み合わせで構成され，これが α-Al$_2$O$_3$ がダイヤモンドにつぐ硬さをもつ原因となっている．さきの表 1.4 において α-Al$_2$O$_3$ の Madelung 定数が最大であったことにも留意せよ．この構造には α-Al$_2$O$_3$ のほかに α-Fe$_2$O$_3$，Cr$_2$O$_3$，Ti$_2$O$_3$，V$_2$O$_3$ などが属する．

最後の MO$_2$ では，代表的な例として MX$_8$ 配位の CaF$_2$ 構造と MX$_6$ 配位のルチル構造 (図 1.37) があり，特異な例として共有結合の強い MX$_4$ 配位の SiO$_2$ がある．イオン半径比が 0.73 以上では CaF$_2$ 型，0.73〜0.41 ではルチル型，0.41 以下では SiO$_2$ となる．CaF$_2$ 型として ThO$_2$，CeO$_2$，HfO$_2$，UO$_2$ など，ルチル型として TiO$_2$，SnO$_2$，MnO$_2$，VO$_2$，MoO$_2$，PbO$_2$ などがある．

1.4.2 複合酸化物と酸素酸塩

2 種以上の単一酸化物が組み合わさると，複合酸化物 (complex oxide) または酸素酸塩 (oxy salt) ができる．複合酸化物は O^{2-} の密充填のすき間に 2 種以上の金属イオンが平等なイオン格子を形成したもので，その構造はきわめて安定で多くの組み合わせがある．ここではもっとも代表的な複合酸化物として，スピネル (spinel) とペロブスカイト (perovskite) についてのべよう．

(a) Mg^{2+} の配列　　(b) 1-2 層　　(c) 2-3 層

● : Mg^{2+}, ○ : Al^{3+}, ○○ : O^{2-}

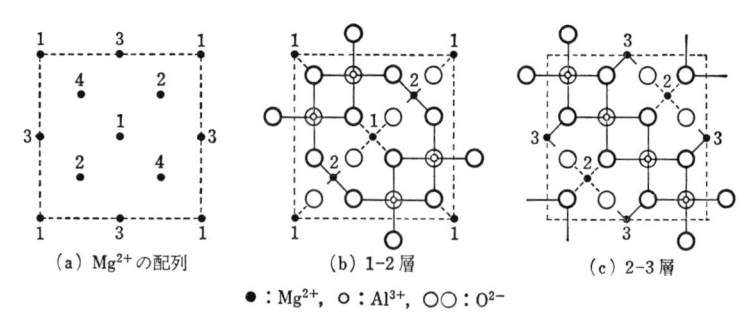

図 **1.44** スピネルの構造 (位置投影図)

スピネルは単一酸化物 AO と B_2O_3 との組み合わせによる複合格子で，AB_2O_4 であらわされる立方晶である．代表的スピネルとして，$MgAl_2O_4$ の構造を図 1.44 に示す．単位格子中の Mg^{2+} は (a) に示すような位置に配列し，ダイヤモンド構造の C 原子と同じ配列をとる．その 1-2 層の配列を (b) に，2-3 層の配列を (c) に示す．1-2, 2-3, 3-4, 4-1 の 4 層の積み重ねによって単位格子は形成される．O^{2-} は立方最密充填に配列し，そのすき間に Mg^{2+} と Al^{3+} が，それぞれ MgO_4 四面体，AlO_6 八面体の中央に規則正しく配列している．その他のすき間は空孔のままである．Mg^{2+}, Al^{3+} が O^{2-} に対してまったく平等な格子を形成していることが理解されよう．したがって，スピネルは複合酸化物である．この構造には $MgAl_2O_4$ のほかに，$FeAl_2O_4$, $CoAl_2O_4$, $MnFe_2O_4$, $Fe_3O_4(Fe^{2+}Fe_2^{3+}O_4)$, $ZnFe_2O_4$, $MgFe_2O_4$, $CoFe_2O_4$ などが属する．格子定数 a は，構成する陽イオンの種類によって $0.8 \sim 1.05$ nm ($8 \sim 10.5$ Å) の範囲内で変化する．このようにスピネル型結晶の大部分は，陽イオンの一部ないし全部に d 型金属イオンを含んでおり，結晶内での d 電子の挙動が磁性発現の原因となっている．

ペロブスカイトは単一酸化物 AO と BO_2 との組み合わせによる複合格子で，ABO_3 であらわされる立方晶の複合酸化物である．図 1.45 は $CaTiO_3$ (ペロブスカイト) の構造を示したもので，(a) は Ca^{2+} を原点においた立方格子で (b) は Ti^{4+} を原点においた立方格子である．これらから分かるように Ca^{2+} のまわりの配位数は 12，Ti^{4+} のまわりのそれは 6 で，ABO_3 の A イオンに Ca^{2+} のようなかなり大きいイオンが入った場合，この構造をとる．図 1.45 (a) において，Ca^{2+} を O^{2-} に置きかえると，すべての O^{2-} は立方最密充填の MX_{12} 配列 (図 1.26 参照) を示す．すなわち，ペロブスカイトでは立方最密充填している O^{2-} の一部が A イオンによって置きかわったもので きわめて安定な構造である．

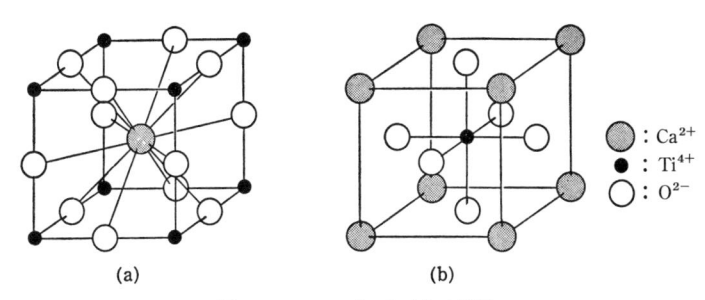

図 1.45 ペロブスカイトの構造

　理想的立方格子においては，各イオンの半径を r_A, r_B, r_O とすると，$r_A+r_O = \sqrt{2}(r_B+r_O)$ の関係が得られるが，実際には配位形は同じでも配位多面体はひずんだ形をしている場合が多く，この場合は $r_A+r_O = t\sqrt{2}(r_B+r_O)$ となり t の値でひずみの多少をあらわす．一般的にペロブスカイト構造の結晶では，t は 0.75～1.00 の範囲に入る．すなわち，A イオンが小さくなると充填性から考えても構造は不安定となる．それでも t が 0.89 以上では立方晶をとれるが，0.75～0.89 では斜方晶または正方晶で，高温になるとひずみが少なくなり，立方晶にもどるものが多い．$BaTiO_3$ は 120°C 以上では立方晶であるが，これより低温度では構造がひずみ，正方晶となる．このような構造変化は Ba^{2+} と Ti^{4+} の O^{2-} 格子に対する相対的変化であり，これによって強誘電体に特有の永久双極子モーメントがあらわれる．

　この構造には $CaTiO_3$ のほかに，$SrTiO_3, BaTiO_3, CdTiO_3, PbTiO_3, CaZrO_3, BaZrO_3, PbZrO_3, CaSnO_3, SrSnO_3, BaSnO_3$ などの $A^{2+}B^{4+}O_3$ 型が属するが，さらに $NaWO_3, KNbO_3$ などのような $A^+B^{5+}O_3$ 型，$YAlO_3, LaCrO_3$ などのような $A^{3+}B^{3+}O_3$ 型も属することも知られている．すなわち，どんなイオンの組み合わせでも，それらが配位に適当なイオン半径をもち，全体として電気的中性となる合計 6 の原子価をもつならば，この構造がとれるのである．

　以上のべたように複合酸化物では O^{2-} の密充填のすき間に A と B とが平等なイオン格子をつくっているが，B の電荷が $+3, +4, +5, +6$ のように高くなると，B^{+n} は O^{2-} の電子雲を強力に引きつけ電子対共有による BO 結合を形成する．すなわち，$SiO_4^{4-}, PO_4^{3-}, SO_4^{2-}, NO_3^-$ などのような負電荷をおびた独立原子団陰イオンとなる．この場合，A と B とはもはや平等なイオン格子ではなく，正電荷をもつ A イオンと負電荷をもつ BO_n イオンより成るイオン格子である．これが酸素酸塩で，カルシウム塩を例にとっても $CaCO_3, Ca_2SiO_4, Ca_3(PO_4)_2$,

$CaSO_4$, $Ca(NO_3)_2$ など, その種類はきわめて多彩である. $MgAl_2O_4$ や $CaTiO_3$ のような複合酸化物では $Al_2O_4^{2-}$ や TiO_3^{2-} のような原子団を格子中で見ることはできないが, $CaCO_3$ や $CaSO_4$ のような酸素酸塩では CO_3^{2-} や SO_4^{2-} のような独立原子団イオンの存在がはっきり認められる. 図 1.46 は

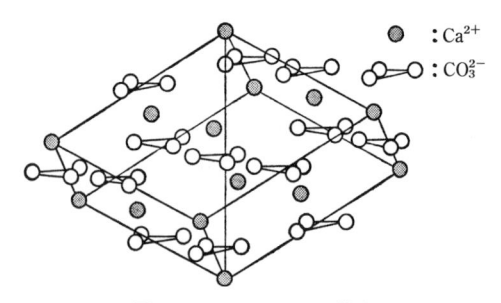

図 **1.46** カルサイトの構造

$CaCO_3$ (calcite) の単位格子を示すが, NaCl の面心立方格子を体対角線の方向に押しつぶした菱面体格子で, Na^+ の代わりに Ca^{2+} が, Cl^- の代わりに平面三角形 (中央の C は省略) の CO_3^{2-} が配列している.

1.4.3 固溶体と複塩

2 種の結晶 AC, BC が互いに組み合わさって形成される複合結晶 $(A_xB_y)C$ を固溶体 (solid solution) または複塩 (double salt) という. 組成比 $x:y$ が前者は一定していないが, 後者は常に一定していることが大きな相違点である. ここでは AO, BO の 2 種の単一酸化物の組み合わせを例として, この問題を考えてみよう.

固溶体の生成条件は両者の構造が同形で, イオン半径の差が少ないことである. MgO と CoO はいずれも NaCl 構造をとり, イオン半径も Mg^{2+} 0.066 nm, Co^{2+} 0.072 nm とあまりちがわない. したがって, 両者は任意の割合に混じり合って固溶体を形成する. 図 1.47 は MgO-CoO 系状態図で, 組成 a の融解物より冷却していくと液相組成は b~d に沿って, 固溶体組成は c~e に沿って変化し, 組成 e の固溶体が得られることを示している. すなわち, この固溶体の融点は MgO の 2 800°C から CoO の 1 805°C まで連続的に変化する.

MgO-CoO 系固溶体の構造は図 1.48 に示すとおりで, NaCl 格子の Cl の位置には O が, Na の位置には Mg と Co とがランダム (任意) に配列している. このような固溶体を置換型固溶体とよび, 固溶体のもっともふつうの形である. MgO 粉末に CoO 粉末を任意組成に加え十分に混合して 1 200°C 以上で加熱すると, 両者の間に固相反応が起こり, MgO の X 線回折ピークは組成比に応じて低角度側にずれていく. すなわち, 小さい Mg が大きい Co に置きかえられる結果, 式

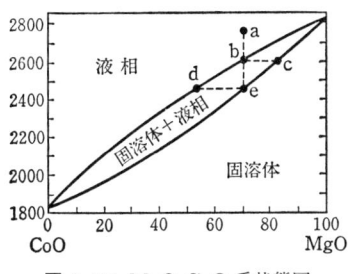

図 1.47　MgO-CoO 系状態図

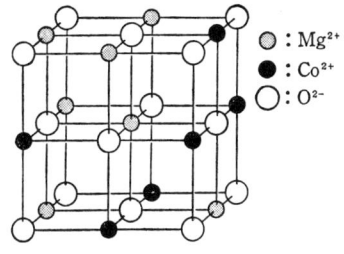

図 1.48　MgO-CoO 系固溶体の構造

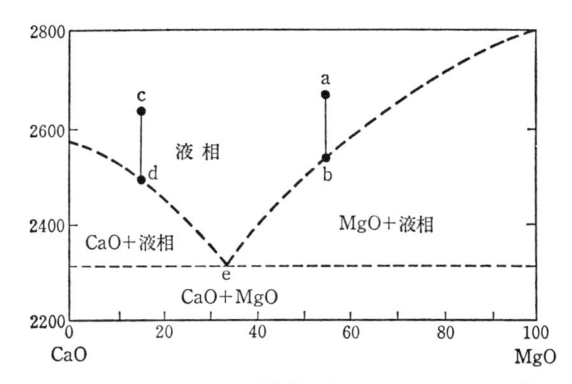

図 1.49　CaO-MgO 系状態図 (G. Rankin ら, 1916)

(1.5) により面間距離 d は膨張し θ は小さくなるのである.

　置換固溶の条件は構造が同形であって，イオンの大きさが近いこと (イオン半径の差が 15%以内) である．図 1.49 は CaO-MgO 系状態図を示すが，両者は同じ NaCl 格子でありながら，イオン半径は Ca^{2+} 0.099 nm，Mg^{2+} 0.066 nm とかなり相違するので固溶体はつくらず，単なる混合物にとどまる．組成 a, c の融解物から冷却すると b で MgO，d で CaO がそれぞれ析出しはじめるが，温度が下がるにつれて液相線に沿って組成は変化し，e で共晶 (eutectic crystal) を晶出する．e を共晶点または共融点という．X 線回折によると，この共晶は CaO と MgO の混合物であることが確認できる．CaO-MgO 系では任意比率の置換はできないとのべたが，その後の研究で CaO 側と MgO 側にわずかに部分固溶域が存在することがたしかめられている (図 1.83 参照).

　MgO と Al_2O_3 との間には固溶体は存在しない．両者の格子がまったく異なること，イオン半径が Mg^{2+} 0.066 nm，Al^{3+} 0.055 nm とかなり大きな差があることからも当然である．しかし，図 1.50 に見られるとおり，MgO：Al_2O_3 のモル比

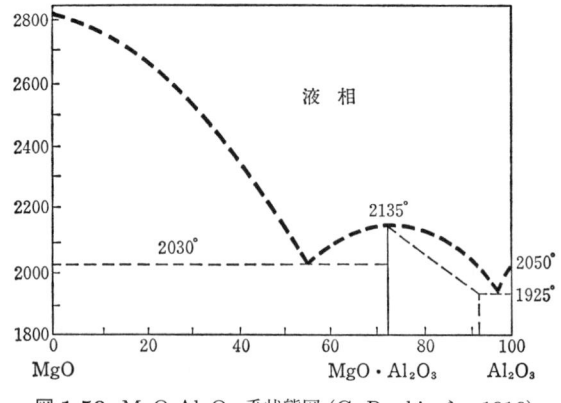

図 1.50 MgO-Al$_2$O$_3$ 系状態図 (G. Rankin ら, 1916)

1:1組成において複合酸化物 MgAl$_2$O$_4$ (スピネル) が生成する．これは MgO と Al$_2$O$_3$ との複塩であって，その融点は MgO とも Al$_2$O$_3$ とも関係のない特定温度 2135°C を示している．融点が連続的に変化した置換型固溶体と対照的である．

その後の研究により高温でスピネルは 1:1 組成から MgO 側，Al$_2$O$_3$ 側に多少広がり，とくに Al$_2$O$_3$ 側にかなりの部分固溶を示すことが分かった (図 1.84 を見よ)．この場合，電気的中性を保持するためには 2Al^{3+} ⇄ 3Mg^{2+} の置換が条件となるので，Al^{3+} 2個が固溶すると，かならず Mg^{2+} の空孔が 1 個できて，これらが格子中に無秩序に分布する．このように見かけ上はモル比一定の複塩であっても，高温になると過剰成分が部分固溶する例はきわめて多い．

スピネルは MgO と Al$_2$O$_3$ のモル比 1:1 組成の複合酸化物であり，複塩ともいえるとのべたが，これはすべての場合に複合酸化物=複塩を意味しない．たとえば，ドロマイト (dolomite) は CaMg(CO$_3$)$_2$ で式示され CaCO$_3$ と MgCO$_3$ のモル比 1:1 組成の複塩であるが，その菱面体格子内には平面三角形の CO$_3^{2-}$ 原子団がはっきり認められる点では酸素酸塩の複塩であって，複合酸化物ではない．すなわち，ドロマイトはカルサイト (CaCO$_3$) の格子 (図 1.46 を参照) において全 Ca の 1/2 を Mg に置換したものであるが，固溶体に見られたようなランダム置換ではなく，格子内の一定位置の Ca だけが対象となっていることに注意せよ．

1.5 ケイ酸塩の構造

1.5.1 ケイ酸塩の分類

ケイ酸塩 (silicates) は地殻 (地球の表面から 16 km の深さ) の大部分を占め，ケイ酸塩鉱物 (silicate mineral) または粘土鉱物 (aluminosilicate clay) として広く存在し，また人工的に合成されるものが多い．ちなみに地殻成分の量を示すクラーク数は 1 が O で 49.5%，2 が Si で 25.8%，3 が Al で 7.56% で，この 3 成分だけで 83% を占め，大部分が Si と Al の酸化物である．

ケイ酸塩はおもに Si と O より成り，その結合単位は SiO_4 四面体 (sp^3 混成) である．そして SiO_4 四面体のつながりによって，島状 (island structure)，環状 (cyclic structure)，層状 (sheet structure)，3 次元網状 (three-dimentional network structure) など，大小さまざまなケイ酸基を形成する．その分類を表 1.6 に示す．

ケイ酸塩は SiO_4 基の重合体である．表 1.6 において最上段の SiO_4^{2-} が重合度 0 で塩基度はもっとも高い．したがって，これを中和するための陽イオンをもっとも多く必要とする．しかし，下段に移るにつれて重合度は大となり塩基度は低くなり，最下段の SiO_2 （中性）に達する．

表 1.6 ケイ酸塩の分類

分類	示性式		例	
島　　状	M^{4+}	SiO_4^{4-}	forsterite	Mg_2SiO_4
二重合体	M^{6+}	$Si_2O_7^{6-}$	akermanite	$Ca_2MgSi_2O_7$
環　　状	M^{6+}	$Si_3O_9^{6-}$	wollastonite	$Ca_3Si_3O_9$
	M^{8+}	$Si_4O_{12}^{8-}$	neptunite	$(Na, K)_2(Fe, Mn)TiSi_4O_{12}$
	M^{12+}	$Si_6O_{18}^{12-}$	beryl	$Be_3Al_2Si_6O_{18}$
鎖　　状	$[M^{2+}$	$SiO_3^{2-}]_n$	diopside	$CaMg(SiO_3)_2$
	$[M^{6+}$	$Si_4O_{11}^{6-}]_n$	tremolite	$Ca_2Mg_3Si_4O_{11}(OH)_4$
層　　状	$[M^{2+}$	$Si_2O_5^{2-}]_n$	kaolinite	$Al_2Si_2O_5(OH)_4$
3次元網状	$[SiO_2]_n$		orthoclase	$KAlSi_3O_8$

1.5.2 一ケイ酸塩と二ケイ酸塩

Si に対する O の配位数が 4 の場合は，図 1.51 に示すような単一のケイ酸基 SiO_4^{4-} が形成される．重合していないモノマーの状態という意味で島状とよばれている．この形のケイ酸基をもつケイ酸塩を一ケイ酸塩 (monosilicate) といい，その代表例としてフォルステライト Mg_2SiO_4 (forsterite) の構造を図 1.52 に示す．

フォルステライト構造の O はだいたい六方密充填に配列し，Si は独立した SiO_4 ができるように 4 配位位置に入っている．ポルトランドセメントの主要構成化合物である β-Ca_2SiO_4 も SiO_4 基が独立して存在する点では同じであるが，フォルステライトと同じ構造をとるのは安定型の γ-Ca_2SiO_4 だけである．γ のほかに α, α', β などの変態があるが，Ca^{2+} は Mg^{2+} とくらべて大きさが大きいため，充填がうまくゆかず，不安定で水とすみやかに反応して硬化する性質をもつ．

SiO_4^{4-} が 2 個重合した二重合体は図 1.53 (a) に示すような $Si_2O_7^{6-}$ となり，この形のケイ酸基をもつケイ酸塩を二ケイ酸塩 (disilicate) という．その代表例としてアケルマナイト $Ca_2MgSi_2O_7$ (akermanite) の構造を図 1.53 (b) に示す．原子

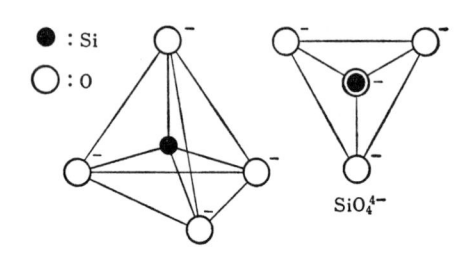

図 1.51 ケイ酸塩の基本単位

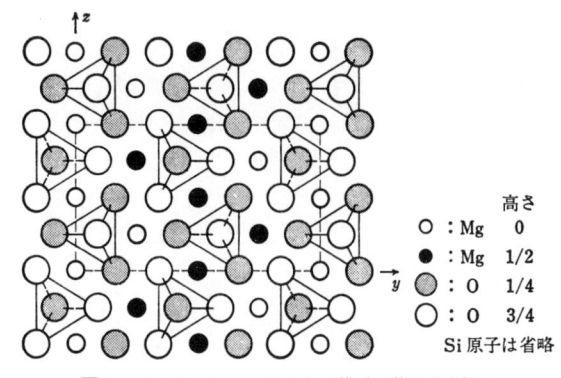

図 1.52 フォルステライトの構造 (位置投影図)

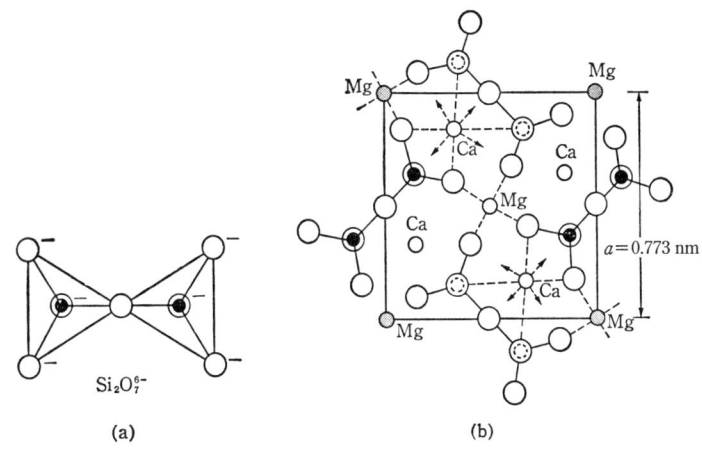

図 1.53 アケルマナイトの構造 (位置投影図)

団イオン $Si_2O_7^{6-}$ と, これらに属する O を 6 配位する Ca^{2+} と, 4 配位する Mg^{2+} とがよく分かるであろう.

1.5.3 環状ケイ酸塩と鎖状ケイ酸塩

SiO_4^{4-} が環状に 3 個重合した $Si_3O_9^{6-}$ の形および 6 個重合した $Si_6O_{18}^{12-}$ の形を図 1.54 に示す. 前者の例に α-ウォラストナイト $Ca_3Si_3O_9$ (α-wollastonite), ベニト石 $BaTiSi_3O_9$ (benitoite) があり, 後者の例に緑柱石 $Be_3Al_2Si_6O_{18}$ (beryl), コージェライト $Mg_2Al_3(AlSi_5)O_{18}$ (cordierite) がある.

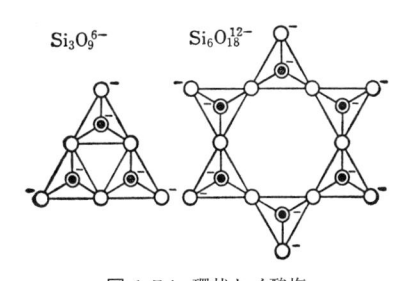

図 1.54 環状ケイ酸塩

図 1.55 に緑柱石の構造を示すが, 六方格子の格子点に 8 個の $Si_6O_{18}^{12-}$ 環の大集団が存在するのがはっきり見られるであろう. このような環状基をもったケイ酸塩を環状ケイ酸塩という.

SiO_4 が無限に鎖状に n 個重合した形は, 図 1.56 (a) に示すような $(SiO_3)_n^{2n-}$ 鎖である. 各 SiO_4 はそれぞれ 1 個の O を共有している. この $(SiO_3)_n^{2n-}$ 鎖を重ねて二重鎖とした形が図 1.56 (b) に示すような $(Si_4O_{11})_n^{6n-}$ 鎖で, 各 SiO_4 はそれぞれ 2 個の O を共有している. これらをまとめて鎖状ケイ酸塩という. $(SiO_3)_n^{2n-}$

図 1.55　緑柱石の構造 (位置投影図)

図 1.56　鎖状ケイ酸塩

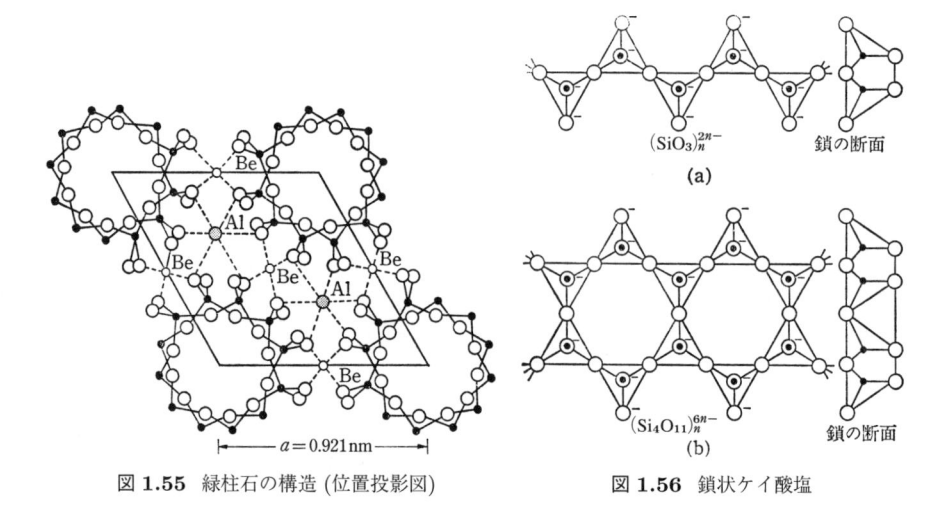

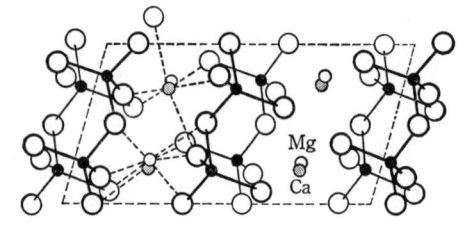

図 1.57　ジオプサイドの構造 (位置投影図)

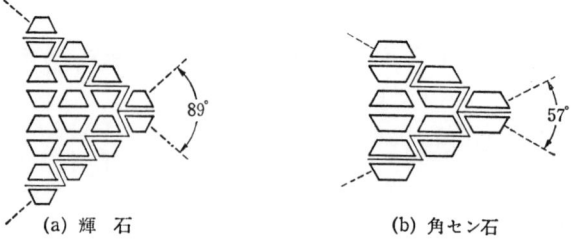

(a) 輝　石　　　(b) 角セン石

図 1.58　鎖状ケイ酸塩のへき開角

鎖を有する代表例としてジオプサイド $CaMg(SiO_3)_2$ (diopside) の構造を図 1.57 に示す。

図 1.58 は $(SiO_3)_n^{2n-}$ 鎖をもつ輝石グループ (pyroxenes) と $(Si_4O_{11})_n^{6n-}$ 二重鎖をもつ角セン石グループ (amphiboles) のへき開角 (cleavage angle) を示した

もので，前者は 89°，後者は 57° と大きく相違する．このへき開角は鎖の断面積と充填状態によって定まる．

1.5.4 層状ケイ酸塩

各 SiO_4 四面体がそれぞれ 3 個の O を共有すると，図 1.59 に示すような $(Si_2O_5)_n^{2n-}$ の層ができる．このような層状ケイ酸基を骨格とするケイ酸塩を層状ケイ酸塩という．その代表例は粘土を構成するカオリナイト $Al_2Si_2O_5(OH)_4$ (kaolinite) で，図 1.60 に示すように SiO_4 層と AlO_6 層が O を共有して接合した二重層となり，これら二重層どうしは van der Waals 結合でつながっている．粘土を水でねると，水が van der Waals 層に浸み込み，その潤滑作用により層は位置を変えて可塑性 (plasticity) を生ずる．この粘土を乾燥すると潤滑剤が除かれるので，層間は固定され強度を発現する．これが粘土成形の原理である．

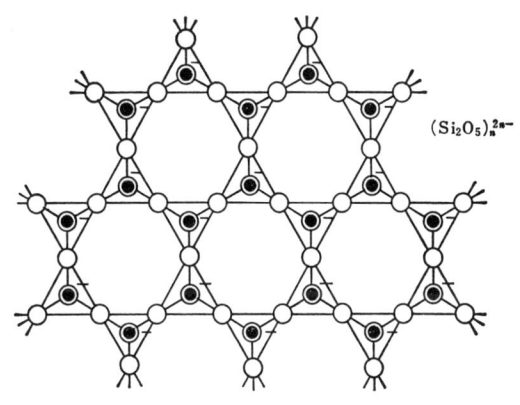

図 1.59 層状ケイ酸塩

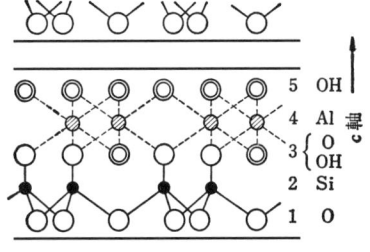

図 1.60 カオリナイトの構造 (層断面)

層状ケイ酸塩における層の重なりかたは，いろいろ知られているが，比較的簡単なカオリナイト $(OH)_3Al_2(OH)Si_2O_5$ の変形としては，ロウ石 $Si_2O_5(OH)Al_2(OH)Si_2O_5$ (pyrophyllite)，滑石 $Si_2O_5(OH)Mg_3(OH)Si_2O_5$ (talc) などがある．ここでカオリナイトの二重層に対して，ロウ石，滑石では三重層になっていることに注意せよ．

1.5.5 3次元網状ケイ酸塩

SiO_4 四面体の4個のOがすべて他の SiO_4 四面体によって共有されると，3次元網状ケイ酸塩となる．SiO_2 はその代表的なもので，SiO_4 四面体の4個のOが共有されているので，もはや陽イオンのつく余地はなく中性である．図1.35，図1.36 の SiO_2 の構造を見ると，3次元網状構造がよく理解できる．

SiO_2 格子中の一部の SiO_4 四面体について，中心の Si^{4+} (4配位) をイオン半径の近い Al^{3+} (ふつう6配位であるが，この場合は4配位) によって置換が可能であるが，$Si^{4+} \rightleftarrows Al^{3+} + R^+$ のように電気的中性を保持するために，格子中に金属イオン R^+ をつけ加える必要がある．その代表的な例は正長石 $KAlSi_3O_8$ (orthoclase) である．

フッ石(ゼオライト, zeolite) は長石の誘導体で，内部に結晶水が入り長石よりも開いた構造となっている．すなわち，SiO_4 四面体の Si が Al に置換する量が多いほど，構造内の空間は大きくなる．たとえば，ソーダフッ石 $Na_2(Al_2Si_3O_{10})\cdot 2H_2O$ (natrolite) は，格子内に結晶水 H_2O を受け入れる空間を有する．これを500°Cぐらいの温度で加熱すると格子を破壊することなく，結晶水は気散し空洞を残す．脱水したフッ石は，CO_2，NH_3，EtOH などの極性分子のガスを空洞内に吸着す

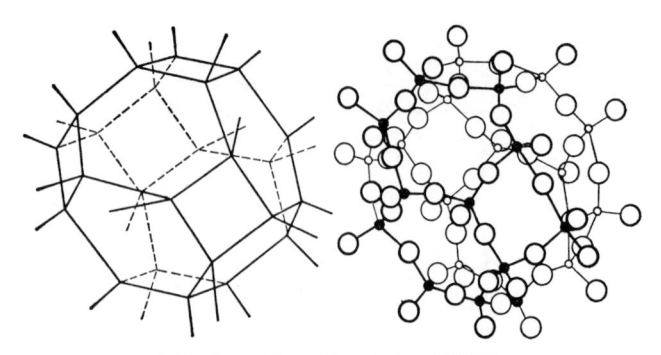

図 1.61 ゼオライトの3次元網状構造

る．図 1.61 は合成ゼオライトの 3 次元網状構造の骨格を示している．合成条件を変えて骨格の環の大きさを調節することによって，吸着するガスの種類を選択することができる．3.3.2 (b) 項を見よ．

1.6 結晶の熱変化

1.6.1 熱分析

結晶を加熱していくと，分解，転移，融解など，いろいろな構造上の変化が起こる．このような構造変化は加熱物の X 線回折図形からも観察することができるが，加熱途上の結晶について分解や揮散にともなう重量変化，分解，転移，融解にともなう熱量変化を連続的に測定できれば，結晶の熱的性質を理解するのにきわめて便利である．このような目的で行われる熱的測定が熱てんびんと示差熱分析である．

熱てんびん (thermobalance) は熱重量分析 (thermal gravimetry, 略 TG) ともいわれ，その装置は図 1.62 に示すような電気炉とてんびんの組み合わせである．炉内の試料を定速で昇温すると，分解にともなう H_2O, CO_2 などの揮散量を重量変化曲線から直接求めることができる．

結晶に構造変化が起これば，エネルギーの供給や放出による吸熱や発熱がかならず起こる．示差熱分析 (differential thermal analysis, 略 DTA) の装置は図 1.63 に示すような電気炉と検流計との組み合わせである．炉内の試料を定速で昇温し，

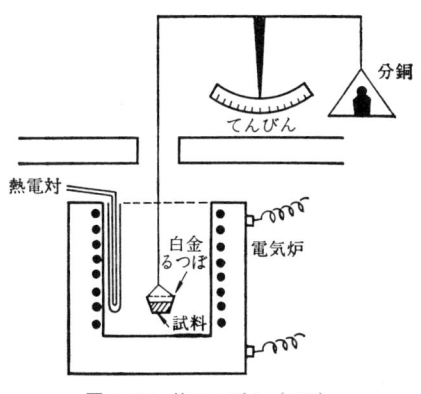

図 1.62 熱てんびん（TG）

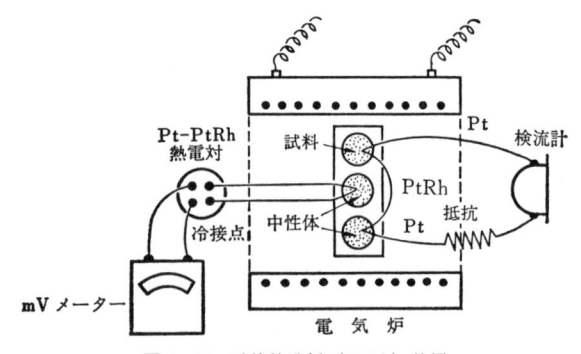

図 1.63 示差熱分析（DTA）装置

吸熱，発熱反応が起きると，試料と中性体との温度差から両者の間に微小電流が流れるので，これを検流計で測定する．中性体は熱的安定物質で，ふつうは熱的安定性の高い $\alpha\text{-Al}_2\text{O}_3$ を使用する．

熱てんびん (TG) と示差熱分析 (DTA) を組み合わせた装置 (TG-DTA) による測定例を水酸化アルミニウム Al(OH)_3 の加熱変化で，図 1.64 に示す．まず $\text{Al(OH)}_3 \rightarrow 2\text{AlOOH}$ への脱水にともなう減量と吸熱が 300～400°C に大きくあらわれ，つぎに $2\text{AlOOH} \rightarrow \gamma\text{-Al}_2\text{O}_3$ への脱水にともなう減量と吸熱が 550～600°C に小さ

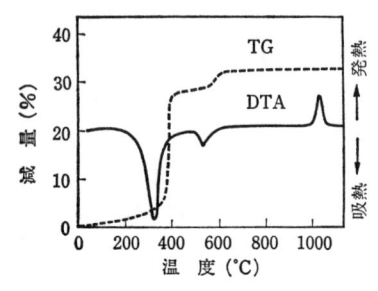

図 1.64 水酸化アルミニウムの加熱変化

いがはっきりあらわれている．しかし，1000°C 付近に見られる発熱ピークは，$\gamma\text{-Al}_2\text{O}_3 \rightarrow \alpha\text{-Al}_2\text{O}_3$ の転移であるが，当然のことながら TG 曲線にはなんらの変化もあらわれない．このように DTA は重量変化をともなわない構造変化に鋭敏に感応する．

1.6.2 熱分解

固体 AB をその分解温度以上で加熱すると，固体 A＋気体 B に分解する．気体 B は気相，液相，固相などいろいろな形がとられるが，ここでは比較的簡単な例として，気体 B が気相の場合から脱水反応と脱炭酸反応をとりあげ，考えてみよう．

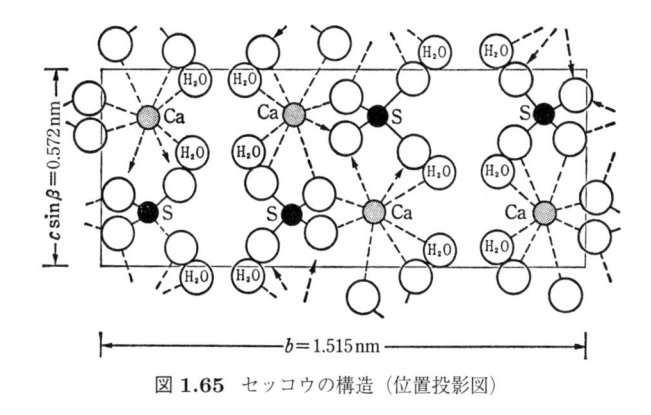

図 **1.65** セッコウの構造（位置投影図）

　一般に構造が密充填をとりにくい酸化物は，水を構造に入れて安定化し水和物 (hydrates) となることが多い．構造に入った水は結晶水 (water of crystallization) となる．結晶水の状態には，(1) $CaSO_4 \cdot 2H_2O$ のように水分子として存在するもの，(2) $Mg(OH)_2$ のように OH 基として存在するもの，(3) $CaHPO_4$ のように水素結合として存在するものに大別される．

　図 1.65 は (1) の例として，セッコウ $CaSO_4 \cdot 2H_2O$ (gypsum) の構造を示す．2 個の H_2O 分子は Ca^{2+} のまわりに 3 個の SO_4^{2-} の O 原子とともに 8 配位している．Ca^{2+} はイオン半径が大きいため MX_6 よりも MX_8 のほうが構造的に安定であることはさきにのべたが，ここでも Ca^{2+} は 6 個の O 原子と 2 個の H_2O 分子を引きつけて MX_8 で安定化している．この場合，H_2O 分子の大きさは O^{2-} の大きさと近似的に等しいと考えてよい．しかし，H_2O 分子と Ca^{2+} との結合力はおもに双極子引力であるので，H_2O は加熱により容易に放散する．図 1.66 は TG-DTA によるセッコウの加熱変化を示すが，比較的低い温度 170°C と 200°C の 2 段階で脱水している．1 次脱水は $CaSO_4 \cdot 2H_2O \rightarrow \beta\text{-}CaSO_4 \cdot 1/2H_2O$ で，2 次脱水は $\beta\text{-}CaSO_4 \cdot 1/2H_2O \rightarrow III CaSO_4$ で，いずれも吸熱である．結晶水が H_2O 分子の場合，水蒸気圧が 101 kPa (キロパスカル，1 atm, 760 mHg) 以上に達したときに脱水が開始する．セッコウでは，文献によると 1 次脱水は 108°C, 2 次脱水は 151°C でそれぞれはじまるという．

　(2) の例としては水酸化マグネシウム $Mg(OH)_2$ (brucite) がよく知られているが，その TG-DTA 曲線を図 1.67 に示す．$Mg(OH)_2$ は CdI_2 構造（図 1.38）で OH 層と OH 層との間には強いへき開性を有し，この面より脱水分解が起こりやすい．しかし，分解にあたっては，$2OH^- \rightarrow O^{2-} + H_2O$ で式示されるように 2 個

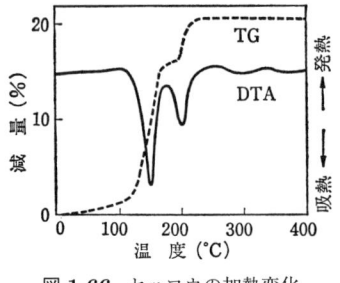

図 1.66 セッコウの加熱変化

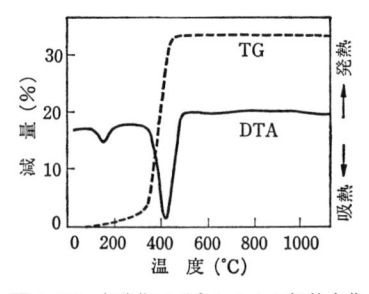

図 1.67 水酸化マグネシウムの加熱変化

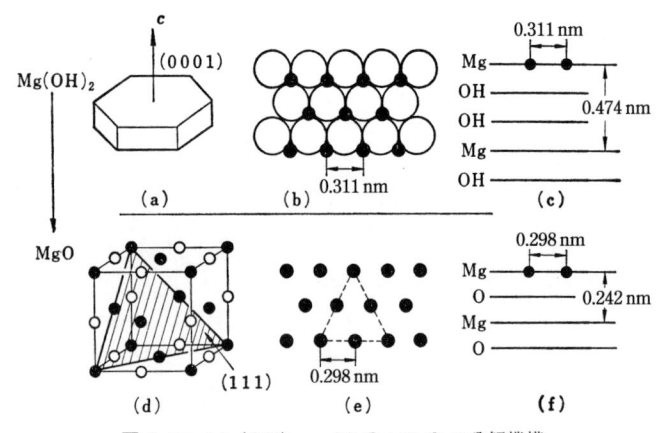

図 1.68 $Mg(OH)_2 \rightarrow MgO+H_2O$ の分解機構

の OH 基の拡散を必要とするが，Mg-OH 間は強いイオン結合であるので OH 基は簡単には移動しない．したがって，セッコウの H_2O 分子の場合と異なり，OH 基の分解温度は 400～500°C とかなり高くなっている．

水和物結晶が無水物結晶に変化する場合，各イオンはなるべく低いエネルギーで最短距離を移動して新しい配列に移ろうとする．図 1.68 はその機構を説明している．$Mg(OH)_2$ 六方晶の (0001) 面は OH 基の 2 層ごとに Mg 層を含んでいる．この Mg 層の Mg-Mg 間距離は 0.311 nm である．一方，MgO は NaCl 型（面心立方格子）で，その (111) は Mg 層と O 層が交互に配列している．この Mg 層間距離は 0.298 nm である．すなわち，$Mg(OH)_2$ が MgO に脱水するとき，その (0001) 面の Mg は 0.311 nm から 0.298 nm の位置に移動すれば，そのまま MgO の (111) 面を構成するということを示している．ただし，2 層の OH 層は脱水によって 1 層の O 層に変化するため，軸方向にいちじるしい収縮を示す．その収縮

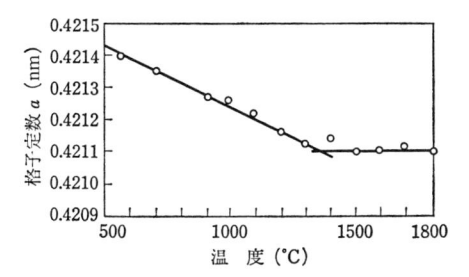

図 **1.69** MgO の格子定数の温度変化

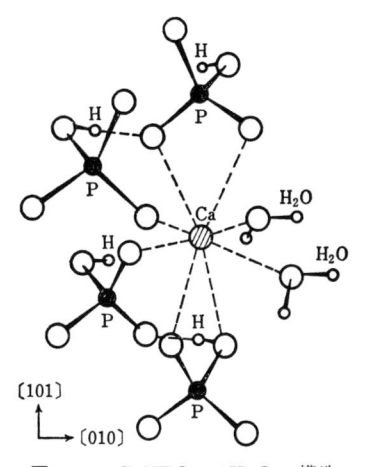

図 **1.70** CaHPO$_4\cdot$2H$_2$O の構造

の程度を格子定数の変化で観察したものが図 1.69 で，Mg(OH)$_2$ の格子定数 c が MgO のそれの a まで収縮するには 1400°C におよぶ高温を必要とすることが分かる．したがって，Mg(OH)$_2$ は脱水直後の 600°C ぐらいでは，きわめてすき間の多い不安定な MgO で，1400°C 以上の加熱によりはじめて完全な最密充填格子となり，材料的にも安定するのである．

最後の (3) の状態，水素結合の例として CaSO$_4\cdot$2H$_2$O と類似の構造を有する CaHPO$_4\cdot$2H$_2$O の構造を図 1.70 に示す．セッコウと同じように H$_2$O 分子は Ca^{2+} のまわりに HPO$_4^{2-}$ 四面体の O 原子とともに 8 配位し，HPO$_4^{2-}$ の H は水素結合により HPO$_4^{2-}$ どうしをつなぐ役割をもつ．これを加熱すると，式 (1.16) に示すように脱水縮合により PO$_4^{3-}$ の二量体 P$_2$O$_7^{4-}$ が生成するのである．

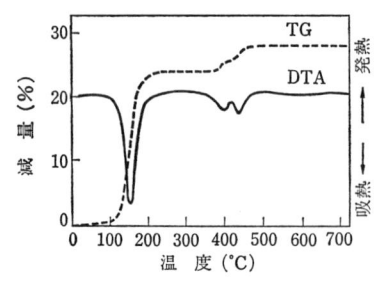

図 1.71 CaHPO$_4$·2H$_2$O の加熱変化

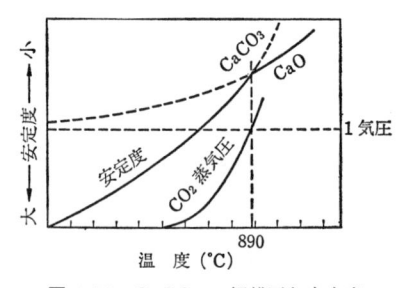

図 1.72 CaCO$_3$ の解離圧と安定度

$$\text{O}^- - \underset{\underset{\text{Ca}^{2+}}{\text{O}^-}}{\overset{\overset{\text{O}}{\|}}{\text{P}}} - \text{OH} \cdots \text{O}^- - \underset{\underset{\text{Ca}^{2+}}{\text{O}^-}}{\overset{\overset{\text{O}}{\|}}{\text{P}}} - \text{OH} \rightarrow \text{O}^- - \underset{\underset{\text{Ca}^{2+}}{\text{O}^-}}{\overset{\overset{\text{O}}{\|}}{\text{P}}} - \text{O} - \underset{\underset{\text{Ca}^{2+}}{\text{O}^-}}{\overset{\overset{\text{O}}{\|}}{\text{P}}} - \text{O}^- + \text{H}_2\text{O} \uparrow \quad (1.16)$$

図 1.71 に CaHPO$_4$ の TG-DTA 曲線を示すが, 150°C 付近の減量と吸熱は 2H$_2$O の放散と CaHPO$_4$ の生成, 400〜500°C 付近の吸熱は HPO$_4^{2-}$ どうしをつなぐ水素結合の分解による H$_2$O の放散と Ca$_2$P$_2$O$_7$ の生成を示す. 水素結合の分解温度は母塩の構造により支配され, H$_2$O 分子や OH 基の分解温度と比較して論ずることはできない.

つぎに脱炭酸反応にも少し触れてみたい. もっとも代表的な例として CaCO$_3$ → CaO+CO$_2$↑ の分解過程を考えよう. 図 1.72 は CaCO$_3$ の分解は CO$_3^{2-}$ → O^{2-}+CO$_2$↑ の反応により CO$_2$ の蒸気圧が 101 kPa (1 atm) をこえて CO$_3^{2-}$ 基が分解しはじめたとき, さらに加熱により CaCO$_3$ 格子が CO$_2$ の気散により不安定となり, 安定な CaO 格子に移行する過程として CaCO$_3$ は CaO に分解しはじめ, その開始温度は 890°C であることを示している.

図 1.73 はカルサイト CaCO$_3$, ドロマイト CaMg(CO$_3$)$_2$, マグネサイト MgCO$_3$ (magnesite) の DTA 曲線を比較したもので, それぞれの分解温度は大きく相違する. 一般に炭酸塩の安定性は, CO$_3$ 基の安定性により定まる. 格子内で Ca^{2+} は CO$_3$ 基の O 原子を共有しているが, Ca^{2+} はイオン半径が大きいため O 原子とのつながりは弱く, したがって CO$_3$ 基は安定で脱炭酸温度は高い. これに対して, Mg^{2+} はイオン半径が小さいので電荷密度は高く O 原子を強く引っ張り, CO$_3$ 基は不安定となって比較的低い温度で脱炭酸し, 安定な MgO 格子をとろうとする. ドロマイト中の MgCO$_3$ は CaCO$_3$ と安定な複合格子を組んでおり, そ

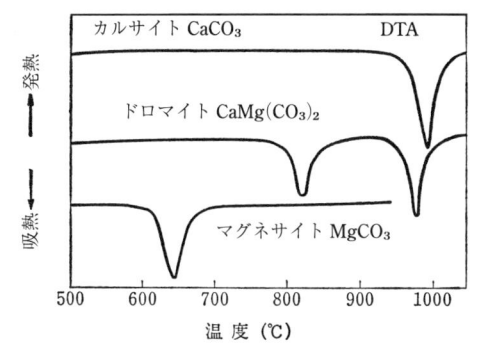

図 1.73 カルサイト，ドロマイト，マグネサイトの加熱変化

の分解温度はマグネサイト中の $MgCO_3$ 単一格子のそれよりもかなり高くなっていることに注意せよ．

1.6.3 結晶転移

結晶が温度，圧力などの環境の変化によって，その同質の異なる構造に変化する現象を転移 (transition) といい，転移によって生ずる構造を多形 (polymorphism) という．また，転移を起こす温度，圧力などを転移点とよぶ．1.3.3 項において炭素の多形としてダイヤモンドと黒鉛の構造上の相違をのべた．図 1.29 の炭素の状態図におけるダイヤモンドと黒鉛の境界線は転移曲線を示している．そしてダイヤモンドは高圧型，黒鉛は低圧型であることが分かる．

転移による構造変化は，材料の物性制御に応用される重要な現象で，たとえば金属の熱加工はこのような現象を応用したものである．しかし，構造変化の機構については，いまだ未知のことがらが多く，定性的な知識にとどまっているのが現状である．

転移は結晶が温度，圧力の変化において，もっとも自由エネルギーの低い安定な結晶配列をとろうとして起こる構造変化である．図 1.74 はシリカ (silica, SiO_2) の状態図を示している．石英 (Q)，トリジマイト (Tr)，クリストバライト (Cr) は低圧で見られる変態で，高圧となるとコーサイト (coesite)，ステショバイト (stishovite) の新しい 2 種の変態が出現する．一般に結晶に圧力をかけると密度の高い配位数が多い新相があらわれるといわれるが，このシリカの場合でも比重をくらべてみると，α-Q の 2.7，α-Tr の 2.3，α-Cr の 2.4 に対し，コーサイトは 3.0，ステショバイトは 4.3 に達する．なお，ステショバイトは MX_4 配位よりも

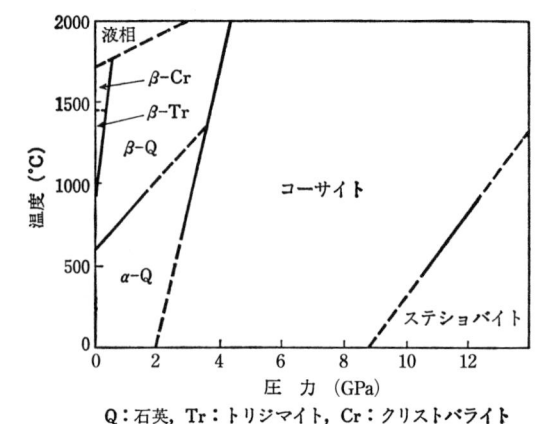

図 1.74 シリカの状態図 (J. A. Ostrovsky, 1967)

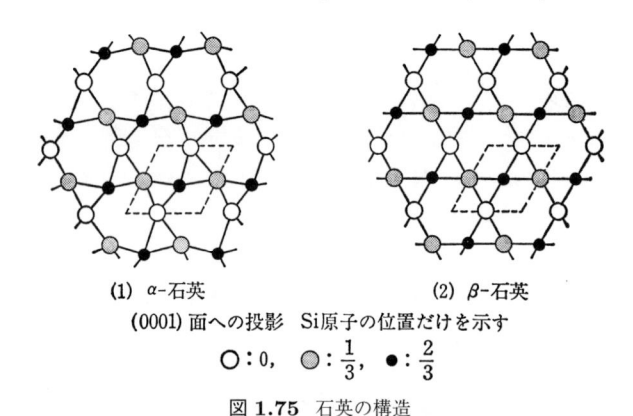

Q：石英，Tr：トリジマイト，Cr：クリストバライト

(1) α-石英　　(2) β-石英

(0001) 面への投影　Si原子の位置だけを示す

○：0，◐：$\frac{1}{3}$，●：$\frac{2}{3}$

図 1.75 石英の構造

充填性の高い MX_6 をとる．おそらくはイオン結合性となる．

　シリカの多形においてもっとも安定な結晶相は低温型の α-石英であるが，加熱すると 573°C で高温型の β-石英に転移する．図 1.75 は α-石英と β-石英の構造を対比したもので，いずれも六方晶に属し c 軸上への Si 原子の投影図で示している．図からも分かるように α 型はゆがんだ六方格子であるが，加熱にともない原子はわずかに移動し，対称性の高い六方格子 β 型に転移する．原子の移動はわずかであるので転移に要する活性化エネルギーは小さく，転移速度はすみやかで，しかも可逆的である．β-石英をさらに加熱していくと，870°C で β-トリジマイト(六方晶) に転移し，さらに 1470°C で β-クリストバライトに転移し，最終的には

1728°C で融解する．図 1.80 も見よ．加熱につれて密度は小さくなり，六方晶から立方晶へと対称性の高い結晶へ転移していく過程がよく分かる．この場合は各原子がかなりの距離を移動することにより新しい結晶配列をつくり変える過程であるから，活性化エネルギーは大きく，転移速度もおそい．いったん転移が終ると，元の配列にもどりにくく不可逆的である．

一般に温度が上がるにつれて固体の自由エネルギーが減少することは，Gibbs の自由エネルギー G をあらわす式 (1.17) において温度-エントロピー項 TS が重要な役割をもつためである．$-TS$ の変化は常に負であるから G の変化も負となる．

$$G = E - TS + PV \tag{1.17}$$

G に寄与する因子の一つとしてのエンタルピー H は，固体では体積変化が少ないので PV 項を一定とすれば，内部エネルギー E とほぼ等しい．したがって固体の場合，ΔG はほぼ ΔF（定容自由エネルギーの変化）に等しいと考えてよい．すなわち，低温においては E が G を支配する傾向があり，系は最低の内部エネルギーをもつような構造をとる．一方，温度が高くなると，格子内でのイオンの熱振動がさかんになり E も増加するが，同時にエントロピー S もかならず増大する（$0 \mathrm{K}$ においては $S = 0$）．さきの石英の $\alpha \to \beta$ 転移においてもゆがんだ六方のきちんとした六方への変化，β-トリジマイト（六方）のクリストバライト（立方）への変化などは，いずれも S が増大するような構造（対称性のよい構造）に変化しようとする傾向を示している．すなわち，高温で $-TS$ 項が大きくなるほど G は小さくなるのである．

いま，転移にともなう固体の熱力学的諸量の変化をモデル的に示すと，図 1.76 のようになる．ある化合物が α, β の 2 種の構造をとることができるとすると，これらの内部エネルギーは E_α と E_β で，$T = 0 \mathrm{K}$ で自由エネルギー G は $G_\alpha < G_\beta$ と考えれば，構造 α が低温で安定である．構造 β のほうが対称性もよくエントロピーが大きいと，$-TS$ 項が効いて G_β はある温度から G_α よりも小さくなり，これより高い温度では構造 β のほうが安定となる．すなわち，G_β と G_α とが交わる温度が転移点 T_c である．$E_\beta > E_\alpha$ であるならば $\alpha \to \beta$ 型転移を達成するためには，ΔE だけのエネルギー（たとえば熱）を供給する必要がある．

図 1.77 は α-石英の加熱変化を DTA 曲線で示したもので，573°C における $\alpha \rightleftarrows \beta$ 型可逆転移は鋭い吸熱ピーク（冷却にさいしては発熱ピーク）として観察される．これが転移に必要なエネルギーで，図 1.76 の ΔE に相当する．

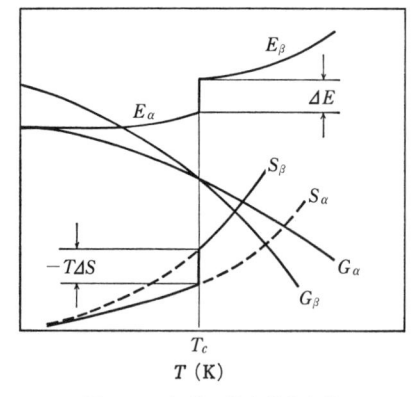

図 1.76 転移の熱力学的変化

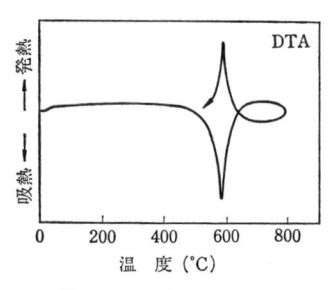

図 1.77 石英の加熱変化

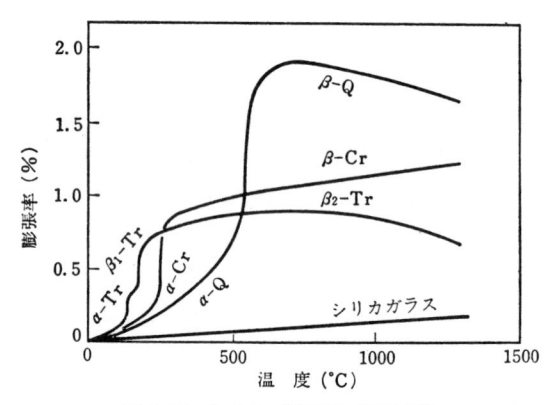

図 1.78 シリカの膨張率の温度変化

　転移により構造が変化すれば，物性も当然変化する．転移による体積変化は材料の破壊につながる重要な問題である．たとえば，図 1.78 はシリカの転移における熱膨張率を比較したものであるが，構造は低温型 α から高温型 β に転移するにともない，かなりの体積変化が起こる．とくに石英の $\alpha \to \beta$ 転移では 2% におよぶ急膨張が起こり，可逆反応であるので冷却にさいしても同様に収縮を起こす．アルミナ-シリカ系の耐火物を 573°C 前後で使用すると，アルミナと結合していない遊離の石英がかなりの量で存在するので，これが膨張，収縮をくり返し，ついには炉体を破壊するに至る．対策としては耐火物を製造するさい十分に焼成して遊離石英をアルミナと反応させるか，熱膨張率の小さい α-トリジマイトとして安定化することである．

1.6.4 状態図

単一の物質，またはいくつかの物質の混合物を，ある温度または圧力に長時間保ち，もうこれ以上は変化しない状態，すなわち，平衡に達したときの状態における固相，液相，気相の別，固相の組成と構造などを実験的に求めたものが状態図 (phase diagram) である．状態図には転移点，分解点，共融点などの固体の重要な物性も明示されている．

まず，1成分系状態図から考えてみよう．図 1.79 は水 (water, H_2O) の状態図を示すが，固相，液相，気相の区分が明確にあらわされている．固相は氷 (ice) で，SiO_2 のトリジマイト型の変形である．すなわち，Si の位置を O に，O の位置を H に置きかえた構造で，sp^3 混成の六方格子をとる．三つの状態は昇華曲線 AT，融解曲線 BT，蒸発曲線 CT によって区分されている．D は沸点，C は臨界点，T は三重点である．材料の研究においては，ふつう固相と液相だけを考えることが多いので，1成分系の場合はもっぱら固相の転移と融解に対する自由エネルギー変化を温度の関数としてあらわすことが多い．

このような例として，図 1.80 にシリカ (SiO_2) の多形における各変態の温度-自由エネルギー変化曲線を示した．この図からも分かるように高温になるにつれてエントロピーが増大するため，自由エネルギー曲線の低下も急になってくる．

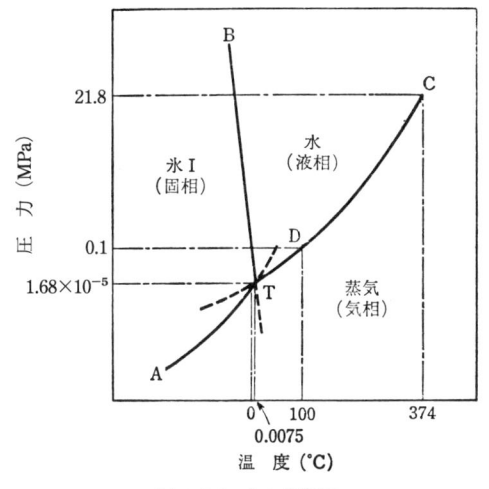

図 1.79 水の状態図

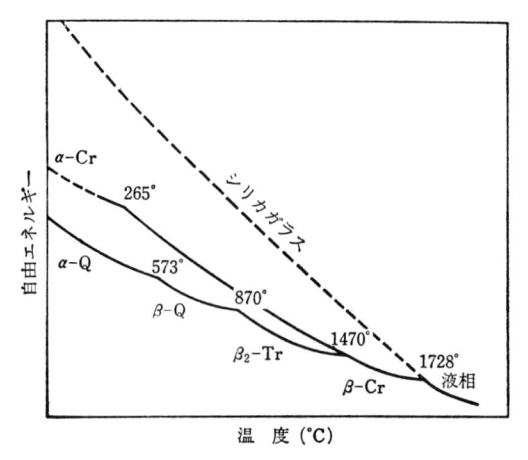

図 **1.80** シリカ多形の自由エネルギー曲線 (V. G. Hill ら, 1958)

　2成分系状態図の場合は圧力-温度-組成を互いに直交する軸にとって3次元的にあらわす必要があるが，材料は大気圧や大気圧に近い圧力下でとりあつかわれることが多いので，圧力を除外して温度と組成との関係を考えればよい．一連の温度に対する組成–自由エネルギー曲線が分かれば，各温度における安定相はすぐ推定できるが，一般的には2成分以上の状態図は，実験的に求めるのがふつうである．しかし，理論と実験とのちがいを検討することは重要である．

　図1.81はA-B 2成分系の組成–温度曲線のモデルを示す．(a) は A-B 2成分間に中間化合物が生成しない場合の状態図で，液相を冷却すると共融点 E で A と B とが混合物 (共晶) を析出する．液相中では A, B は相互に完全な溶解性を示すが，固相状態ではまったく溶解性を示さない．例としては図1.49 の CaO-MgO 系状態図がある．(a) 以外の状態図は A-B 2成分間に中間化合物またはその固溶体が生成する場合である．まず，(b) は中間化合物 AB が共融点 E よりも高い分解温度 D で分解する場合で，例として図1.82 の $MgO\text{-}SiO_2$ 系状態図におけるエンスタタイト $MgO \cdot SiO_2$ (enstatite) の分解を示す．

　(c) では A-B 2成分間に一定の融点 M をもつ安定な化合物ができる．この系を A-AB 系，AB-B 系に分けると，おのおのが (a) と同じ機構で示される．例として図1.50 の $MgO\text{-}Al_2O_3$ (スピネル) の生成，図1.82 の $MgO\text{-}SiO_2$ 系状態図における $2MgO \cdot SiO_2$ (フォルステライト) の生成があげられる．(d) は2成分間に液相状態，固相状態のいずれも相互に完全な溶解性がある場合で，A-B 任意組成

図 1.81 A-B 2 成分系状態図のモデル

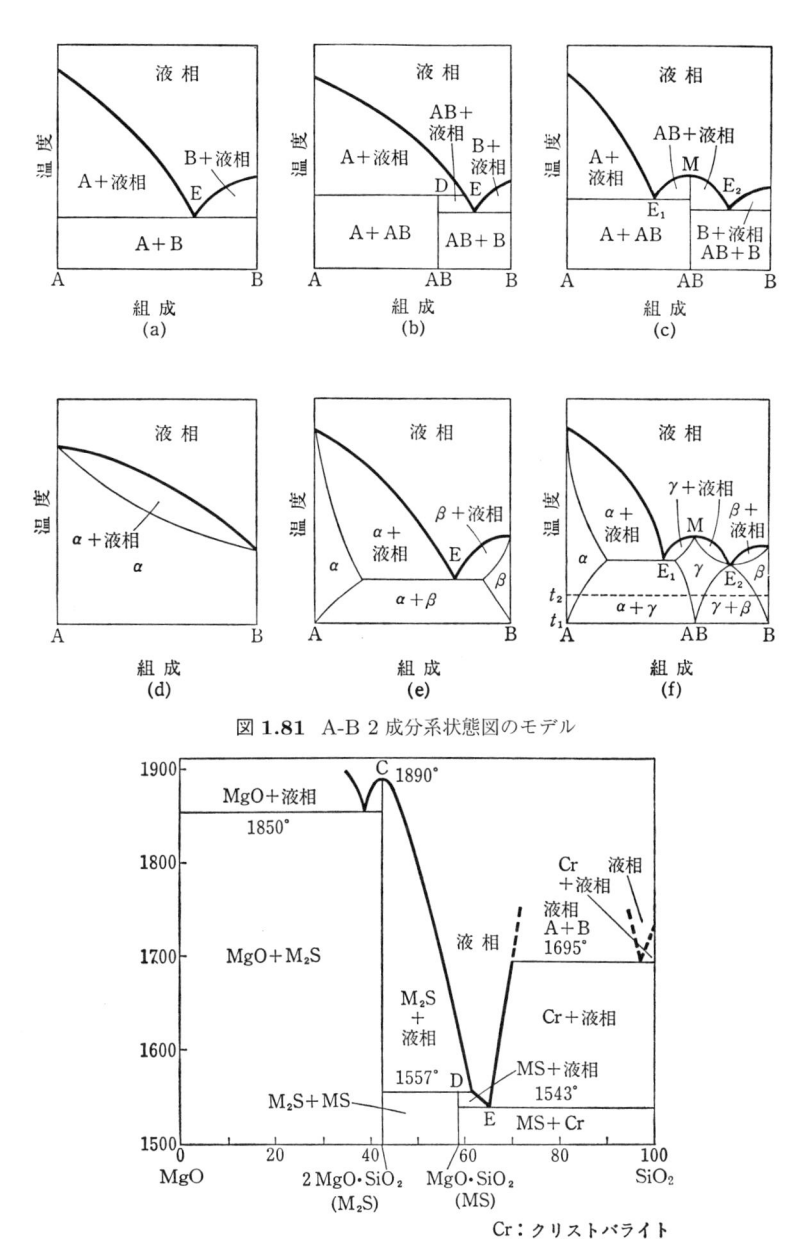

図 1.82 MgO-SiO$_2$ 系状態図 (J. W. Grieg, 1927)

Cr：クリストバライト

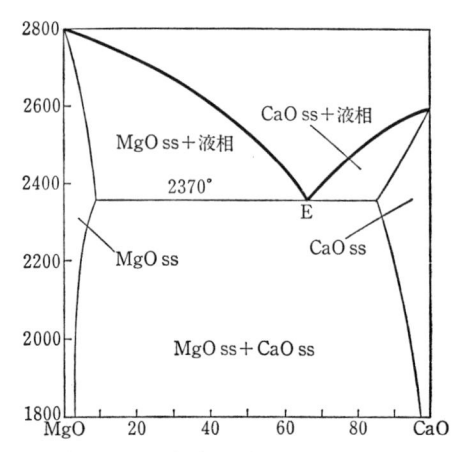

図 1.83 CaO-MgO 系状態図 (R. C. Domans ら, 1963)

比における完全固溶体の生成を示している．例としては図 1.47 の MgO-CoO 系状態図における完全固溶体の生成がある．融点は A から B にかけて連続的に変化する特徴をもつ．(e) は (a) の変形であって，固相状態で A, B 成分とも部分的溶解性を示している．α は A を主成分とし B を部分固溶した固溶体，β は B を主成分とし A を部分固溶した固溶体である．

CaO-MgO 系状態図は，すでに図 1.49 に示したように (a) タイプで中間化合物はできないとされていたが，その後の研究で図 1.83 に示す状態図に訂正され，CaO 側，MgO 側にそれぞれ部分固溶域が存在することがあきらかとなった．すなわち，(e) の例となる．CaO と MgO は同じ面心立方格子をとるが，Ca^{2+} と Mg^{2+} ではイオンの大きさがかなり異なるため，完全固溶はできないが部分固溶を示す．

(f) は (c) の変形であって，A, B および中間化合物 AB は相互に溶解性を示し，部分固溶体の α, β のほかに AB を主成分とする部分固溶体 γ が存在する．さきに (c) タイプの例として図 1.50 の $MgO-Al_2O_3$ 系状態図を示したが，その後の研究で図 1.84 のように訂正され，$MgO \cdot Al_2O_3$（スピネル）は単なる複塩ではなく，MgO 側，Al_2O_3 側にかなり広い固溶域をもつことが分かった．山口悟郎ら (1967) は 1595°C におけるスピネル層の組成は，MgO 側では MgO 50%，Al_2O_3 69%のスピネル固溶体で，その組成は Roy らの状態図の指示する組成とよく一致することを報告している．あきらかに (f) の γ-固溶体に相当する．また，Al_2O_3 を部分固溶した MgO 固溶体も認められているが，これは (f) の α-固溶体に相当

1.6 結晶の熱変化 / 55

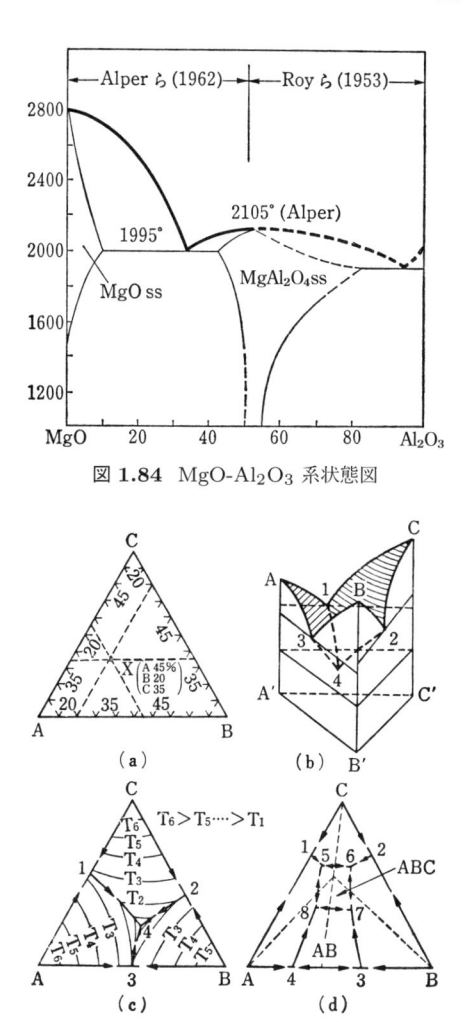

図 1.84 MgO-Al$_2$O$_3$ 系状態図

図 1.85 3成分系状態図

する.

以上のように状態図の研究により (a) は (e) に, (c) は (f) に訂正されたことは, A, B 2成分の間にイオン半径や結晶構造のちがいがあっても, 高温の固体状態においては多少なりとも部分固溶が起こり, 純粋な混合系はありえないことを示している.

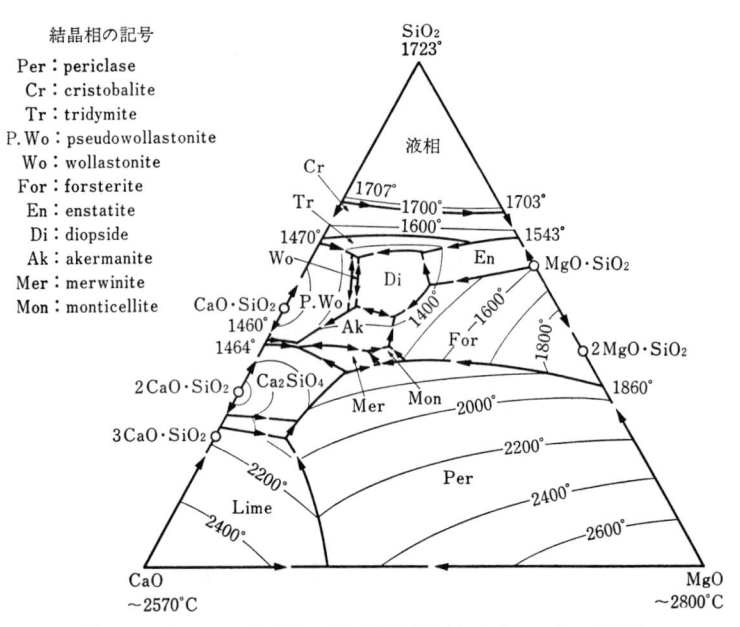

結晶相の記号
Per：periclase
Cr：cristobalite
Tr：tridymite
P.Wo：pseudowollastonite
Wo：wollastonite
For：forsterite
En：enstatite
Di：diopside
Ak：akermanite
Mer：merwinite
Mon：monticellite

図 1.86 CaO-MgO-SiO$_2$ 系状態図（E. F. Osborn ら，1960）

　3 成分系状態図となると，3 成分組成を示す三角グラフに温度軸を入れるため立体化しなければならない．図 1.85 (a) は A-B-C 3 成分系の組成を三角座標で示したもので，A 45%，B 20%，C 35%の位置があらわされている．この三角座標に温度を縦軸にとると，(b) のような立体的モデルができる．その三つの側面はそれぞれ A-B 系，B-C 系，A-C 系の 2 成分系状態図に相当する．つぎに地図の上で山の高さを等高線で示されるように三角形座標を温度軸方向から投影し，温度の高低を等温線で示したのが (c) である．矢印の方向によって三角座標の中央ほど低く三つの斜面ができているのが分かるであろう．(d) は A-B 2 成分系に中間化合物 AB，A-B-C 3 成分系に ABC が生成した場合を示したもので，AB 間に 3，4 の谷間が存在し，三角座標の中央には 5，6，7，8 の谷間に区分されて中央に ABC の小山をつくっている．このように中間化合物 AB，ABC の安定域をはっきりあらわすことが可能である．

　3 成分系の例としては，図 1.86 に CaO-MgO-SiO$_2$ 系状態図を示した．CaO-MgO 系には中間化合物が存在しないので，谷間（共融点）は一つしかないが，CaO-SiO$_2$ 系，MgO-SiO$_2$ 系には，それぞれいくつかの化合物が存在するため谷間の数

も多い．三角座標の中央には3成分系化合物，メルウィナイト $3CaO \cdot MgO \cdot 2SiO_2$ (merwinite)，モンチセライト $CaO \cdot MgO \cdot SiO_2$ (monticellite)，アケルマナイト $2CaO \cdot MgO \cdot 2SiO_2$ (akermanite)，ジオプサイド $CaO \cdot MgO \cdot 2SiO_2$ (diopside) の安定域が，それぞれ谷間によって区分されている．

1.7 ガラス

1.7.1 ガラスの生成

固体の中で，原子の配列が3次元的に規則性を有するものが結晶であるが，その配列が規則性をもたないものを非晶質 (noncrystalline)，または無定形 (amorphous) であるという．このような固体の中には，ガラス，プラスチック，ゴムなどのように重要なものが多い．ここでは非晶質の代表としてガラス (glass) について解説する．

まず，ガラス状態とは一般の固体と液体とどのような関係にあるのであろうか．それには高温で融解している液体を冷却していくときの体積変化を見ると，よく理解できる．

図 1.87 において液体を冷却していくと，ふつうは融点 T_m で体積は急激に減少し，同時に固化して結晶状態となる．これに対してガラスの場合は液体を冷却して T_m に達しても粘性が大きいため結晶化することなく，液体のまま過冷却状態となる．そして，その物質特有の温度 T_g に達すると体積収縮速度が急に小さくなって，その後は結晶と同じ速度で収縮しながら固化する．この温度 T_g をガラスの転移点 (transformation points) とよぶ．さきの結晶転移の場合の転移点とは意味が異なるので注意．ガラスを加熱していくと T_g に達するまで膨張して，その後しだいに軟化する．ガラスは結晶のように一定の融点をもたないのが特徴である．

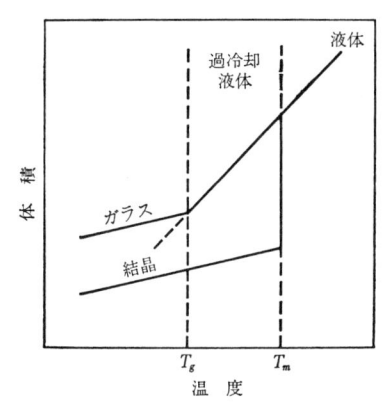

図 1.87 ガラスの体積変化

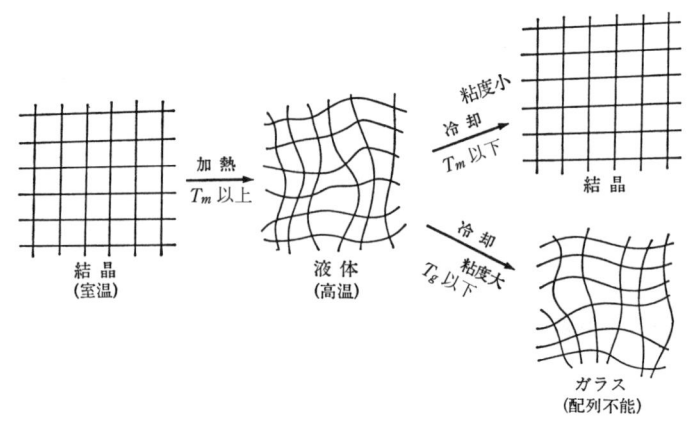

図 1.88 ガラスの生成過程

　融解状態の液体を冷却することにより結晶化するかガラス化するかは，その液体の粘度と冷却速度が重要な因子である．図 1.88 は結晶を加熱，融解して得た液体を冷却するさいのガラス生成の概念図を示したもので，粘度が大きい融解物においては液中のイオン運動の自由度が小さいので，冷却してもイオンは集合して結晶配列をとれないまま固化してガラスとなる．すなわち，ガラスとは固化した液体ということができよう．これに対して粘度の小さい融解物ではイオンは容易に集合し再配列してもとの結晶にもどってしまう．
　ガラス化の安易に影響するもう一つの因子として融解物の冷却速度がある．融解状態の液体を急冷すれば，イオンの再配列のいとまもなく固化しガラスとなるが，急冷により体積変化もすみやかに起こり，ひずみの発生によるガラスが破壊するおそれもでてくる．そこでガラスの製造においてはもっぱら徐冷を行っているが，徐冷をしてもイオンが再配列できないような粘度の高い融解物を，できるかぎり低温でつくることが重要となる．
　粘度の高い融解物を得るには，重合した鎖状か網状の大きな錯イオンの存在が必要である．SiO_2 は融解すると乱れた網状格子を形成し，しかも Si-O-Si 結合は切れにくく高い粘度を発現するので，ガラス化しやすい．大形錯イオンを形成しガラス化が容易な物質としては，SiO_2 のほかに B_2O_3, P_2O_5, GeO_2, As_2O_3, Sb_2O_3, Sb_2O_5 などがあげられる．
　SiO_2 は加熱すると α-石英から順次 β-クリストバライトに転移し，1728°C で融解し液相となる．この融解物は粘度がきわめて高いため，ゆっくり冷却しても

乱れた構造のまま固化し，ガラスとなる．これが石英ガラス（silica glass）である．図 1.80 を見よ．

　石英ガラスを 1 000°C ぐらいで長く保つと，SiO_4 の運動は再び活発になり，乱れた網状格子は規則性をしだいに回復し，ついには結晶化する．このようにガラスから結晶が生成し透明度を失う現象を失透 (devitrification) という．一般に失透はガラス製品の価値を低下させるが，これを利用してガラスを陶磁器化したデビドセラミックスも市場にでている．

1.7.2　ガラスの構造

　図 1.89 は SiO_2 の結晶とガラスの構造を 2 次元モデルで対比したものである．SiO_2 の結晶は SiO_4 四面体が規則正しく配列しており，ガラスとなると SiO_4 四面体自体は変わらないが，そのつながりは結晶に見られるような規則性は見られない．

　ガラスの構造については諸説があり，いまだ確定した結論は得られていない．しかもガラスは熱力学的に平衡に達するまえの非平衡状態にあるので，熱力学的対応もむずかしい．しかし，ガラスは完全な不規則の状態ではなく，結晶に似た微細部分も認められ，ある程度の規則性があるという考えかたが有力である．

　α-クリストバライトと石英ガラスは同じ SiO_2 でありながら，X 線をあてると，図 1.90 のようにまったくちがった回折図形が得られる．これによるとクリストバライトの鋭い回折ピークに対して，配列に規則性のない石英ガラスでは大きな広がりをもった山が認められるだけである．このようにガラスの構造は 0.1 nm 程

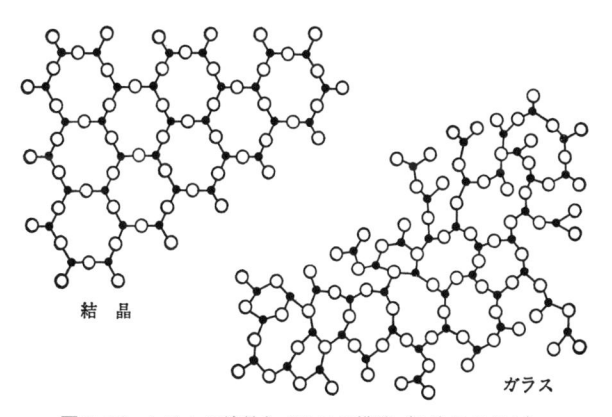

図 1.89　シリカの結晶とガラスの構造（2 次元モデル）

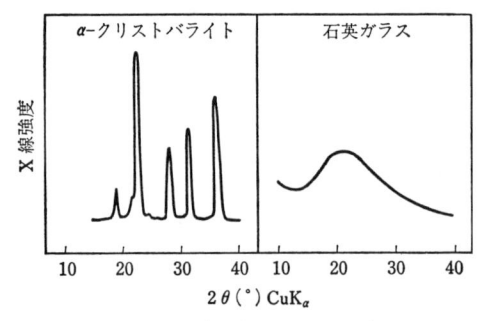

図 1.90 シリカの結晶とガラスの X 線回折図形

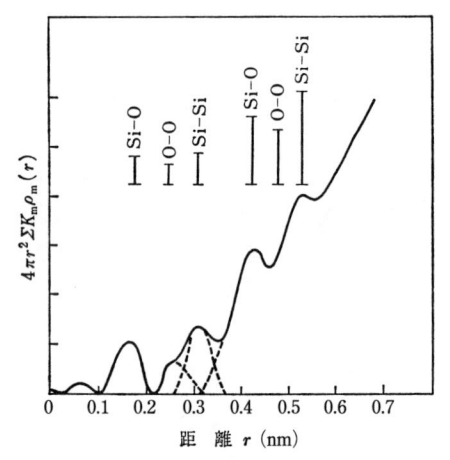

図 1.91 石英ガラスの距離確率分布曲線

度の X 線の波長の尺度から見れば不均一であるが，波長 360〜740 nm の可視光線の尺度から見れば均一で，光はガラス中を直進し，透明に見えるのである．

　石英ガラスの X 線回折において，その強度曲線から距離確率分布曲線を求めてみると，図 1.91 のような結果が得られる．これはある原子から見てどのくらいの距離にそのほかの原子がどのくらい見いだされるかという確率を距離の関数として示したもので，この図から結晶化の程度を知ることができる．もしも完全な結晶であるなら該当する原子間距離のところに無限の高さの直線が並ぶはずであるし，完全な非晶質であるならば原点から r の距離にある原子の数は $4\pi r^2$ に比例するので分布曲線は放物線となるはずである．しかし，測定された石英ガラスの径方向への分布曲線には，いくつかのピークがあらわれている．ここでピーク位

置はSiまたはO原子からの距離，ピーク面積はその距離における原子数に相当する．第1のピークは0.162 nmで，ケイ酸塩結晶におけるSi-O間距離とよく一致している．ピーク面積から計算されたO原子の数は4.3であるが，実験誤差を考えればSiO$_4$四面体から形成されることがたしかめられる．第2のピークを分解して得られるSiO$_4$四面体のO-O間距離，Si-Si間距離はそれぞれ0.265 nm，0.32 nmで，各四面体はO原子を共有し，Si-O-Si結合角がほぼ180°であると仮定すれば，ほぼ妥当な数値である．同じ実験はいくつかのケイ酸塩ガラスについて行われているが，第1ピークについては，すべて類似性のあることが確認されている．

以上のようにX線回折から見てもガラスは完全な非規則性はもたず，その中のある原点のごく近くでは結晶によく似た規則性があるが，原点から遠く離れた部分を含めて広い範囲で考えれば，規則性はないといえる．

1.7.3 ケイ酸塩ガラス

SiO$_2$か，その誘導体を骨格とするガラスをケイ酸塩ガラス (silicate glass) とよび，材料として広く用いられている．すでに図1.80に示したようにSiO$_2$だけでもガラスはできるが，3次元網状構造であるため，融点1 728°Cで融解しても融解物の粘度はきわめて高く，工業的生産はむずかしく，石英ガラスとして少量が生産されているにすぎない．

そこで，一般のケイ酸塩ガラスはSiO$_2$ (酸性酸化物) にNa$_2$OやCaOのような塩基性酸化物を加えることにより，Si-O-Si結合をあっちこっちで切断して，融点と粘度をともに低くして作業性の向上をはかっている．図1.92はこのようなケイ酸塩ガラスの例として，ソーダ石灰ガラス (正確にはソーダ石灰ケイ酸塩ガラスとよぶ) と溶成苦土リン肥の構造を2次元モデルで示した．いずれも網状のSi-O-Si結合の多くは切断されている．切れ目のO原子はそれぞれ負電荷をおびているので，それらの付近にはNa$^+$，Ca^{2+}，Mg^{2+}などの陽イオンが配置されて電気的中和の役割をはたしている．Na$_2$O添加による切断機構を，つぎの式 (1.17) に示す．

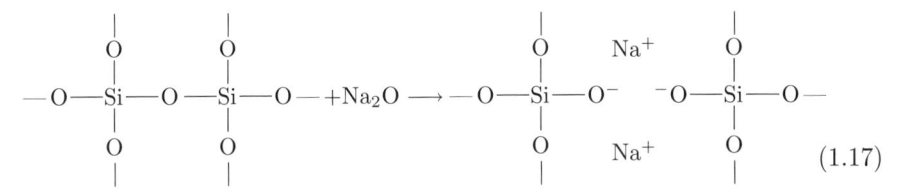

$$\begin{array}{c}
\quad\quad|\quad\quad\quad| \\
\text{—O—Si—O—Si—O—} + \text{Na}_2\text{O} \rightarrow \text{—O—Si—O}^- \quad {}^-\text{O—Si—O—} \\
\quad\quad|\quad\quad\quad|
\end{array} \quad (1.17)$$

ソーダ石灰ガラス　　　　　　　　　溶成苦土リン肥

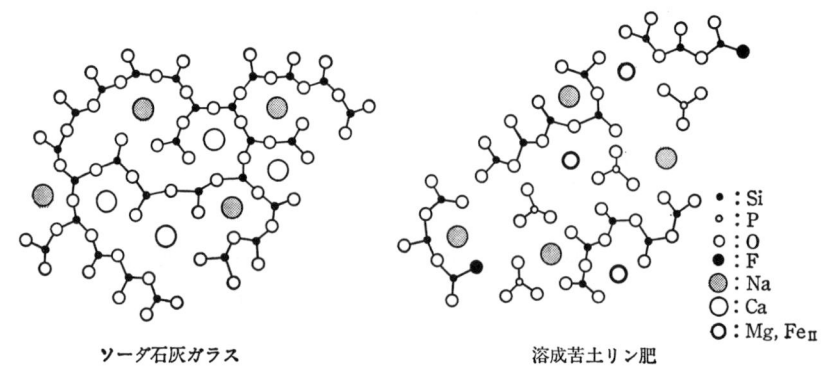

● : Si
○ : P
○ : O
● : F
◯ : Na
◯ : Ca
◯ : Mg, Fe$_{II}$

図 1.92　ケイ酸塩ガラスの構造（2 次元モデル）

　共有する 2 個の SiO_4 の切断によって共有しない 2 個の SiO_4 とするためには，不足する O 原子は添加された Na_2O から供給される．Na_2O のような Si-O-Si 結合を切断し過剰の負電荷とつり合う酸化物としては，このほかに CaO，MgO，SrO，BaO，Li_2O，K_2O，PbO，ZnO などがある．
　一般に Na_2O，CaO のような金属酸化物がガラスの構造中に多く加わるほど，ガラスの O/Si 比は大きくなる．代表的ケイ酸塩ガラスであるソーダ石灰ガラスの組成は $Na_2O \cdot 0.8\sim1.2\,CaO \cdot 5\sim6\,SiO_2$ の範囲とされており，これによると O/Si 比は 2.5 付近でもっとも融解，加工作業がしやすい条件にあるといえる．CaO は Na_2O と同じ効果をもつが，Na^+ にくらべ Ca^{2+} の電荷が大きく，Na-O 結合より Ca-O 結合のほうが高いのでガラス構造を強化する役割をはたす．
　図 1.93 はソーダ石灰ガラス融解物の温度と粘度との関係を示している．SiO_2 分が高くなると高粘度化とともに融点が高くなるし，CaO 分が高くなると粘度は小さくなるが結晶化しやすくなるし，Na_2O が高くなると高粘度は保持できるが水ガラス (water glass) のように水に溶けるようになってしまう．また，SiO_2 の代わりに Al_2O_3 や B_2O_3 などを加えると Si-O-Si の骨組の性質を変え，粘度を調整することも可能である．一方，O/Si 比が大きくなるほど Si-O-Si 結合の切れ目の数は多くなり，小形のケイ酸イオンとなって粘度は低下し結晶化しやすくなる．溶成苦土リン肥のように O/Si が 3～4 となると，図 1.92 に示したように Si-O-Si の鎖はかなり短くなり弱い構造となる．したがって，肥効成分である Mg，Ca，P，Si が土壌水に溶けやすくなり，溶成苦土リン肥として使用されるのである．

1.7 ガラス

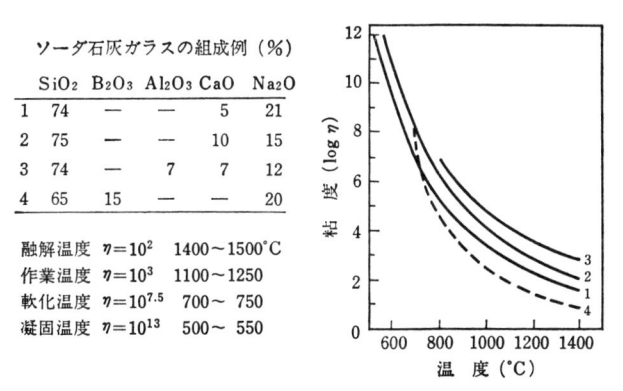

	ソーダ石灰ガラスの組成例 (%)				
	SiO_2	B_2O_3	Al_2O_3	CaO	Na_2O
1	74	—	—	5	21
2	75	—	—	10	15
3	74	—	7	7	12
4	65	15	—	—	20

融解温度 $\eta=10^2$ 1400～1500°C
作業温度 $\eta=10^3$ 1100～1250
軟化温度 $\eta=10^{7.5}$ 700～750
凝固温度 $\eta=10^{13}$ 500～550

図 **1.93** ソーダ石灰ガラスの粘度

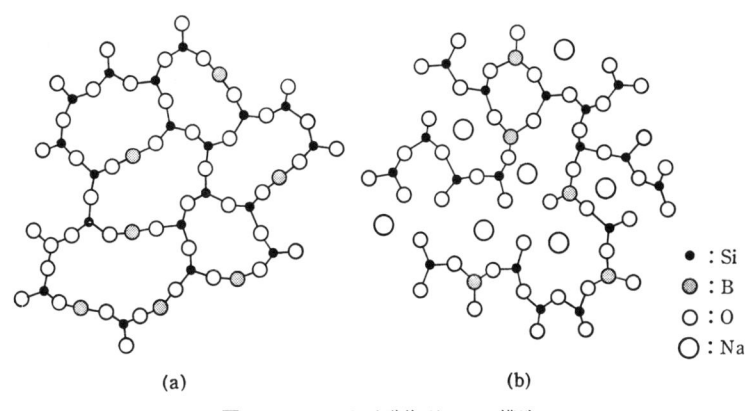

● : Si
◉ : B
○ : O
◯ : Na

(a)　　　(b)

図 **1.94** ホウケイ酸塩ガラスの構造

　SiO_2 に B_2O_3 を加えると，はじめは B_2O_3 は BO_3 三角形として SiO_4 とつながりガラスとなるが構造は弱い．そこで，さらに Na_2O を加えると，これから O をあたえられ，3次元的に SiO_4 四面体と結合できる BO_4 四面体に変わり，低膨張率，高密度の硬質ガラスが得られる．これがホウケイ酸塩ガラスで，その構造を図 1.94 に示す．結合型式は (a) では BO_3，(b) では BO_4 となっている．Na_2O-B_2O_3-SiO_2 系ガラスは (b) で，化学的耐食性，耐熱性，電気絶縁性がすぐれ，理化学用ガラスとして有用である．

第2章
ファインセラミックスの合成と形態制御

　セラミックスの製造技術は主として酸化物粉体の成形，焼結，融解の反応を基盤として，金属やプラスチックとはまったく異なる固体化学的分野で独自に発達してきた．しかし，近年，耐熱性だけでなく，さまざまの新しい機能が見いだされ，ファインな物性をもつ，いわゆるファインセラミックス (fine ceramics) が登場することにより，酸化物だけでなく炭化物，ホウ化物，窒化物，ケイ化物なども多く使われ，それらの材質は元素の周期表全体におよぶに至った．

　このような多くの元素を組み合わせて，いろいろな組成，形，大きさ，ミクロやナノの微細組織をもつファインセラミックスがつくられている．セラミックスの合成過程において，このような組成，形，大きさなどを制御する技術を形態制御 (character control) とよんでいる．たとえば，不純成分を効率よく除いていかにして高純度化するか，多成分系組成をいかにして均質化するか，粉砕では容易に得られない均一な超微粉体（粒径 $1\,\mu m$ 以下）をいかにしてつくるか，このさい粒子の形や大きさはどのように制御するか，さらに繊維状化も可能か，酸化しやすく焼結しにくい共有結合性微粉体の焼結はどうするか，イオン結合性の基板に共有結合性の薄膜は結合できるのか，など，数多くの形態制御の役割がクローズアップしてくる．

　本章では各種のセラミックス合成反応における反応機構と反応速度，形態制御の実例をあげ，これらが物性発現にかかわる重要性について解説する．

2.1 ファインな技術開発

2.1.1 ファインセラミックスの分類
　陶磁器，耐火物，セメント，ガラスなどの窯業製品がセラミックスと称せられるようになったのは，比較的新しい．辞書によると ceramics は焼きものという意味で狭義には陶磁器を指していたようであるが，近年では，高温で合成したり加工して得られる無機材料（金属材料を除く）を意味するようになった．

表 2.1 ファインセラミックスの機能別分類

材料	機能	物質例	用途例
電子材料	導電性	$C(P), SiC(P), MoSi_2(P)$ $C(P), ZrO_2(P)$	電気抵抗発熱体, 電極, 固体電解質, 酸素センサー
	半導性	$Si(S), Ge(S), GaAs(S)$	ダイオード, トランジスター, 集積回路 (IC), 半導体メモリー
		$BaTiO_3(P)$	サーミスター
		$ZnO\text{-}Bi_2O_3(P)$	バリスター
		$Si(P), SiC(P)$	バリスター
		$CoO(P), MnO(P), Fe_3O_4(P)$ $SnO_2(P), ZnO(P)$	バリスター, サーミスター, ガスセンサー
		$Si(S), CdS(S, P)$	光センサー (太陽電池, 光検出器)
		$GaAs_{1-x}P_x(P)$	発光ダイオード, 半導体レーザー
	誘電性	$BaTiO_3(S, P)$ $Pb(Zr_xTi_{1-x})O_3\text{-}La_2O_3(T)$	コンデンサー 光メモリー (レコーダー)
	圧電性	$Pb(Zr_xTi_{1-x})O_3(P)$	発振子, 着火素子, 電波フィルター, 圧電トランス
		$SiO_2(S, T)$	時計発振子
	絶縁性	$Al_2O_3(P)$	IC 基板
		$C(S), BN(S), BeO(S)$	放射性絶縁基板
磁性材料	軟磁性	$Zn_{1-x}Mn_xFe_2O_4(P)$	磁気ヘッド(VTR, コンピューター), トランス磁心
		$\gamma\text{-}Fe_2O_3(f), BaFe_{12}O_{19}(f)$	磁気テープ, 磁気ディスク, 薄膜ディスク
	硬磁性	$Fe_3O_4(P), CoFe_2O_4(P)$	永久磁石
光学材料	透光性	$Pb_{1-x}La_x(Zr_xTi_{1-x})O_3(P)$ $Al_2O_3(P), MgO(P), BeO(P)$ $SnO_2(T)$	光メモリー 耐熱ガラス 透光性半導体
	蛍光性	$ZnS(f), ZnS\text{-}CdS(f), Y_2O_3(f)$	カラー TV ブラウン管
	導光性	$SiO_2(F)$	光ファイバー (光通信ケーブル)
超硬材料	耐摩耗性	$Al_2O_3(f), B_4C(f)$, ダイヤモンド (f) TiC-Ni 系サーメット (P)	研磨材 切削工具
	耐熱高強度	$Si_3N_4(P), SiC(P)$	自動車エンジン, タービン翼
高温材料	耐熱性	$MgO(P), Al_2O_3(P), BeO(P)$ $ZrO_2(P), MgAl_2O_4(P), ThO_2(P)$	超高温炉材
	伝熱性	$C(S), BeO(P), BN(P), AlN(P)$	
触媒	吸着性	$\gamma\text{-}Al_2O_3(f)$, 合成ゼオライト (p)	乾燥剤, 分子ふるい
	触媒活性	$Al_2O_3\text{-}SiO_2$系ゲル (p)	化学反応触媒
生体材料	耐食性	$Al_2O_3(P), Ca_{10}(PO_4)_6(OH)_2(P)$	人工骨, 人工歯根

S:単結晶体, P:焼結体 (多結晶体), p:多孔質体, T:薄膜, F:繊維, f:粉体

セメントやガラスなどの従来のセラミックスは，プラントの規模が大きく高度に計装化されているものの，反応そのものは単純で天然ガスをそのまま原料として用い大量に生産される特徴がある．これに対し，近年，ファインセラミックスの名でよばれる特殊セラミックが，電子材料，磁性材料，光学材料，超硬材料，生体材料などとして多数，市場に進出している．この"fine"の意味は高度の機能という意味をもっており，あらかじめ精密に設計された機能を，高度に制御された製造プロセスによってつくられた特殊セラミックスで，生産量は比較的少なく軽量，小型製品が大部分を占めている．原料は一般に高純度超微粉体が用いられ，その組成や機能の制御だけでなく，焼結体(多結晶体)，単結晶体，多孔質体，繊維，薄膜，超微粉体といったようなさまざまな材料形態の制御が可能となった．

ファインセラミックスについて機能別分類を行ってみると，表2.1のとおりとなる．このほかにも，ガラス，耐火物，陶磁器などでも，従来から生産されている特殊な機能をもつ製品も多い．しかし，ファインな機能から一般セラミックスとファインセラミックスを明確に区別することはむずかしく，ここにかかげた分類は一つの目安にすぎないことを強調しておく．

2.1.2 高純度化

ファインセラミックスの"fine"の意味には，高純度という意味も合わせもつ．ここではシリコン半導体と石英ガラスファイバーの高純度化の話題をとりあげよう．

C, Si, Ge は，いずれも14族に属する元素の単体で，構造はsp^3混成で4配位のダイヤモンド構造をとることが共通点であるが，Cはその耐熱性と電気絶縁性からセラミックスとしてとりあつかわれ，SiとGeはその光沢性と電気伝導性から金属として論ぜられることが多いのは，大きなむじゅんといわねばならない．SiもGeも，その構造，物性，合成方法から考えれば，あきらかにセラミックスの区分に入ると考えてよい．

半導体としてのシリコン(Si)やゲルマニウム(Ge)は，精密物性に敏感に影響することから，不純物の存在を極度にきらう．まず，不純物を1億分の1のさらにその1000分の1といった量まで除去し，つぎに理論的予測にもとづいて極微量の特定成分(Al, P, As など)を加え，組成制御を行うことにより特殊機能をもつ電子素子がつくられる．

表2.2 に高純度 Si 単結晶体とその原料の工業用 Si 多結晶体の不純物含有量を比較した．なお，ppb は 10 億分の1を意味する．

表 2.2 工業用シリコンと高純度シリコン単結晶体の不純物比較

不純物	工業用 Si	高純度 Si 単結晶	
		半導体用*	検出器用**
B	0.004 (%)	< 0.1 (ppb)	< 0.01 (ppb)
P	0.003	< 0.2	< 0.01
Al	0.16〜0.20	< 0.01	< 0.001
Fe	0.35〜0.51	—	—
C	< 0.1	< 500	< 10
O	< 0.1	< 500	< 10

* IC, トランジスター, ダイオードなどの半導体素子用シリコン
** 放射線検出器用の超高純度シリコン

工業用シリコンはケイ石 (quartzite, SiO_2 96%以上) を原料として, 電気炉中で 2 000°C に加熱し, C で還元して Si 99%以上の純度とする.

$$SiO_2 + 2C \rightarrow Si \downarrow + 2CO_2 \uparrow \tag{2.1}$$

つぎに化学的精製法として, 式 (2.2) により 300°C 以上に加熱した Si 上に乾燥 HCl を通し, $SiHCl_3$ をつくる.

$$Si + 3HCl \rightarrow SiHCl_3 + H_2 \uparrow \tag{2.2}$$

$$SiHCl_3 + H_2 \rightarrow 2Si \downarrow + 3HCl \uparrow \tag{2.3}$$

$SiHCl_3$ は沸点 31.9°C の液体で, 還元しやすく蒸留により不純物の分離が容易である. この $SiHCl_3$ を水素気流中で, Si 多結晶棒をヒーターとして, 温度を 1 000〜1 100°C に保つと, 式 (2.3) により, Si が Si 棒上に析出する. ここで Si 純度は 99.999% (five nine) となるが, さらに 12 nine に高めるためには部分融解法という特殊な方法により不純物の除去と再結晶を行う. この方法で 10〜20 回の部分融解処理をくり返すと, 容器からの汚染なしに p 型の 1 000 Ω (オーム)・cm 以上の電気抵抗率をもつ単結晶棒ができる. このさいの不純物の量は図 3.46 の電気抵抗率との関係から求められる. 図 3.46 を見よ.

なお, 部分融解法による 5 nine Si の高純度化については, 2.3.1 項の融解法でも詳しくのべているので, 参照のこと.

このような高純度化は, さらなる高純度物質をつくる技術の開発をうながす. Si の精製技術が高純度 SiO_2 の精製に応用された例をのべよう. 光通信用石英ガラスファイバーの製造に用いられる高純度石英は, 多成分系ガラスとくらべ融点

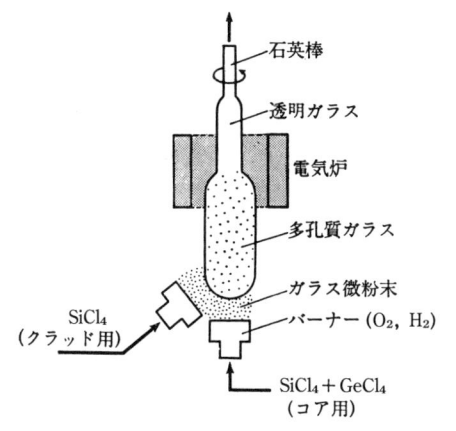

図 2.1 VAD 法（光ファイバー母材の製造）

も高く強度も強く，紫外から可視，近赤外の光線に対してもっとも光損失が少ないため，光ファイバー原料として最適である．しかし，光の吸収の源となる不純物の混入を極度にきらうため，Si 精製技術の応用により高純度化される．すなわち，Si と同じように高品質のケイ石を出発原料として，同じ精製工程により $SiCl_4$ をつくり，つぎの加水分解反応により高純度 SiO_2 を析出させる．

$$SiCl_4 + 2H_2O \rightarrow SiO_2 \downarrow + 4HCl \uparrow \qquad (2.4)$$

$SiCl_4$ は沸点 57.5°C で室温では液体であるので，蒸留により高純度化が容易で 6 nine の $SiCl_4$ も市販されている．工業的に $SiCl_4$ から SiO_2 の析出は，VAD (vapor-phase axial deposition の略称，気相軸づけ法) によって軸方向 (長手方向) に連続的に行われる．

装置の概要を図 2.1 に示す．これによると，$SiCl_4$ は O_2 と H_2 の燃焼フレーム中に送り込まれて，式 (2.4) の加水分解反応 (約 1100°C) によって生じた SiO_2 のガラス粉末が，軸方向に回転する石英棒に捕集，融着され，成長速度に合わせて引き上げられ多孔質ガラス棒となり，さらに上部の電気炉で加熱されて透明ガラス母材 (径 10～20 mm) となる．光ファイバーを構成する中心のコア部 ($SiCl_4$ に微量の $GeCl_4$ を入れて屈折率を高くした部分) と，そのまわりを包むクラッド部 ($SiCl_4$ だけの部分) は，このような石英ガラスの組成制御によって構成されているのである．図 3.98 も見よ．この母材を線引きすれば，径 100～200 μm (1 μm = 10^{-3} mm) の光ファイバーとなる．

2.1.3 粒子形状の制御

Mn-Znフェライト $(Zn_{1-x}Mn_xFe_2O_4)$ は，通信機用のフェライトや磁気ヘッドとして広く用いられている．高い透磁率の焼結体を得るためには，できるかぎり大きな結晶粒子から成り，しかも同じ磁気方向に方位がそろった配向性フェライトをつくることが，のぞましい．

α-FeOOH と γ-MnOOH を出発原料として，配向性 Mn フェライトをつくる場合の反応過程を図 2.2 に示す．すなわち，(a) は α-FeOOH と γ-MnOOH の混合状態で，その中で V, X, Y 形の FeOOH (斜方晶) の板状結晶が，そのすべての (100) 面を加圧方向に対して直角に配列して強い配向性を示している．(b) のホットプレス (図 2.37 参照) による熱分解でも α-FeOOH の配向性はそのまま α-Fe$_2$O$_3$ 六方晶の (0001) 面に受けつがれ，(c) の α-Fe$_2$O$_3$ と Mn$_3$O$_4$ の固相反応でも，この α-Fe$_2$O$_3$ の (0001) 面は，MnFe$_2$O$_4$ 立方晶の (111) 面に移行する．すなわち，出発原料の γ-FeOOH 板状結晶の (100) 面は，その板状結晶の外形を保持したまま，熱分解，固相反応をへて，MnFe$_2$O$_4$ の (111) 面に継承されるのである．

最終的には各結晶粒の方位のそろった配向性 Mn フェライトの焼結体が得られ，(c) に示すように多結晶体内の各磁区の磁気モーメントも (111) 面に平行にそろって高透磁率を生ずる．このように配向性フェライト合成の成否は，ひとえに出発原料 α-FeOOH 結晶の大形板状化の技術にかかっているのである．

磁気記録の分野では，磁気テープから磁気ディスクになるにつれて高速化され，

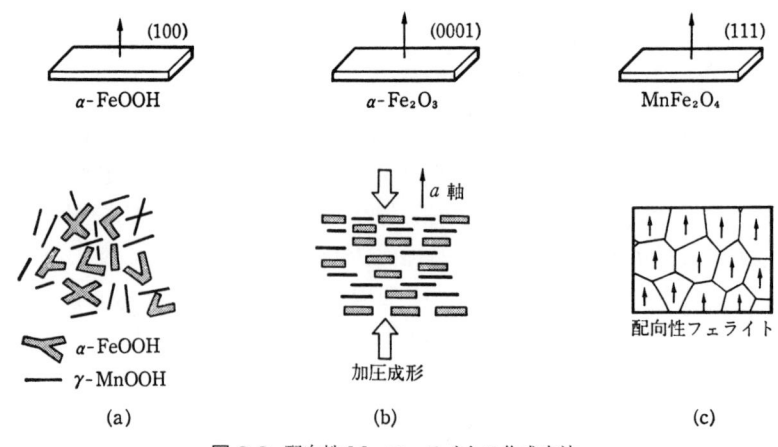

図 2.2 配向性 Mn フェライトの作成方法

耐摩耗性を向上するためにヘッドの高密度化がはかられる．ホットプレスでつくられた配向性多結晶体はVTR，コンピューターなどの磁気ヘッドにも重用されている．配向性フェライトの特徴は，単結晶ヘッドの長所(特定結晶面の利用)と多結晶ヘッドの長所(組成の均一性)をうまく利用できる点にある．

磁気記録とは，情報としての電気信号を磁気ヘッドで磁気の変化に変換し，テープやディスクの磁性層に微小な永久磁石として記録を残していくことである．記録された情報は，逆の過程をへて同じヘッドにより電気信号に再生させる．磁気テープの磁化機構を図2.3に示し，磁気結晶粒子の形状制御の重要性を解説する．

磁気テープの磁気層として使用されているγ-Fe_2O_3は，単磁区(磁気モーメントの方向がすべてそろっている)の針状粒子であって，その保磁力はもっぱら形状異方性に依存している．一方，記録密度を高めるためには微小磁石の長さを短くする必要があるが，あまり短くしすぎると，各磁区の同極どうしが対向し反発し合って磁力は低下する．長さ0.5 μm前後の針状γ-Fe_2O_3粒子(立方晶)をつくるためには，針状α-FeOOH(斜方晶)を出発原料とすることがのぞましい．まず，$FeSO_4$の溶液にNaOHなどの水溶液を反応させ，空気を吹き込むと針状のα-FeOOH微粒子が得られる．これを還元ふん囲気中で300～500°Cで熱分解するとFe_3O_4となり，さらに空気中で200°Cで酸化させると，針状α-FeOOHの外

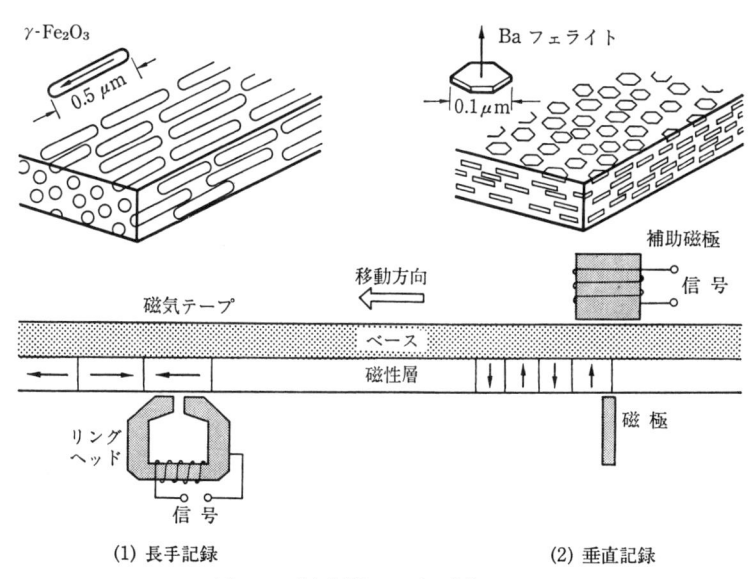

(1) 長手記録　　　　　　(2) 垂直記録

図 2.3　磁気記録テープの磁化モデル

形を保ったまま (111) 面がそろった配向組織をもつ単磁区針状超微粒子 γ-Fe_2O_3 が得られる．これを塗料化して厚さ 20 μm のポリエステルフィルム上によく分散させ，乾燥前に磁場中を通過させれば一定方向に配向させることができる．

記録密度をさらに上げるために，その後，バリウムフェライト (六方晶，$BaO \cdot 6Fe_2O_3$) を用いた垂直磁化テープが開発され，γ-Fe_2O_3 を使った VTR テープ (長手記録) にくらべ記録密度を 3 倍以上，同一長さのテープで 3 倍以上の録画時間が実現できるようになった．$BaO \cdot 6Fe_2O_3$ の構造については図 3.86 を参照のこと．垂直磁性層の形成は，図 2.3 (2) に示すように，磁性粒子の磁気モーメントの方向をテープの厚さ方向に立てたものである．γ-Fe_2O_3 の針状粒子を垂直に並べることは困難であるため，大きさ約 0.1 μm の六角板状 $BaO \cdot 6Fe_2O_3$ 超微粒子をつくる．

合成方法としては，融解状態から析出させる方法と $Ba(OH)_2$ と α-FeOOH の共沈物を水熱処理する方法 (図 2.34 参照) とがある．このようにして得られた $BaO \cdot 6Fe_2O_3$ の六角板状結晶の磁気モーメントは c 軸方向に向いているので，(0001) 面をおもてとしてベースにぬり，テープの厚さ方向に磁場配向させると，垂直磁気テープが得られる．この場合，反平行に磁化されているので，隣り合う微小磁石の間では異極どうしが接近し吸引力がはたらき，磁力の減少はおさえられるのである．このように特定の結晶軸をそろえた配向性フェライトの合成は，磁気材料の製造における基本的技術となっている．

2.1.4 薄膜のエピタキシャル成長

ダイオード，トランジスター，抵抗，コンデンサーなどの電子素子は，結晶の薄膜化の技術によって長足の進歩をとげた．集積回路は，これらの技術的研究の成果として生れたものである．薄膜 (thin film) とは，その名の示すように "薄い膜" を指すが，結晶成長により一様な膜になるためには 0.01〜10 μm の膜厚を必要とする．工学的には数 μm 程度の厚さが多いが，なかにはそれ以下のものも用いられている．薄膜は母材の性能の向上や維持を目的とする保護型と，膜そのものの性質を利用する機能型とに大別されるが，電子材料においては機能型が多い．

集積回路は 1 枚のシリコン単結晶を用いて，さまざまな素子をつくり，電気的に絶縁したり結合したりして構成する．ここでは α-Al_2O_3 単結晶 (sapphire) の絶縁性基板の上に，半導体である Si 単結晶薄膜をエピタキシャル成長 (epitaxial growth) によって作成する場合について考えてみたい．エピタキシィ (epitaxy) ということばは，ギリシャ語の epi (〜の上に) と taxis (順序，配列) の合成語で，

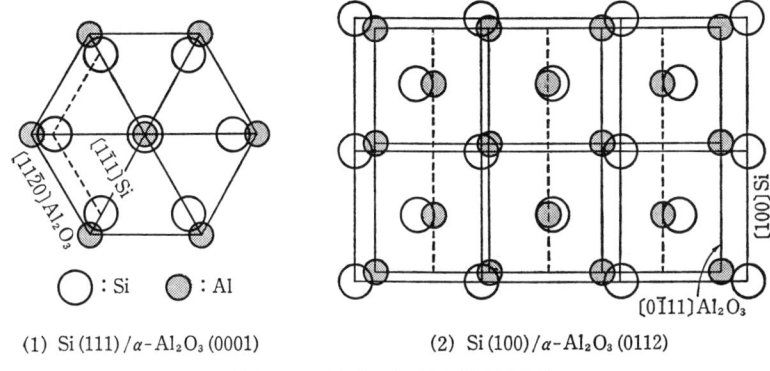

(1) Si(111)/α-Al$_2$O$_3$(0001)　　　(2) Si(100)/α-Al$_2$O$_3$(01$\bar{1}$2)

図 2.4　α-Al$_2$O$_3$ と Si の構造近似性

単結晶の表面に秩序だった方位関係で結晶成長が起こることを示している．このような α-Al$_2$O$_3$ 単結晶基板上の Si 単結晶薄膜を SOS (silicon on sapphire の略称) とよんでいる．基板に用いられる α-Al$_2$O$_3$ 単結晶体は，電気絶縁性は高く，熱伝導性も比較的良好で，熱膨張率が Si に近いことなどの利点から広く用いられている．SOS 化された集積回路は，すでに電子時計などに組み込まれ，コストの低下に寄与している．

　薄膜形成において，もっとも重要な因子は基板と薄膜との結合状態であるが，とくに両者との間には，なんらかの構造的な関係がなければならない．SOS における Si はダイヤモンド型の面心立方晶で，α-Al$_2$O$_3$ は菱面体晶でその格子は六方晶表示が可能であるが (図 1.42 参照)，両者の格子間には図 2.4 に示すような近似的関係が認められている．

　Si^{4+} と Al^{3+} はイオンの大きさはあまり変わらず，いずれも O^{2-} を 4 配位し，3Si^{4+} ⇄ 4Al^{3+} の相互置換が起きやすい．しかも Si^{4+} の立方格子 (111) 面における Si 配列と，Al^{3+} の六方格子 (0001) 面における Al 配列は高い近似性を示している．したがって，SOS 結合では α-Al$_2$O$_3$ 単結晶体表面において Si 薄膜がエピタキシャルに成長し，その結合は電気的にも結晶学的にもきわめて安定であるといえよう．

　薄膜作成のもっとも代表的な方法として，CVD (chemical vapor deposition の略称) がある．これは膜の構成成分をいったん気化しやすい化合物に変えたのち，適当なキャリアガス (carrier gas) によって反応管に導き，基板上で分解または反応により析出させ，膜を形成するものである．基板に適当な単結晶体を選べばエピタキシィを生じ，基板と完全に結合した薄膜を作成することができる．この方

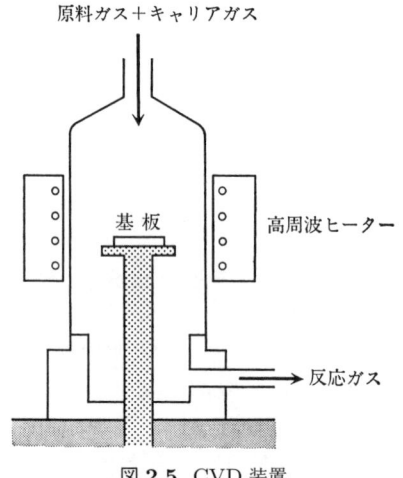

図 2.5 CVD 装置

法は既存材料に新しい機能をあたえる利点があるが，基板物質が限定されるという欠点もある．CVD 装置にはいろいろな型式があるが，縦型反応炉の例を図 2.5 に示す．ガス流に対し基板を水平に置くと，基板に到着するガス濃度は一定となるが，温度むらによる膜形成の不均一性に注意する必要がある．

基板上への Si のエピタキシャル成長には，$SiCl_4$ の水素還元法が一般的である．表面を鏡面仕上げした α-Al_2O_3 単結晶基板を 1 200～1 270°C に加熱し，H_2 ガスと混合した $SiCl_4$ を送りこむと，

$$SiCl_4 + 2H_2 \rightarrow Si \downarrow + 4HCl \tag{2.5}$$

の反応により還元された Si が，α-Al_2O_3 基板上に析出し，結晶として成長する．この薄膜を n 型または p 型にするときは，PH_3 または B_2H_6 を $SiCl_4$ の気流中に導くと，Si のエピタキシャル層中を P または B が拡散する．

CVD によるセラミックス薄膜合成反応の例を，つぎに示す．

$$2AlCl_3 + 3H_2O \rightarrow Al_2O_3 \downarrow + 6HCl \tag{2.6}$$

$$SiCl_4 + 2H_2O \rightarrow SiO_2 \downarrow + 4HCl \tag{2.7}$$

$$ZrCl_4 + 2H_2O \rightarrow ZrO_2 \downarrow + 4HCl \tag{2.8}$$

$$AlCl_3 + 1/2N_2 + 3/2H_2 \rightarrow AlN \downarrow + 3HCl \tag{2.9}$$

$$CH_3SiCl_3 \rightarrow SiC \downarrow + 3HCl \tag{2.10}$$

式 (2.6)～(2.8) は Ar, O_2 中，800～1 100°C で，式 (2.9) は N_2, H_2 中，1 200～1 600°C で，式 (2.10) は Ar 中，1 400°C で，それぞれ進行する．

CVD は，繊維 (fiber)，ホイスカー (whisker)，超微粉体 (ultrafine powder material, 粒径 1 μm 以下) などの作成や，その表面に新しい機能をもつ薄膜を形成させる技術にも応用されている．また，薄膜の作成法には，比較的蒸気圧の高い物質を真空中で加熱，蒸発させ基板上にそのまま析出させる方法もある．これは真空蒸着法 (vacuum evaporation) または CVD に対して PVD (physical vapor deposition の略称) ともよばれ，金属膜などの作成に適している．2.2.4 項を参照．

2.1.5 プレーナー技術と集積回路

ダイオード，トランジスター，集積回路，大規模集積回路のいちじるしい進歩により半導体工業はいちじるしい発展をとげてきたが，これらの素子 (element) や回路 (circuit) は電子部品としての性格は変わりなく，使用中に変動しない品質をもち，しかも大量に生産できなければならない．これらの半導体素子の量産性は，Si 単結晶表面の SiO_2 膜を利用して精密加工ができるフォトエッチング (photo-etching) の技術に負うところが大きい．このような Si 単結晶表面を加工する方法はプレーナー技術 (planer system) とよばれ，結晶成長，CVD，イオン拡散などの固体化学的工程が組み込まれている．集積回路の製造を例として，以下に解説する．

集積回路 (integrated circuit, 略称 IC) は，ダイオード，トランジスター，抵抗，コンデンサーなど 100 素子以上を，わずか数 mm の大きさのシリコン基板上に組み込んだもので，いわば，回路が部品化されたものである．IC がさらに 1 000 素子以上に高密度化し，一つのシステムが IC 化されたものを大規模集積回路 (large scale IC, 略称 LSI) とよんでいる．最近は素子の集積度はさらに高まり 10 万素子以上に高密度化された超 LSI (very large scale IC, 略称 VLSI), 1 000 万素子以上に高密度化された超超 LSI (ULSI) の時代に入っている．

テレビ用 IC は図 2.6 (c) に示すような容器に入っており，ふたをとるとその中央に Si 単結晶の小さいチップ (chip) が置かれている．このチップは (b) に示すような大きさ 5.0 × 5.0 mm ぐらい，厚さ 0.15 mm ぐらいの板状単結晶体である．(a) には部分融解法 (図 2.30 参照) によって合成された超高純度 (12 nine) の Si 単結晶棒から (111) 面を表面とするような方位を定め，ダイヤモンドカッターで切りだされ，研磨された Si ウエファ (silicon wafer) を示す．ふつう，直径 300 mm, 厚さ 0.3 mm のものが使用されている．この Si ウエファをダイヤモンドできずを

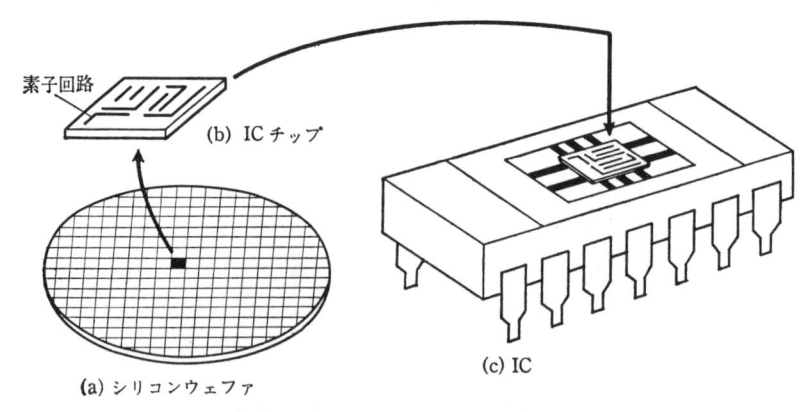

図 2.6 シリコンウエファから IC の組立て

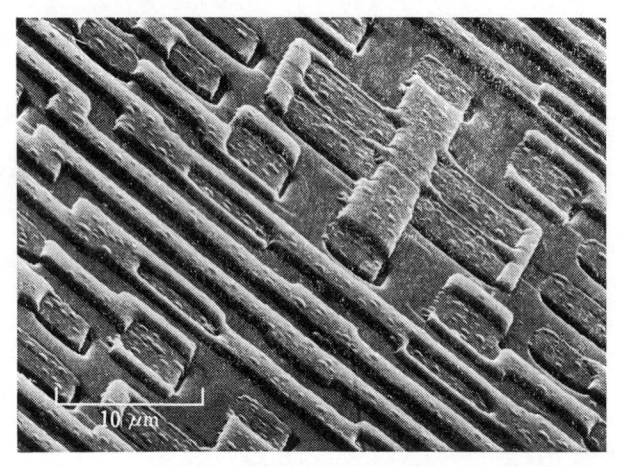

(a) シリコンウェファ
(b) IC チップ
(c) IC
素子回路

図 2.7 IC 表面における素子の配列

つけて割ってできた小さい板が IC チップである．IC チップ表面にはミクロな素子がぎっしり配列されていて，一つの機能をもつ回路となっている．IC 表面における素子の配列を，電子顕微鏡で拡大して見た例を図 2.7 に示す．1 枚のチップ内の素子数は 1 000 万個といわれ，チップ内の配線幅は IC の 3 μm 程度からどんどん細くなり，ULSI の 4 M DRAM になると 0.5 μm (1 mm の 1/2 000) に達している．

いま，IC 製造におけるプレーナープロセスの例を，Si ウエファの一つの回路部分の断面変化で示したのが図 2.8 である．まず，Si ウエファ (p 型半導体) の表面

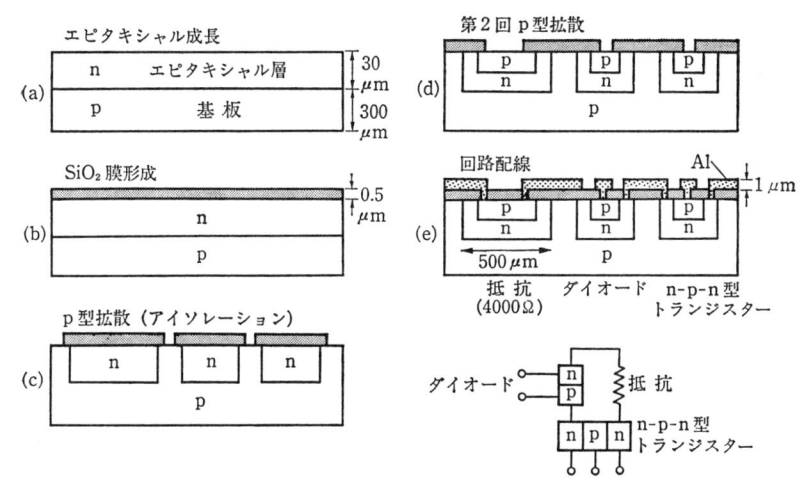

図 2.8 IC の製造工程（ウエファ断面の変化）

を鏡のようにみがき，その上にエピタキシャル成長により Si 薄膜 (n 型半導体) を重ねる (a)．このウエファを O_2 中で $1\,000°C$ に加熱し，表面に SiO_2 絶縁膜を重ねる (b)．つぎにフォトエッチングによりこの SiO_2 膜に窓をあけるのであるが，あらかじめ 300 倍以上の大きさの素子配置図を作成，これを実物大に縮小して写真マスクをつくっておく．SiO_2 膜の上には感光性プラスチック (photoresist) をぬり，マスクを通して紫外線をあてて感光したのち，現像定着して紫外線のあたらなかった部分のプラスチックをとり除く．ついで，この部分の SiO_2 膜を $HF-NH_4F$ 混合溶液により溶出すれば，あとに窓ができる．不用になったプラスチックは有機溶剤でとり除く．窓の大きさ，形，数などは，すべて紫外線をさえぎるマスクの製作にかかっている．最近は紫外線の代わりに電子線を用い，窓をさらに小さくして，その精密度をさらに向上させている．

つぎに，窓をあけた Si ウエファを $1\,000°C$ に加熱して，これに BBr_3 を飽和した N_2 と O_2 の混合ガスを導くと，ウエファ上に B_2O_3 が沈着する．この B_2O_3 は，式 (2.11) により B となって窓からウエファ内部を拡散し，p 型層の成長により n 型領域をブロックにしゃ断する (c)．

$$2B_2O_3 + 3Si \rightarrow 4B + 3SiO_2 \qquad (2.11)$$

つぎに加熱酸化により SiO_2 膜で窓をおおったのち，炉からとりだし，再びフォトエッチングにより所定位置に窓をあけ，2 回目の p 型拡散を行い，さきに形成

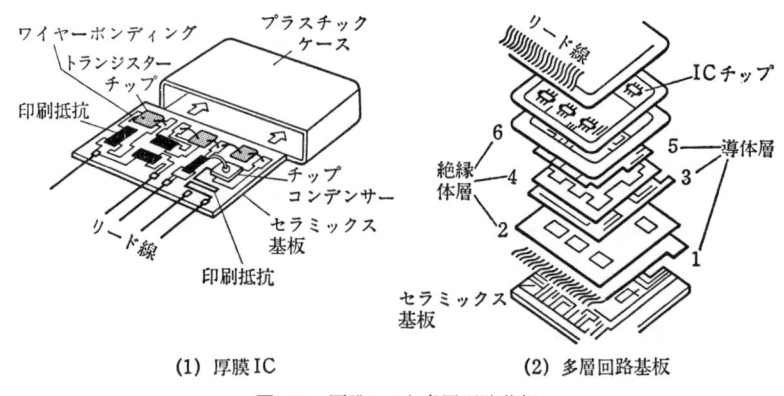

図 2.9　厚膜 IC と多層回路基板

されたn型領域の中にp型領域をつくる(d). このとき, ウエファ内には細長いp型が電気抵抗体として, p-n接合がダイオードとして, n-p-n接合がトランジスターとして, それぞれ素子を構成する. なお, n型, p型半導体については3.4.1項を参照されたい.

つぎにPVDによりAlを10^{-4} Pa (7.5×10^{-7} Torr) 以下の高真空で加熱すると, 蒸発してウエファ表面に付着して電極となる. このようにしてプレーナー加工のすべてを終えたSiウエファは1回路ごとにチップとして切断され, 図2.6 (c)に示したような容器に収められ, AuやAlのリード線で結線されて完成するのである.

最後に厚膜ICについても少し触れておきたい. 薄膜と厚膜との厚さによる区別は, はっきり定義づけられない. その区別は, むしろ膜の作成方法の相違といったほうがよい.

簡単な厚膜ICの例を図2.9 (1) に示す. これはα-Al_2O_3基板の表面にAu, Ag, Pd, Ruなどの金属や金属酸化物の超微粉体 (径1 μm以下) をバインダーでねり合わせたペースト (paste) を, 回路に応じてつくられた版を用いて印刷し, これを700〜1000°Cで加熱し, 基板上に焼結させて, 電気抵抗体, コンデンサー, 配線を含んだ厚膜 (thick film) とし, これにダイオードやトランジスターなどのチップをとりつけて完成するICである. 薄膜ICほどの精度を必要としないので比較的安価で, 大きさも大きいので, 加工によって複雑な回路ができる. また, 薄膜はチップが小さいため温度が上がり, せいぜい500 mA (ミリアンペア) 程度の電力しかとりあつかえないが, 厚膜ICでは耐熱性が高く, 50 Wの出力をだすこと

も可能である．HiFi のステレオ装置では，10 W，20 W，30 W の出力が必要でもっぱら厚膜 IC が使用されている．そのほか，テレビ，自動車など厚膜 IC の用途は広い．

この厚膜 IC は焼成ふん囲気やペーストの組成を変えることにより電気抵抗を低くしたり高くしたりするため，印刷→乾燥→焼成のくり返しが必要で，しかも貴金属導体を使うためコストを下げることがむずかしい．そこで，ドクターブレード法 (図 2.39 参照) によって $\alpha\text{-}Al_2O_3$ セラミックスなどを紙のように薄いシート状に成形し，その表面に金属の導電パターンをべつべつに印刷，切断，焼きつけた回路基板や IC チップ基板を 10～30 層も積み重ね，回路を立体的に連結させることにより高密度回路基板がつくられるようになった．図 2.9 (2) にその構成例を示す．印刷配線幅の大きさはできるかぎり細くして (30 μm が限界)，回路の高密度化をはかるとともに，導体層，絶縁体層の分離により絶縁性を高め，導体材料として高融点金属の W, Mo などを使用することによりコストの低下をもたらしている．そのため焼成温度は 1 500～1 600°C の還元性ふん囲気が必要となる．大型コンピューターのプロセッサーユニットには，LSI チップを 100 個以上収容した多層回路基板が入っている．

2.1.6 超伝導セラミックス

物質がある温度 (臨界温度 T_c) 以下に冷却されたとき，電気抵抗が完全に 0 となる現象を超伝導 (superconductivity) という．多くの物質が超伝導を示すことがすでに知られているが，1973 年ごろまでは Nb_3Ge の T_c 23 K が最高で，冷却剤としては液体ヘリウム (沸点 4.2 K) を用いていた．ところが，1987 年以降になって，つぎつぎと $Ba_2RCu_3O_{7-y}$ ($y = 0$～1，R：Y, Nd, Sm, Eu, Ga, Dy, Ho, Er, Tm, Yb, Lu) の一般式であらわされる酸素酸塩が 90 K 級超伝導セラミックスとして発見され，はじめて冷却剤として液体窒素 (沸点 77.2 K) の使用が可能となったのである．図 2.10 は $Ba_2RCu_3O_{7-y}$ グループの降温による電気抵抗が低下しはじめるところを拡大したもので，電気抵抗は 100 K 付近から下がりはじめ，85～95 K でほぼ 0 となる．

これら一連の化合物は，いずれもペロブスカイト構造 (組成 ABO_3 の複合酸化物，図 1.45 参照) を基本としている．この型に属する有名な強誘電体に $BaTiO_3$ がある．しかし，完全なペロブスカイト構造ならば，$Ba_2RCu_3O_9$ という組成を示すべきであるが，このグループの組成式における y の値は 0.1 程度であるので，かなりの O が欠損していることになる．すなわち，Ba^{2+} (イオン半径 0.134 nm)

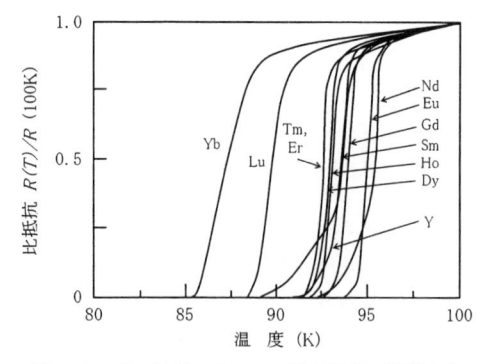

図 2.10 $Ba_2RCu_3O_{7-y}$ の電気抵抗の温度変化

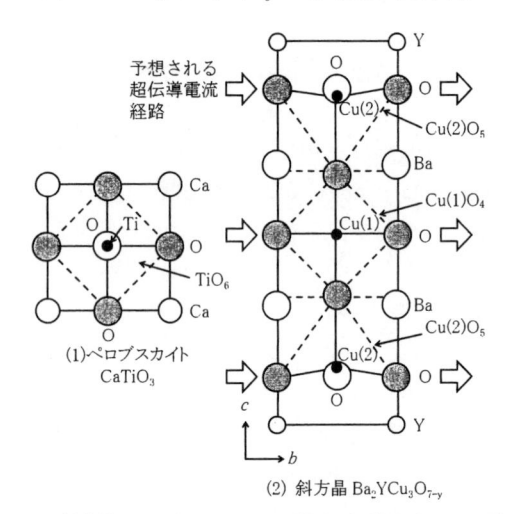

図 2.11 斜方晶 $Ba_2YCu_3O_{7-y}$ の構造（a 軸方向への投影図）

の 1/3 は R^{3+}（0.099〜0.111 nm）に置換しており，両者のイオン半径比と電荷の差から組成式あたりの約 2 個の O の欠損が超伝導の発現に大きく関係していると考えられる．

　$Ba_2RCu_3O_{7-y}$ のなかで，もっとも詳しく結晶構造が調べられているのは，R が Y（イットリウム）の場合である．超伝導性を有するのは y が 0.5 以下の斜方晶で，0.5〜1.0 となると正方晶に転移してキュリー点 T_c はいちじるしく低下する．斜方晶 $Ba_2YCu_3O_{7-y}$ の構造を a 軸方向へ投影した図を図 2.11 に示す．

　(1) のペロブスカイト基本型を c 軸に沿って 3 個重ねた三重構造が (2) の

$Ba_2YCu_3O_{7-y}$ である．ここに注目されることは (1) の TiO_6 八面体に対応する (2) の CuO_6 八面体から多くの酸素イオンの欠損が見られることである．その結果，中央の菱形平面状の $Cu(1)O_4$ をはさみ，2 個のピラミッド形の $Cu(2)O_5$ が頂点の O を共有し，c 軸方向に連結している．

$Cu(3d^{10}4s^1)$ は 3d, 4s 軌道から電子をとり去ることにより Cu^+, Cu^{2+}, Cu^{3+} の Cu イオンをつくる．有力な超伝導経路と考えられている $Cu(1)O_4$ 1 次元鎖，$Cu(2)O_5$ 2 次元層については，$Cu(1)$ はおもに Cu^{3+}，一部は Cu^{2+}，$Cu(2)$ は Cu^+ と Cu^{2+} の混合状態といわれている．分子軌道論的には Cu イオンの $3d_{x^2-y^2}$ と O^{2-} の $2p_x$, $2p_y$ の両軌道

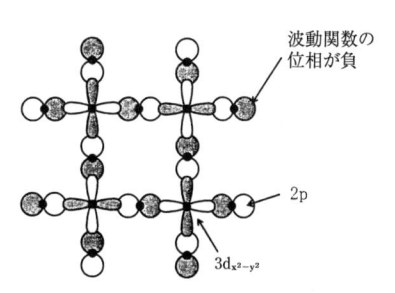

図 2.12 Cu の 3d 軌道と O の 2p 軌道との重なり

のエネルギーレベルはきわめて近く，図 2.12 に示すように両軌道は重なり合って正方格子状の反結合軌道を形成する．したがって，電子は両軌道間を容易に移動できるものと推察される．また，Cu の原子価変動の影響で CuO 多面体はひずみ，その結果，d 軌道のエネルギー変動が起きて，電子のやりとりが活発化するという説もある．いずれにせよ，現段階では，超伝導セラミックスの超伝導機構については，いまだ十分に解明されていない．

超伝導セラミックスの製造方法のほとんどは固相反応法である．試薬の $BaCO_3$, Y_2O_3, CuO を用い，それぞれ $2BaCO_3$, $1/2Y_2O_3$, 3CuO の割合で十分に混合し，酸素を流しながら，900～950°C で 12～24 h (時間) 焼結させ，徐冷する．理論密度 ($6.3\,g/cm^3$) の約 90% 以上の焼結体が得られ，y は 0.2 以下で超伝導性の斜方晶となる．これに対し急冷によって得られる正方晶は O 欠陥を多く含み，y は 0.5～1.0 で半導体的性質を示す．

超伝導状態を得るには温度 (T)，磁界 (H)，電流密度 (J) が，それぞれ臨界値 T_c, H_c, J_c 以下である必要がある．T_c が高いほうが冷却に有利であるし，H_c, J_c の高いほうが高い磁場が発生できて機器の小型化を可能とする．超伝導セラミックスは T_c が高く H_c も大きいほどすぐれているといわれるが，J_c が 100 A (アンペア)/cm^2 オーダーとかなり低いことが問題である．90 K 以上の T_c をもつ超伝導セラミックスが開発され，その特性を失うことなしに材料に加工できれば，電力，エネルギー機器への応用は画期的なものとなろう．

2.2 合成反応の基礎と形態制御

セラミックスの大部分は形,大きさをもつ成形体 (body) で,通常,粉体の成形と焼結の2段階の工程により製造される.たとえば,ふつうの陶磁器を製造するときには,天然の粘土や長石をそのまま粉砕,混合,成形,焼結の各工程をへるため,かなりの不純物がそのまま製品にもちこまれるが,製品の使用目的を損ずるほどの大きな影響力をもたない場合が多く,もっぱら経済的見地から原料の選択が行われている.これに対してファインセラミックスを製造する場合には,まったく新しい見地から天然鉱物から目的成分を抽出して得た高純度超微粉体を原料として混合,ホットプレスまたは熱間等圧成形により精密機能制御を行うため,コスト上昇は避けられない.

本節ではファインセラミックス原料としての高純度超微粉末の代表的合成プロセスと形態制御についてのべる.

2.2.1 鉱物から目的成分の分離,精製

代表的なセラミックス原料であるアルミナ (alumina) 粉体の例をのべよう.出発原料としての鉱物は $Al(OH)_3$ (ジブサイト,gibbsite) を主成分とするボーキサイト (bauxite) を用い,図 2.13 に示すようなバイヤー法 (Bayer process) とよばれる工程で製造される.

主反応式はつぎの式 (2.12), (2.13) のように示される.

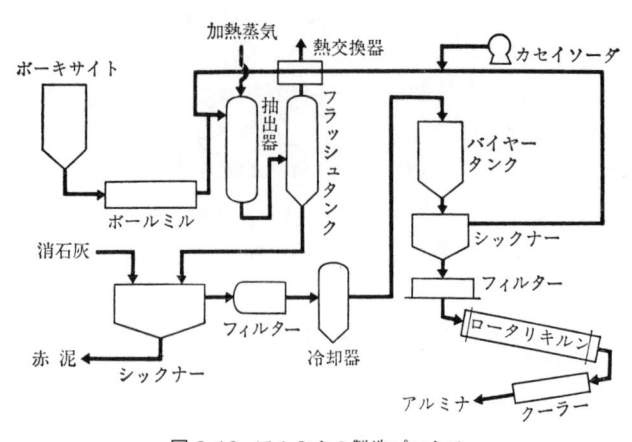

図 2.13 アルミナの製造プロセス

$$\text{Al(OH)}_3 + \text{NaOH} \rightarrow \text{NaAlO}_2 + 2\text{H}_2\text{O} \tag{2.12}$$

$$\text{NaAlO}_2 + 2\text{H}_2\text{O} \rightarrow \text{Al(OH)}_3\downarrow + \text{NaOH} \tag{2.13}$$

式 (2.12) によりボーキサイトは NaOH 溶液により約 200°C で分解し NaAlO$_2$ 溶液となる．このさいボーキサイト中にかなりの量含まれる不純物成分 Fe(OH)$_3$ は溶解せず，シックナーから赤泥として分離される．つぎに式 (2.13) により NaAlO$_2$ 溶液に水を加え加水分解反応により Al(OH)$_3$ を沈殿，これをろ過，分離，脱水したのちロータリキルンで 1200°C 以上で加熱して α-Al$_2$O$_3$ の粉体を得る．

バイヤー法アルミナは粒径 40 μm，Al$_2$O$_3$ 99.5%程度であるが，Na$_2$O 約 0.3%を含むため電気絶縁性が問題となり電子材料には使えない．また，この微量の Na$_2$O は結晶粒界にとり込まれていて，単なる水洗では除去できない．そこで，B$_2$O$_3$ や SiO$_2$ のように Na$_2$O と反応しやすい物質を添加して長時間焼成を行ったのち，粉砕効率の高い粉砕機を用いて粒径を約 0.3 μm 以下とする．これを水洗，ふるい分けを行うと，Al$_2$O$_3$ は 99.8%に上がり，Na$_2$O は 0.03%以下に減る．粉砕にさいしては機材からの汚染に十分注意しなければならない．さらに 99.9%以上の高純度 Al$_2$O$_3$ を得る方法としては，式 (2.13) における Al(OH)$_3$ の析出速度をできるかぎりゆっくり行って Na の吸着をさまたげ，分離した Al(OH)$_3$ 中にとり込まれていた Na 分は溶出可能となるので，これを水洗，除去したのち，1200°C 以上で再加熱して α-Al$_2$O$_3$ として安定化させてから微粉砕する．透光セラミックスや合成宝石などの合成に用いられる高純度アルミナ粉体 (Al$_2$O$_3$ 99.99%以上) の製造はバイヤー法以外の方法で行われている．p.103 ベルヌーイ法を参照．

2.2.2 固相反応

いま，A，B 2 種の 2 粒子を高温で接触させると，イオンの相互拡散により図 2.14 (a) に示すような固相反応 (solid state reaction) が起こる．この場合は反応系と生成系との自由エネルギーの差 ΔG が原動力となって反応が進行し，最終的には A，B 粒子が完全に消耗し，すべてが AB 粒子となったとき反応は止まる．

一方，同種 A の 2 粒子を高温で接触させると，(b) に示すような焼結反応 (sintering reaction) が起こる．これも一種の固相反応といえるが接触点からイオンの相互拡散が起こり，接合部はしだいに成長し 1 個の大粒子となれば反応は止まる．2 個の小粒子が 1 個の大粒子になることにより比表面積 (m^2/g) は小さくなり，そのさいの表面エネルギーの差 ΔG が成長の原動力となっている点で固相反応と区別する．焼結反応については 2.4.5 項でのべることとする．

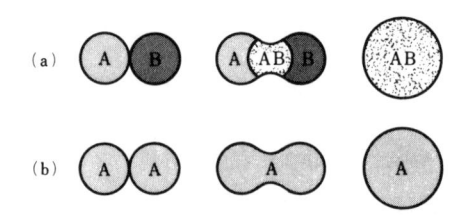

図 2.14　2 粒子間の固相反応と焼結

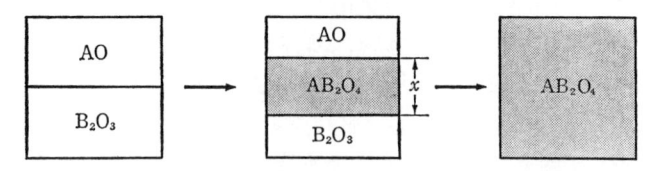

図 2.15　$AO\text{-}B_2O_3$ 系固相反応

　固相反応は 2 種の固体の接触する場所 (点または面) において構成成分である原子やイオンが拡散する過程であることは，反応にあずかる固体が図 2.14 (a) に示したように，常に反応生成物層によって分離されていることからもあきらかである．したがって，気体どうしや液体どうしの反応のように系全体の濃度のような概念は適用しない．セラミックスを合成するさいに多く見られる酸化物粒子どうしの高温反応は，固相反応の代表的例である．

　もっとも簡単な固相反応の型式 A + B → AB の例として，スピネル生成反応 $AO + B_2O_3 \to AB_2O_4$ をモデル的にえがいたのが，図 2.15 である．

　反応にあずかる拡散成分の移動速度は，式 (2.14) のようにあらわされる．

$$\frac{dx/dt}{A} = D\left(\frac{k\Delta c}{x}\right) \tag{2.14}$$

ここに k は反応速度定数，x は生成物層の厚さ，Δc は生成物層中の拡散成分の濃度差（または拡散成分の増量），D は拡散係数，A は拡散断面積である．

　式 (2.14) を積分すると，式 (2.15) のような放物線の式が導かれる．

$$x^2 = kDt \tag{2.15}$$

すなわち，生成物層の厚さの 2 乗は拡散係数と時間に比例的な関係にあることが分かる．

　一般に固相反応において反応にあずかる固体は微粉体を用いることが多いが，これは固体間の接触面積を大きくし生成物層をなるべく薄くすることにより反応

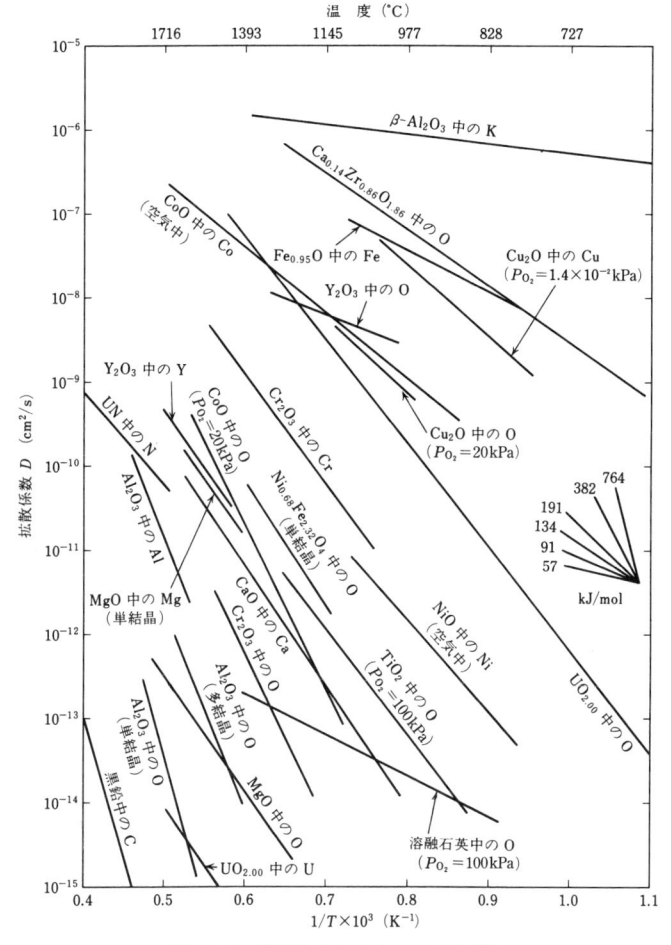

図 2.16 酸化物中のイオンの拡散係数

速度を大きくすることができるからである．また，固相反応のほとんどは高温で行われるが，これは生成物層を通して構成成分(イオン)が拡散するためには，大きな活性化エネルギーを必要とするためである．

　高温における粉体の反応機構は複雑で，反応物の構造，履歴，反応条件によって大きく影響されるが，その過程はまず粒子間の完全な接触，つぎに温度の上昇につれて表面拡散による接合部の形成，さらに体積拡散が可能となるような温度となると，反応速度はその拡散速度に律速となり，温度と指数関数的関係で大きくなるの

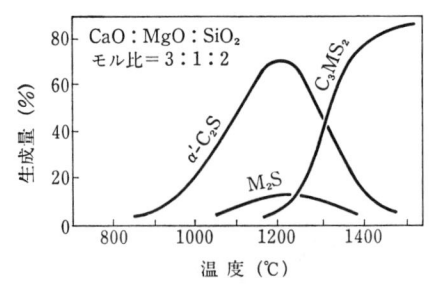

図 2.17 CaO-MgO-SiO$_2$ 系固相反応

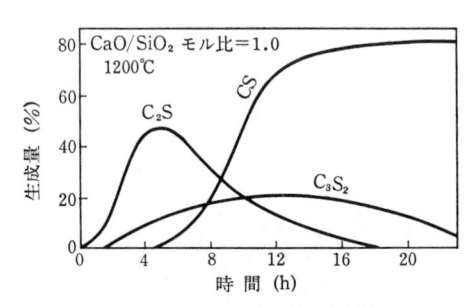

図 2.18 CaO-SiO$_2$ 系固相反応

である.拡散係数 D は物質によって特有の値をもつもので,セラミックスの場合は図 2.16 のように示されている.拡散のための活性化エネルギー E は直線の傾きから求められる.たとえば,$Ca_{0.14}Zr_{0.86}O_{1.86}$ の O については $E = 134\,\mathrm{kJ/mol}$ となる.なお,D の値は結晶中の格子欠陥の濃度に影響を受けることに留意.

　固相反応において重要なことは,反応は常に接触する場所において行われるのであるから,同時に 3 成分が反応することは空間的にありえない.したがって,図 2.17 の CaO-MgO-SiO$_2$ 系固相反応の例に見られるように,成分数に無関係に常に 2 成分間の反応が優先的に起き,ついでその生成物と第 3 の成分,あるいは生成物間どうしの反応が起こる.この図において,CaO を C,MgO を M,SiO$_2$ を S と略記している.まず C と S,M と S との 2 成分間の反応で C$_2$S,M$_2$S が生成し,つぎに C$_2$S と M$_2$S の反応により C$_3$MS$_2$ (メルウィナイト) に変化する.また,2 成分系の反応過程においても,いくつかの中間化合物の生成はしばしば認められるが,この場合は最終化合物がどれに決まるかは,混合比,温度,時間によって定まる.図 2.18 は温度一定で時間とともに反応生成物がどのように変わるかを,CaO-SiO$_2$ 系固相反応の例で示した.

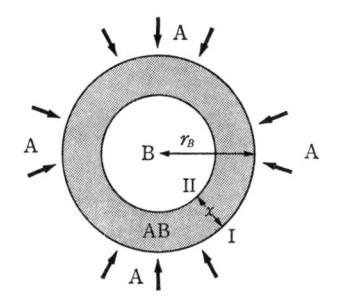

図 2.19 固相反応 A + B → AB のモデル

つぎにもっとも簡単な型式 A + B → AB の粉体反応の機構につき速度論的解析を考えてみよう．ここでは少なくとも A, B のうち 1 成分は生成物層中を移動しなければならない．この場合，界面反応か，物質移動か，どちらに律速であるかによってあつかいは異なるが，一般の固相反応では後者が律速であるので，AB 層の成長速度，すなわち AB 層の厚み x の変化にしたがうことになる．しかし，粉体反応においては x を直接測定することがむずかしいので，反応率 α から速度式を求める．固相反応の解析には X 線回折により生成物の量的変化を，その回折ピークの変化から追跡し，反応率 α を求める方法がしばしばとられている．

Jander (1927) はつぎの仮定のもとに速度式を導いた．
(1) 拡散成分 A が過剰で図 2.19 に示すように半径 r_B の B 粒子をとりまき，両者の接触は完全で，反応は球殻状に表面から内部に進む．
(2) 拡散層の断面積は一定である．

生成物層中の勾配は直線的であるから Fick の法則が適用され，AB 層の成長速度 dx/dt は式 (2.16) に示すようになる．

$$\frac{dx}{dt} = \frac{k''(\Delta c_A)}{x} \tag{2.16}$$

ここに Δc_A は界面 I, II における A 成分の濃度差である．いま，Δc_A を一定として積分すると，放物線の式 (2.17) が得られる．

$$x^2 = k't \quad (\text{ただし},\ k' = 2k''(\Delta c_A)) \tag{2.17}$$

反応率は過少成分 B を基準とすれば式 (2.18) となり，これを変形すれば式 (2.19) が得られる．

$$\alpha = [r_B^3 - (r_B - x)^3]/r_B^3 \tag{2.18}$$

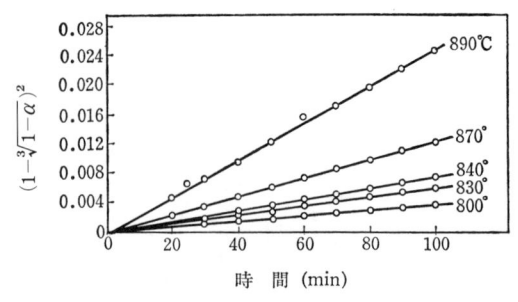

図 2.20 　$BaCO_3 + SiO_2 \rightarrow BaSiO_3 + CO_2 \uparrow$ 　固相反応における Jander 式の適合性

$$x = r_B[1 - (1-\alpha)^{1/3}] \qquad (2.19)$$

この式 (2.19) を式 (2.17) に代入すると，式 (2.20) が得られる．これが Jander 式 (Jander's equation) とよばれる式である．

$$(1 - \sqrt[3]{1-\alpha})^2 = kt \quad (ただし, \; k = k'/r_B^2) \qquad (2.20)$$

Jander は $BaCO_3 + SiO_2 \rightarrow BaSiO_3 + CO_2 \uparrow$ の反応において，発生する CO_2 量を連続的に定量し，反応率 α と時間 t との間に式 (2.20) が成立することを実証している．図 2.20 を見よ．

Jander 式は計算が簡単であるため，粒子間の固相反応の解析に広く用いられている．しかし，Jander の仮定は実際の固相反応機構をあらわすには，あまりにも単純で無理がある．

たとえば，仮定 (1) はどんなに過剰成分が多くても，成立しにくいことはあきらかである．しかし，粒径の等しい球体の集合体では．一つの粒子のまわりに接触できる粒子の数は最高 12 であるが，反応はこのような接触点から表面拡散によってはじまり，その速度は体積拡散のそれよりはるかにはやいはずで，表面拡散が粒子表面全部をおおったのち体積拡散に移行したとすれば，Jander の仮定した反応の球殻モデルは適用できると考えられる．しかし，反応系の 1 成分だけが生成物層中を拡散するという，いわゆる一方拡散の考え方はあくまでも近似的で，多くの固相反応においては程度こそ異なれ両成分が相互に拡散する，いわゆる相互拡散が広く認められている．また，反応にともない球の体積変化も起こるから，拡散断面積は変化し，仮定 (2) もあてはまらないことになる．

その後，多くの研究者によって Jander 式の改良が認められた．すなわち，Jander の 1 次元の拡散式を 3 次元の球状粒子に拡大したり，粒径分布，接触点の数，粒形

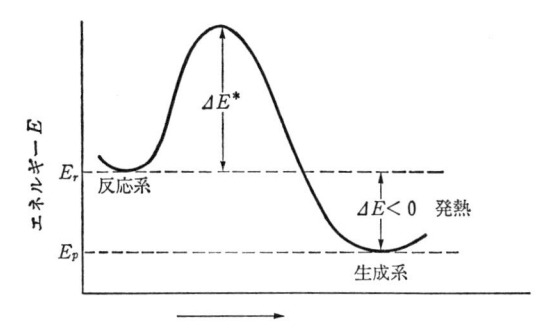

図 2.21 反応進行とエネルギー変化

変化,反応中の球体の体積変化を考慮するなど,多くの工夫を加えた式があるが,これらは計算がめんどうであるうえに,反応系や実験条件によっては,かえってJander 式より適合しにくい場合もでてきて,それだけ,固相反応機構が複雑なことを実証している.

つぎに固相反応における活性化エネルギーの計算にも触れておきたい.

固相反応における系の自由エネルギー変化 ΔG は $\Delta G < 0$ で,しかも一定であるから反応は反応物が完全に消耗するまで進行し,平衡状態はないはずである.しかし,実際には反応の進行とともに拡散抵抗は大きくなるので,反応の完結には長時間を要することが多い.また,$\Delta F = \Delta H - T\Delta S$ の関係があるが,固相反応では $\Delta G \approx \Delta F$ で,エントロピー変化 ΔS はきわめて低いので,$\Delta G \approx \Delta H$ となり反応は発熱的である.したがって,DTA などの熱分析により反応性を検討することができる.

一般に温度が上がると化学反応の反応速度は大となるのであるが,Arrhenius (1889) は反応速度定数 k と温度 T との関係を式 (2.25) のように導いている.式 (2.25) を積分すると式 (2.26) が得られる.

$$\frac{d \ln k}{dt} = \frac{\Delta E^*}{RT^2} \tag{2.25}$$

$$\ln k = B - \frac{\Delta E^*}{RT} \tag{2.26}$$

ここに ΔE^* は反応に必要な活性化エネルギー (activation energy) であって,図 2.21 に示すような反応系におけるエネルギー変化曲線から得られるエネルギーの山の高さと説明される.なお,B は温度によって不変の定数で,実験的にはほとんど 0 とみなしてよい.このエネルギー変化曲線において横軸は反応の進行に

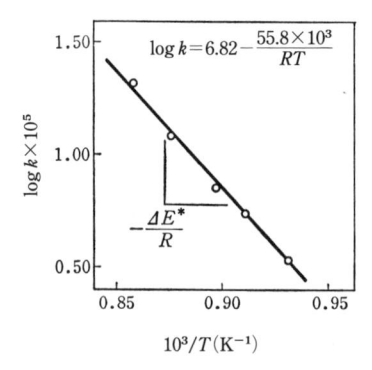

図 **2.22** Jander の速度定数と $1/T$ との関係

関係する因子ならばなんでもよく，たとえば格子中を拡散する原子の移動距離と仮定してもよい．いずれにせよ，反応系が生成系に変化するためには，エネルギーの山 ΔE^* をこえる必要がある．$-\Delta E$ は反応熱である．

一般に酸化物のようなイオン結晶では ΔE^* がかなり高いのは，高温で加熱しなければ格子中のイオン（一般には小形の金属イオン）は拡散せず，固相反応は進行しないからである．実際に ΔE^* を実験的に求めるには，できるかぎり多くの温度において k の値を求め，$\ln k$ と $1/T$ との関係をプロットすれば直線が得られるはずで，その直線の傾きから $\Delta E^*/R$ が得られ，したがって ΔE^* の値が定まる．

Jander は $BaCO_3 + SiO_2 \rightarrow BaSiO_3 + CO_2 \uparrow$ の反応で，図 2.20 から求められる各温度における直線の傾きから求められる k を用い，$\ln k$ と $1/T$ との関係は，図 2.22 に見られるような直線関係が得られることをたしかめ，その傾きから $\Delta E^* \fallingdotseq 233\,\mathrm{kJ/mol}$ と算出している．

固相反応の研究は多くの場合，反応率 α と時間 t との関係を実験式にまとめ，ついで反応速度式を求め，べつに反応機構を仮定して反応式をたて，これらを比較することにより考察を進めるのが一般的研究手段である．一方，活性化エネルギーの値を算出して比較するだけという単純な研究もある．いずれにせよ，α-t の関係はいろいろな理論式から，似たような曲線が得られ，α 測定値の誤差の大きさから考えると問題が多く，固相反応の研究手段としては最適ではない．反応の進行をあらわす放物線式 $x^2 = kt$, $(1 - \sqrt[3]{1-\alpha})^2 = kt$ は，スピネル生成反応のような粉体固相反応には，よく適合することが知られているが，数式上の一致が得られたとしても反応機構があきらかでなければ意味のないことが多い．固相反応の機構を解明するためには，温度，圧力などの条件移動，原子やイオンなどの

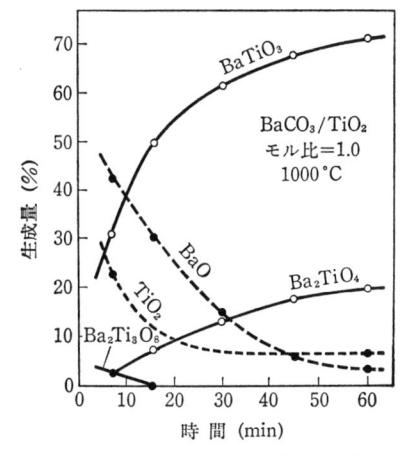

図 2.23 BaCO$_3$-TiO$_2$ 系固相反応

物質移動,結晶配列の変化のような時間的推移を十分に検討し,それぞれの現象の律速過程を考慮する必要がある.

最後にセラミックスの固相反応における形態制御について触れてみたい.実際にセラミックスを製造するにあたっては,A + B → AB の反応論だけでは解決できない多くの工学的問題をかかえている.

まず,BaTiO$_3$ の組成制御について考える.BaCO$_3$ + TiO$_2$ → BaTiO$_3$ は,代表的誘電体としてよく知られている BaTiO$_3$ セラミックスの合成反応である.BaCO$_3$ は重晶石 (barite, BaSO$_4$) から,TiO$_2$ はチタン鉄鉱 (ilmenite, FeTiO$_3$) から,それぞれ分離,精製,微粉砕されて高純度微粉体を得る.さて,これらをモル比1:1に混合,焼結して BaTiO$_3$ セラミックスとするのであるが,両者の計量をどんなに正確にしても,混合工程で組成比1:1を均質に保持することはむずかしい.比重,粒径の異なる2種の粉体の均一混合自体が不可能といってよい.

久保輝一郎らによる BaCO$_3$-TiO$_2$ 混合系の1000°Cにおける反応過程を図2.23に示す.1:1生成物である BaTiO$_3$ は70%ぐらいまで伸びているが,そのほかにBa に富んだ Ba$_2$TiO$_4$,Ti に富んだ Ba$_2$Ti$_3$O$_8$ の存在が認められている.これら中間相は加熱をつづければ未反応の BaO や TiO$_2$ と反応して最終生成物 BaTiO$_3$ に近づく.しかし,固相反応の反応速度は BaTiO$_3$ 層の厚みが増すほどゆるやかになるので,BaTiO$_3$ の高純度化は長時間を要しコスト高となる.そこで焼成物の微粉砕,混合,焼成を何度もくり返すことにより,反応速度の促進と材質の均

一化をはかる.なお,液相反応による合成方法 (p.95) とも対比せよ.

つぎにスピネル顔料の一つ,コバルトブルー $CoAl_2O_4$ の合成にあたって行われている粒径制御の話題をのべる.顔料物性として重要なことは,粒径が均一な微粉体をつくることである.しかし,固相反応によって生成した粒径 20~30 μm の大きさに成長している生成物粒子を機械的粉砕によって 1~2 μm にするのは容易なことではない.ところが,$CoO + Al_2O_3 \rightarrow CoAl_2O_4$ の固相反応においては両粒子間において $3Co^{2+} \rightleftarrows 2Al^{3+}$ の相互拡散が起こるが,生成した $CoAl_2O_4$ 層は CoO 側ではなく α-Al_2O_3 側に密着する傾向が認められている.したがって,固相反応に用いる Al_2O_3 粒子を 1~2 μm の超微粉体とすれば,反応後は Al_2O_3 粒子は容易に $CoAl_2O_4$ 粒子となり,粒子中の O は 4/3 倍になるだけである.温度制御により焼結を抑制できれば,粒子径の増大は大きいものではない.顔料の製造にあたっては,このような固体化学的工夫がこらされているのである.

2.2.3 液相反応

2種以上の反応物粉体を混合して固相反応により新しい生成物粉体を合成する場合,反応物粒子の粒径分布が広かったり,混合状態が均一でなかったりすると,生成物粒子中に未反応層や中間生成物層が残ったりして組成の片よりが起きやすい.したがって,均一な粒径と化学組成の精密制御が可能な超微粒子を得るためには,目的成分を含む水溶液から目的成分を含む難溶性塩として沈殿,分離する液相反応が注目されている.

水溶液から新しい固相粒子が生成するときのギブスの自由エネルギー変化 ΔG は,つぎの式 (2.27) であらわされる.

$$\Delta G = -n\phi + \gamma A \tag{2.27}$$

1項は核粒子を構成する原子数 n と液相と固相の自由エネルギーの差 ϕ を掛けた過飽和度項 (−) で,2項は核粒子の表面エネルギー γ と表面積 A を掛けた表面エネルギー項 (+) である.なお,ϕ と過飽和度 (C_o/C_s) との関係は,つぎの式 (2.28) で示される.

$$\phi = -k\ln(C_o/C_s) \tag{2.28}$$

ここに C_s は溶解度,C_o は過溶解度である.水溶液から核粒子が析出するのは C_s ではなく,これより高い C_o のレベルである.C_o と C_s の間は準安定域で $RT \times (C_o/C_s)$ だけの過剰エネルギーをもっており,これを液相から固相に変換して平衡状態にもどそうとする作用が核生成である.

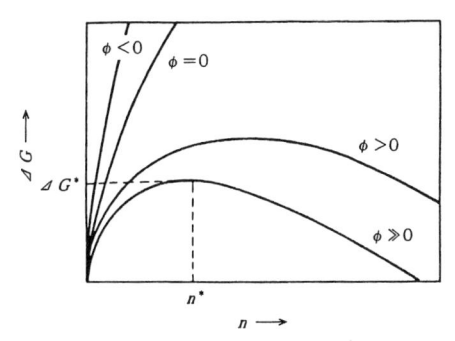

図 **2.24** 粒子の大きさと自由エネルギー変化

表 **2.3** CaCO$_3$ 粒子半径と表面エネルギーの変化

半径 (nm)	表面積 (m^2/mol)	表面エネルギー (J/mol)
1	1.11×10^5	2.55×10^4
2	5.07×10^4	1.17×10^4
5	2.21×10^4	5.09×10^3
10	1.11×10^4	2.55×10^3
20	5.07×10^3	1.73×10^3
100	1.11×10^3	2.55×10^2
1 μm	1.11×10^2	2.55×10

ΔG の n に対する変化をモデル的に示したのが，図 2.24 である．ϕ が 0 よりも小さいときは核生成は認められないが，ϕ が 0 をこえると 2 項の表面エネルギー項の + 効果により，ΔG-n 曲線はしだいに右下がりとなる．そして ΔG^* に達すると原子数 n^* 個の核粒子が生成しはじめ，右下がりに ΔG を下げながら核粒子の数を増加していく．すなわち，ΔG^* で n^* 個の核が生成するが，n^* 以下ではいったん核は生成しても消滅してしまう確率が高く，n^* 以上では核粒子の数はしだいに多くなり ΔG を下げて安定化する．一方，$\phi \gg 0$ のときは，2 項により ΔG を下げるプロセスとして，γ の高い不安定な小粒子が多数，すみやかに析出するが，$\phi > 0$ のときは，ΔG の下げかたはゆっくりで核粒子はしだいに集まって，表面エネルギーの低い安定な大粒子に成長するのである．

CaCO$_3$ (カルサイト) の結晶粒子の粒径から表面エネルギー (surface energy) を算出した結果を表 2.3 に示す．粉砕によって粒径を 1 μm から 0.001 μm まで小さくすると，粒子の表面エネルギーは 25 J/mol から 25 500 J/mol となり 1 000 倍に増加，活性化する．このプロセスを逆方向に考えると，水溶液中で生成した

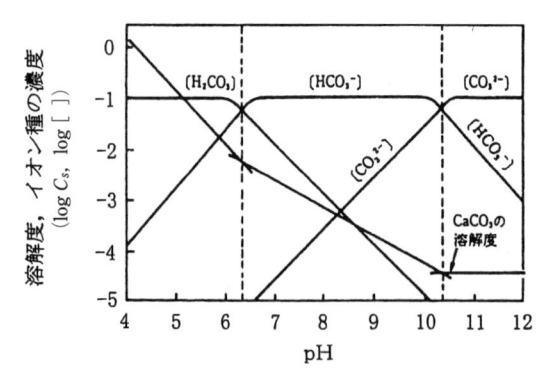

図 **2.25** 反応溶液の pH と $CaCO_3$ の溶解度変化

核粒子の成長は表面エネルギー γ をしだいに低下させる安定化プロセスと考えることができる．すなわち，小粒子はしだいに吸着，併合をくり返し大粒子に成長することにより全体のエネルギーを下げ，ΔG が 0 になったとき成長は止まる．

$$Ca(OH)_2 + CO_2 \rightarrow CaCO_3 \downarrow + H_2O \qquad (2.29)$$

$$CO_3^{2-} + H_2O \rightarrow HCO_3^- + OH^- \qquad (2.30)$$

$$Ca(HCO_3)_2 \rightarrow CaCO_3 \downarrow + CO_2 \uparrow + H_2O \qquad (2.31)$$

式 (2.29) はゴム，プラスチック，紙などのフィラーとして広く用いられている合成 $CaCO_3$ 超微粉体の合成方法を示している．この反応は5%程度の $Ca(OH)_2$ スラリーに30%以下の濃度の CO_2 ガスを室温で吹き込むことにより進行する．CO_2 ガスは水に溶けて酸性の H_2CO_3 となるので，アルカリ性の $Ca(OH)_2$ スラリーとの反応は中和反応であり，pH 変化が反応の指標となる．

以上のような pH の変動により過溶解度 C_o を動かして過飽和度を制御することは，液相反応における結晶析出プロセスにしばしば利用される手段である．しかし，Ca^{2+} の過溶解度を高めることは，式 (2.31) の反応を右辺から左辺に逆行することを意味し，当然のことながら Ca^{2+} の相手陰イオンである CO_3^{2-} が HCO_3^- に変わるための影響力を考える必要がある．それには反応にあずかる全イオンの濃度と活量係数変化を求め，真の過飽和度を計算しなければならないが，ここでは正確な値を求めることが目的ではないので，省略したことを付記する．

図 2.25 は $CaCO_3$ の C_s と溶液の pH 変化を示している．式 (2.29) は pH 10.3 の状態で $CaCO_3$ の C_s レベルにある．式 (2.30) は pH 10.3 → 6.3 における HCO_3^- の安定域を示す．この式が左辺から右辺に移行するにつれて $CaCO_3$ の C_s は急

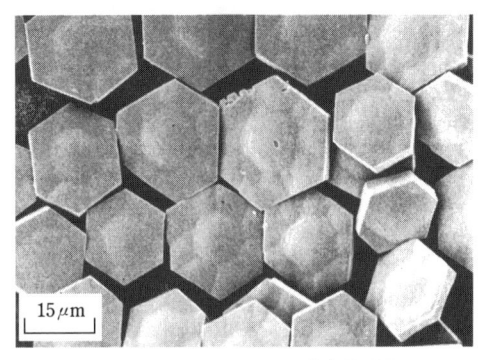

図 2.26 バテライトの六角板状結晶

増する．pH 10.3 → 6.3 の C_s の変動値を C_o とすれば，$(C_o - C_s)/C_s$ により過飽和度が求められる．

$CaCO_3$ はカルサイト (calcite，六方晶)，アラゴナイト (aragonite，斜方晶)，バテライト (vaterite，六方晶) の 3 種の変態をもつ．$CaCO_3$ フィラーの合成にあたっては，もっぱら高 pH 側 (9〜10.5) において 10^{-3} μm オーダーの粒径のそろったカルサイト超微粉体がつくられる．この場合の過飽和度は 16 付近であるが，通常の難溶性塩で 2〜3 であるので，かなり高い．つぎにこの反応を低 pH 側 (6〜7.5) で温度を 50°C 以上に保つと，式 (2.31) の反応により CO_2 は気散して pH はしだいに上がり，低過飽和状態でアラゴナイトやバテライトがゆっくり晶出し，それぞれ柱状や板状の特徴ある大形結晶体に成長する．例として，図 2.26 にバテライトの六角板状結晶を示す．

このように合成 $CaCO_3$ 微粉体は液相反応により形態，粒子の大きさ，形の制御が容易であり，$CaCO_3$ (石灰石) 微粉砕物では得られない特性をもつのである．

すでにのべたように $BaTiO_3$ セラミックスの合成において $BaCO_3$ 粒子と TiO_2 粒子との固体反応では，2 種の粉体の均質混合，生成物 $BaTiO_3$ 粒子の純度に問題があったので，液相反応を利用してこれらの問題を改善するプロセスがあるので紹介する．まず，反応式をつぎに示す．

$$BaCl_2 + TiCl_4 + 2H_2C_2O_4 + nH_2O \rightarrow BaTiO(C_2O_4)_2 \cdot 4H_2O \downarrow + nHCl \quad (2.32)$$

$$BaTiO(C_2O_4)_2 \cdot 4H_2O \rightarrow BaTiO_3 \downarrow + 4H_2O + mCO_2 \quad (2.33)$$

まず，式 (2.32) により高純度の $BaCl_2$ と $TiCl_4$ の水溶液をモル比 1.01 : 1.00 に混合し，80〜90°C に保った 2.2 mol のシュウ酸水溶液を添加すると，$BaTiO(C_2O_4)_2 \cdot$

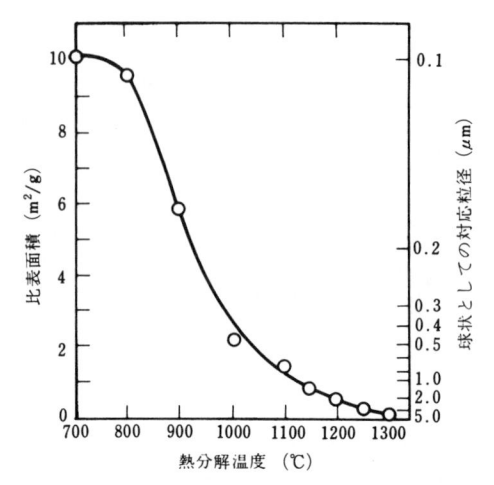

図 2.27 BaTiO(C$_2$O$_4$)$_2$·4H$_2$O 共沈殿物の熱分解によって得られた BaTiO$_3$ 粉体の比表面積と対応粒径

4H$_2$O の白色沈殿が生成する．この場合，共沈殿物 BaTiO(C$_2$O$_4$)$_2$·4H$_2$O 粒子内では Ba と Ti が正確に 1：1 の割合で原子尺度で均質に混合されていることになる．過飽和度が高いほど共沈殿物粒子は微細なものが得られるが，母液中に長く放置すると，溶解，析出のくり返しにより粒成長が起こるので注意する．粒成長をおさえるにはアルコールなどを加えて溶解度を下げることが必要となる．つぎに式 (2.33) により分離した BaTiO(C$_2$O$_4$)$_2$·4H$_2$O の熱分解を行う．その熱分解過程 (2 h 加熱) で得られる BaTiO$_3$ 微粒子の比表面積，粒径の変化を図 2.27 に示す．

BaCO$_3$ と TiO$_2$ との固相反応は 1100～1200°C とならないと活発化しないが，BaTiO(C$_2$O$_4$)$_2$ の熱分解では 700°C の加熱で，すでに BaTiO$_3$ に変化する．しかも，この温度では粒子成長が不十分のため活性に富んでおり，焼結性は良好である．工業的には 900°C，4 h の熱分解で，粒径 1 μm 以下の大きさの BaTiO$_3$ 超微粉体が得られる．

液相反応で得た共沈殿物を熱分解するプロセスは，BaTiO$_3$ だけでなく SrTiO$_3$，Pb(ZrTi)O$_3$，MnFe$_2$O$_4$，ZnFe$_2$O$_3$ などの電子材料用超微粉体の作成に広く用いられている．

BaTiO$_3$ 超微粉体を直接合成する変法としてアルコキシド法 (alkoxide method) がある．反応式をつぎに示す．

$$\mathrm{Ba(OC_3H_7)_2 + Ti(OC_3H_7)_4 + 3H_2O \rightarrow BaTiO_3 \downarrow + 6C_3H_7OH} \quad (2.34)$$

BaとTiのアルコキシド混合溶液の加水分解と減圧乾燥により粒径5〜15 nm, 凝集体の大きさ1 μm以下のBaTiO₃超微粉体が得られる.不純物はアルコキシド調製のさい完全に除去されているので,純度はいちじるしく向上する.

2.2.4 気相反応

近年,ファインセラミックス用微粉体に対する高純度化,超微粒子化の要望が強くなるにつれ,気相反応を利用する超微粉体,繊維,単結晶体,薄膜などの製造がしだいに注目されるに至った.気相反応から晶出される微粒子は原料の金属化合物を気化して反応させるので高純度化しやすく,粒径0.1 μm以下の超微粉体が容易に得られ,凝集しにくく分散性もよい.とくにふん囲気の制御により他の方法では得がたい窒化物や炭化物などの非酸化物粒子の合成にも適応できるので,応用範囲はきわめて広い.

エンジニアリングセラミックスとして注目されているSiCやSi₃N₄の高純度超微粉体は,つぎの気相反応式によって示されるCVDでつくられている.CVDについては2.1.4項を参照されたい.反応式をつぎに示す.

$$\mathrm{SiCl_4 + CH_4 \rightarrow SiC \downarrow + 4HCl} \quad (2.35)$$

$$\mathrm{CH_3SiCl_3 \rightarrow SiC \downarrow + 3HCl} \quad (2.36)$$

$$\mathrm{3SiCl_4 + 4NH_3 \rightarrow Si_3N_4 \downarrow + 12HCl} \quad (2.37)$$

式(2.35)はH₂中,1 300〜2 000°Cで,式(2.36)はAr中,1 400°Cで進行し,いずれの反応でも粒径0.1 μm以下のSiC超微粉体が得られるが,純度は98%程度にとどまる.SiCは粒径が細かくなるほど,酸化により純度は低下の傾向を示す.式(2.37)はH₂中で1 000°Cぐらいで進行し,0.5 μm以下の粒径,純度99.9%以上のSiN₄が得られるが,3.2.4項でのべるSiの直接窒化法とくらべるとコスト高となる.

気相反応においては出発原料が気体ならよいが,液体や固体の場合は気化しやすいものを用いる必要がある.参考にいくつかの単体,塩化物などの融点,沸点を表2.4に示す.金属ではMgやZnは気化しやすいが,化合物では塩化物の沸点が低く蒸気圧も低い.

気相反応により粉体を作成する場合,その反応系が進行するかどうか,はたしてどんな粉体ができるかをたしかめる必要がある.

表 2.4 単体と化合物の融点と沸点

物質	融点 (°C)	沸点 (°C)	蒸気圧 133.3 Pa に達する温度 (°C)
Mg	649	1 090	621
Zn	420	907	405*
Pt	1 770	約 3 800	2 730
C	3 600	約 4 800	3 586
$AlCl_3$	—	昇華 182.7	100.0
BCl_3	−107	12.5	−91.5
$SiCl_4$	−70	57.6	−63.4
$TiCl_4$	−25	136.4	−13.9
$ZnCl_2$	283	732	428
Al_2O_3	2 054	2 980	2 148

* 13.33 Pa

ここで，ある反応系と生成系を，つぎのようにあらわす．$A, B, \ldots, D, E$ は化学種，$a, b, \ldots, d, e$ はその係数である．

$$\underset{\text{反応系}}{a\mathrm{A} + b\mathrm{B} + \cdots} = \underset{\text{生成系}}{d\mathrm{D} + e\mathrm{E} + \ldots} \tag{2.38}$$

（例　$TiCl_4 + O_2 = TiO_2 + 2Cl_2$）

反応系→生成系の自由エネルギー変化 ΔG は，つぎの式 (2.39) で示される．

$$\Delta G = \Delta G^\circ + RT \ln \left[\frac{(a_D)^d \cdot (a_E)^e}{(a_A)^a \cdot (a_B)^b}\right] \tag{2.39}$$

ここに a_I は成分 I の活量 (濃度)，R は気体定数，T は絶対温度である．ΔG° は標準自由エネルギー変化で，活量 a がすべて 1 の場合の自由エネルギー変化を示す．[ ] 内は平衡定数 K_p である．$\Delta G = 0$ のときは，式 (2.40) が得られる．

$$\Delta G^\circ = -RT \ln \left[\frac{(a_D)^d \cdot (a_E)^e}{(a_A)^a \cdot (a_B)^b}\right] \tag{2.40}$$

したがって，K_p との関係はつぎのようになる．

$$\Delta G^\circ = -RT \ln K_p \tag{2.41}$$

$$\log K_p = \frac{\Delta G^\circ}{2.303RT} \tag{2.42}$$

したがって，任意温度の $\Delta G°$ を知れば，その反応の K_p を式 (2.42) から求めることができる．$\Delta G°$ の値を求めるには多くの文献が知られている．

一般に生成系と反応系の標準エネルギー差 $(\sum \Delta G_p° - \sum \Delta G_r°)$ が負となり，その絶対値が大きいほど反応は起こりやすい．式 (2.38) の反応例では 500°C における $TiCl_4$ の $\Delta G_r°$ は $-620\,kJ$，TiO_2 の $\Delta G_p°$ は $-754\,kJ$，その差の $\Delta G_c°$ は $-134\,kJ$ となり，反応は左から右に進むことが示されている．

平衡定数 $\log K_p$ の値は非常に重要で，これによりある反応系が超微粒子をつくるか，単結晶体や薄膜をつくるかの目安となっている．たとえば，$ZrCl_4$ の酸化反応における K_p の求めかたを，つぎに示す．

$$ZrCl_4(気) + O_2(気) = ZrO_2(固) + 2Cl_2(気) \tag{2.43}$$

500°C (773 K) における $ZrCl_4$ の $\Delta G_r°$ は $-779\,kJ$，ZrO_2 の $\Delta G_p°$ は $-963\,kJ$，その差の $\Delta G_c°$ は $-184\,kJ$ となる．この値を式 (2.42) に代入すると，$\log K_p$ が求められる．R は 8.318 J/K とする．

$$\log K_p = -184\,000[J]/(-2.303 \times 8.318[J/K] \times 773[K]) \approx 12.8$$

このようにして，いろいろな温度の $\log K_p$ を求めると，図 2.28 に示すような曲線⑫が得られる．この図には 14 種の反応系の $\log K_p$ 曲線が図示されているが，⑩〜⑭の反応系では酸化物超微粉体が容易に得られ，一方，①〜④の反応系では基板などの固体上に核粒子が析出して単結晶に成長し，薄膜や繊維となる．真中の④〜⑩の反応系ではガス種や組成によって異なるが，反応はゆるやかで，超微粉体は結晶成長しやすい．金属の塩化物 1 mol を基準にすると，$\log K_p = 2$ 以下では結晶析出→成長が起こり，3 以上のときに超微粉体の生成が起こる．

気相から超微粒子をつくる過程は，液相から微粒子を析出させる過程とよく似ている．すなわち，ある気相において液相または固相の核が生成し，成長も蒸発もしないで気相と平衡状態にあるとき，その蒸気分圧を飽和蒸気圧とよぶ．飽和蒸気圧よりも高い過飽和蒸気圧とすると，気相中の原子やイオンは過飽和度が高い ($\log K_p$ が大きい) と，凝集して多数の核粒子を生成し，過飽和度が低い ($\log K_p$ が小さい) と，核粒子の表面に吸着してその成長をうながす．

比較的低い蒸気圧をもつ物質は，その蒸気を凝縮させて条件を選べば，単結晶体として成長させることができる．

最後に CVD による単結晶体の合成の中から GaAs 薄膜と Al_2O_3 ホイスカーのつくりかたを例としてのべよう．半導体レーザーとして知られている GaAs 単結

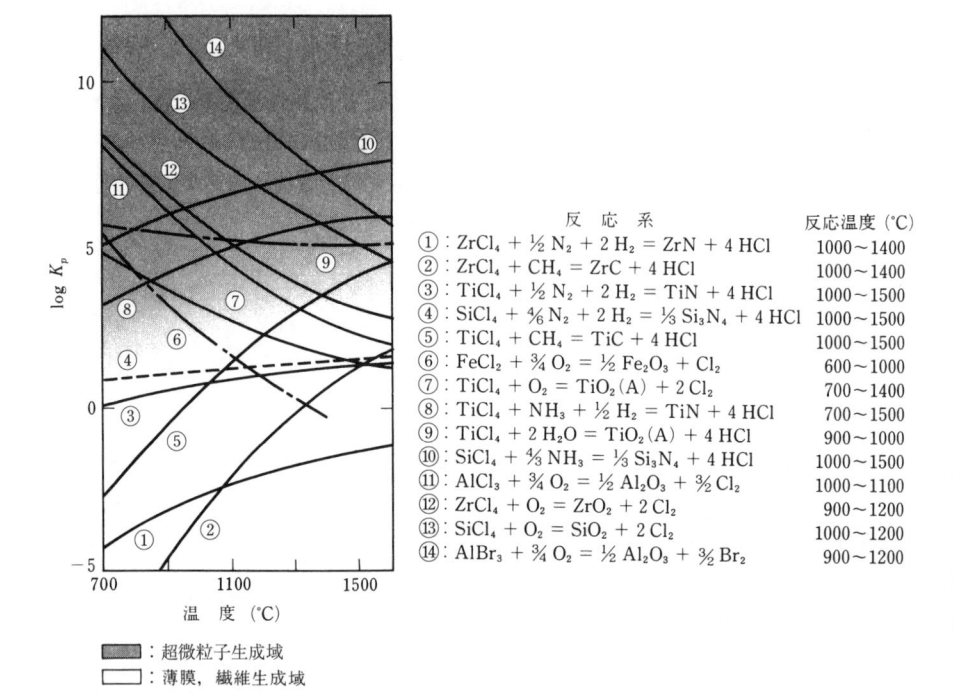

	反応系	反応温度 (℃)
①	$ZrCl_4 + 1/2 N_2 + 2 H_2 = ZrN + 4 HCl$	1000～1400
②	$ZrCl_4 + CH_4 = ZrC + 4 HCl$	1000～1400
③	$TiCl_4 + 1/2 N_2 + 2 H_2 = TiN + 4 HCl$	1000～1500
④	$SiCl_4 + 4/3 N_2 + 2 H_2 = 1/3 Si_3N_4 + 4 HCl$	1000～1500
⑤	$TiCl_4 + CH_4 = TiC + 4 HCl$	1000～1500
⑥	$FeCl_2 + 3/4 O_2 = 1/2 Fe_2O_3 + Cl_2$	600～1000
⑦	$TiCl_4 + O_2 = TiO_2(A) + 2 Cl_2$	700～1400
⑧	$TiCl_4 + NH_3 + 1/2 H_2 = TiN + 4 HCl$	700～1500
⑨	$TiCl_4 + 2 H_2O = TiO_2(A) + 4 HCl$	900～1000
⑩	$SiCl_4 + 4/3 NH_3 = 1/3 Si_3N_4 + 4 HCl$	1000～1500
⑪	$AlCl_3 + 3/4 O_2 = 1/2 Al_2O_3 + 3/2 Cl_2$	1000～1100
⑫	$ZrCl_4 + O_2 = ZrO_2 + 2 Cl_2$	900～1200
⑬	$SiCl_4 + O_2 = SiO_2 + 2 Cl_2$	1000～1200
⑭	$AlBr_3 + 3/4 O_2 = 1/2 Al_2O_3 + 3/2 Br_2$	900～1200

■: 超微粒子生成域
□: 薄膜, 繊維生成域

図 2.28 気相反応の平衡定数の温度変化

晶も, 基板単結晶の上にエピタキシャル成長によって得られる. 反応式を式 (2.44) に示す.

$$AsCl_3 + 3Ga \rightarrow 1/4 As_4 + 3GaCl \tag{2.44}$$

$$3GaCl + 1/2 As_4 \rightarrow 2GaAs \downarrow + GaCl_3 \tag{2.45}$$

まず, $AsCl_3$ 蒸気と H_2 ガスとの混合ガスを横型反応炉に送り込む. 炉内の 800℃ の位置に金属 Ga が置かれ, ここで $AsCl_3$ は As (気相) に還元され, 生成した GaCl とともに基板上 (700～750℃) に導かれて GaAs 層を形成する.

CVD はホイスカー (whisker) の合成にもさかんに用いられている. ホイスカーはひげ結晶ともいわれ, 径が数 μm 程度, 形状比 (長さ/径) が約 20 以上の細長い単結晶体で複合材料の強化材として重用されている. アルミナホイスカーの生成反応式を (2.46) に, 合成プロセスを図 2.29 に示す.

$$2AlCl_3 + 3CO_2 + 3H_2 \rightarrow Al_2O_3 \downarrow + 3CO + 6HCl \tag{2.46}$$

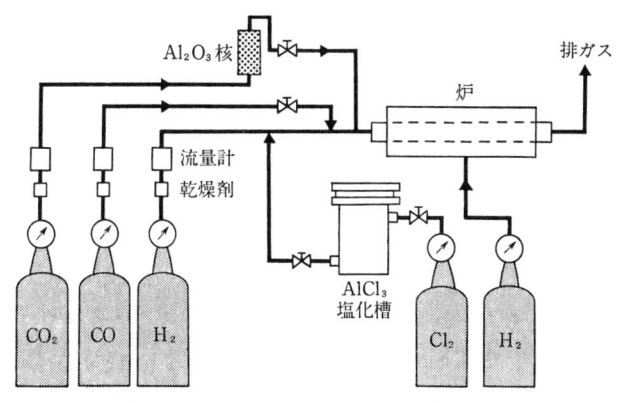

図 **2.29** α-Al_2O_3 ホイスカーの合成プロセス

　上記の反応が $1\,200°C$，$1.3〜101\,kPa$ ($10\,mmHg〜1\,atm$) の範囲ですみやかに起こり，ホイスカーが急成長する．

2.3　単結晶体の合成方法

　単結晶体 (single crystal) は結晶が 3 次元的に大きく発達したもので，多結晶体に見られるような粒界は存在せず，その結晶がもつ特有な性質が最大限に発揮される．かつて Ge，Si の単結晶が真空管を中心とした電子機器に大革命を起こしたことは，あまりによく知られているが，現在 α-Al_2O_3（ルビー，サファイア），SiO_2（水晶），CdS，$BaTiO_3$ など多くの単結晶体が機能的な電子材料として広く用いられている．一方，多結晶材料の性質を理解するためには，構成する結晶粒と同じ成分の大きな単結晶をつくって，その性質を知ることを出発点としなければならない．単結晶体の合成方法は材料の種類や要求される特性に応じていろいろあるが，融解法，水熱法，CVD 法，高圧法とに大別される．なお，CVD 法については，2.2.4 項にゆずる．

2.3.1　融　解　法

　代表的な融解法として 4 種の装置の概要を図 2.30 に示す．
　(a) は温度勾配法 (Bridgman method) とよばれる方法で，あらかじめ温度勾配をつくった炉内の上部 (高温部) に多結晶体を入れたるつぼをつり下げ，これを数

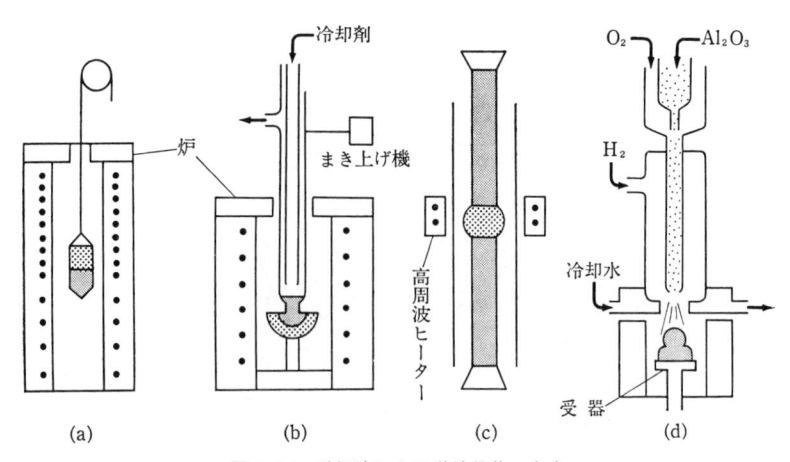

図 2.30 融解法による単結晶体の合成

mm/h の速度で下部の低温部に下ろしながらゆっくり結晶化させる方法である．約 1600°C 以下の融点の結晶には，この方法は装置設備費のうえで有利である．

(b) は引き上げ法とよばれる方法で，種結晶をつけた冷却管を融解液の中にひたして平衡に達してから，管を回転しながらゆっくり引き上げていく．るつぼの壁で冷却されることがないので，余分な核生成や不純物の混入が避けられ，ひずみも少なく，NaCl, KCl, KBr, LiF, CaF_2 のような光学用単結晶体の合成に適する．

(c) は部分融解法 (zone melting method) とよばれる方法で，棒状の多結晶体の一部だけを融解し，その部分を少しずつずらせて単結晶体に再結晶させるもので，融解部分は表面張力とヒーターからの高周波電流の反発力により，なんの支えもなく保持され，不純物は棒の両端に移動し，分離される．この方法は半導体工業において，Si の純度を 5 nine から 12 nine まで高純度化する技術としてよく知られている．なお，工業用シリコン (純度 99% 以上) を 5 nine に上げる方法については，p.68 を参照のこと．

この部分融解法においては不純物は融解部分の融液中に濃縮され，固化のさい融液か固相かどちらかに偏析する．いま，不純物の融液と固相の間の分配係数 K は，(固相中の不純物濃度)/(融液中の不純物濃度) と定義される．$K < 1$ のときは固相のほうが融液より高純度となり，$K > 1$ のときは固相のほうが低純度となる．どちらも不純物は棒の両端に移動し，たまり，精製されるが，K が 1 から離れているほうが効率がよい．Si 中の代表的不純物について，分配係数を表 2.5 に

表 2.5 シリコン中の不純物の分配係数

不純物	B	Al	P	As	Sb	C	O	N	重金属
K	0.9	0.002	0.35	0.3	0.023	0.07	1.25	7×10^{-4}	$10^{-4}\sim 10^{-6}$

表 2.6 合成宝石の着色剤

宝石名	基体	色	着色剤 (%)
ライトピンクサファイア	Al_2O_3	ライトピンク	Cr_2O_3 0.01〜0.05
ルビー	Al_2O_3	赤　色	Cr_2O_3 1〜3
バイオレットサファイア	Al_2O_3	紫　色	TiO_2 0.5, Cr_2O_3 0.1 Fe_2O_3 1.5
トパーズ	Al_2O_3	ゴールド	NiO 0.5, Cr_2O_3 0.01〜0.05
ライトアクアマリン	$MgAl_2O_4$	青　色	CoO 0.01〜0.05
ブルーチタニア	TiO_2	青　色	なし, 酸素不足
チタニア	TiO_2	オレンジ	Cr_2O_3 0.5

示す.

　Bは値が1に近く,もっともとりにくい元素である.重金属は非常に小さい値を示し,除去しやすい.部分融解は容器と触れることはいっさいないので融解部分の上下移動を何回もくり返せば,純度は無限に上がるが,気相からの不純物混入をできるだけおさえる必要がある.ふつうはアルゴンふん囲気に置かれているが,不純物のO_2との接触は禁物である.また,拡散ポンプからの油蒸気が,不純物のC源となる.

　(d) はフレーム融解法 (flame fusion method) でベルヌーイ法 (Verneuil's method) の別名もあり,2000°C以上の高融点をもつ場合,Al_2O_3 粉体をO_2とH_2との燃焼フレーム中に少しずつ落として融解し,下においた受器の上に累積させると,サファイア (sapphire) やルビー (ruby) の原石 (baul) が得られる.結晶の成長とともに受器をゆっくり降下させるので,さきの引き上げ法に対し,引き下げ法ともよばれている.原石は用途に応じて適当な形に切りだして製品とする.その他,合成宝石の主流であるチタニア (TiO_2),スピネル ($MgAl_2O_4$), Mnフェライト ($MnFe_2O_4$) などの単結晶も,この方法で合成されている.

　ベルヌーイ法でよい単結晶をつくるのには原料の純度が非常に高いことが必要で (ふつう 99.9% 以上), 融解しやすくするためにかさ比重 0.5〜1.0 ぐらい, 粒径 0.2〜0.8 μm ぐらいの超微粉体が必要である. サファイア, ルビーの原料である高純度アルミナは, 金属アルミニウムを H_2SO_4 に溶かし, これを $(NH_4)_2SO_4$ 水溶液と反応させてアルミニウムミョウバン $NH_4Al(SO_4)_2 \cdot 12H_2O$ の結晶とし,

再結晶をくり返して精製したのち,約 1000°C の加熱によって得られる α-Al_2O_3 (または約 600°C の加熱によって得られる γ-Al_2O_3) である.

サファイア,ルビーなどの合成宝石を得るには,着色剤をアンモニウムミョウバンに添加して焼成しておけばよい.代表的な合成宝石と着色剤を表 2.6 に例示する.

2.3.2 水 熱 法

水熱法 (hydrothermal method) は水溶液からの結晶の析出という点では,さきの液相法によく似ている.一般に水熱反応は難溶性塩の粉体を加圧がま (autoclave) に入れ,これに適当量の水を加えて 100°C 以上に加熱する.飽和温度よりも少なくとも 10°C 以上高い温度 (過飽和温度) に昇温し,再び飽和温度までゆっくり冷却しながら,大きさ数 mm の種結晶を加える.0.1°C/d ぐらいの速度で徐冷すると,析出した核粒子は種結晶の表面につぎつぎと吸着して大形結晶に成長する.

高強度のセッコウ建材として使用されている α-半水セッコウ (α-$CaSO_4 \cdot 1/2H_2O$) の水熱合成を考えてみよう.図 2.31 はセッコウ水和物の解離圧の温度変化を示している.二水セッコウ ($CaSO_4 \cdot 2H_2O$) 中の H_2O 分子は Ca^{2+} と弱い双極子結合でつながっているので (図 1.65 参照),その分解水蒸気圧が 101 kPa

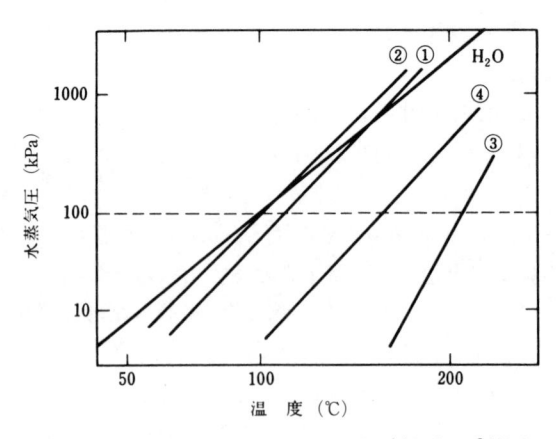

① : $CaSO_4 \cdot 2H_2O \longrightarrow \beta$-$CaSO_4 \cdot \frac{1}{2}H_2O + \frac{3}{2}H_2O$
② : $CaSO_4 \cdot 2H_2O \longrightarrow \alpha$-$CaSO_4 \cdot \frac{1}{2}H_2O + \frac{3}{2}H_2O$
③ : β-$CaSO_4 \cdot \frac{1}{2}H_2O \longrightarrow III\beta$-$CaSO_4 + \frac{1}{2}H_2O$
④ : α-$CaSO_4 \cdot \frac{1}{2}H_2O \longrightarrow III\alpha$-$CaSO_4 + \frac{1}{2}H_2O$

図 2.31 $CaSO_4$ 水和物の解離圧の温度変化

図 2.32 α-半水セッコウの六角柱状結晶

(キロパスカル，1 atm) に達するのは，100°C 付近である．

合成方法は二水セッコウ粉体を媒晶剤 (たとえば硫酸アルミニウム) の水溶液としてオートクレーブに入れ，125～150°C の飽和水蒸気下で 3 h 以上保持してから冷却して半水セッコウを析出させる．100°C 以上では二水セッコウと半水セッコウの溶解度は逆転し，二水セッコウが溶けて半水セッコウが析出するためである．このさい媒晶剤の種類によっても異なるが，低過飽和度からゆっくり析出したものほど，大型の α-半水セッコウ（六方晶）の単結晶を得ることができる．市販の焼きセッコウ (β-半水セッコウの微粉体) は二水セッコウの加熱（120～180°C）により得られた，長さ 3～15 μm の微細な針状結晶の集合体で，混水量約 80% で曲げ強さ 4.5 MPa (メガパスカル，45 kg/cm^2) を示す．α-半水セッコウは β-半水セッコウとくらべると，同じ六方晶結晶でありながら二水セッコウの溶解–析出と結晶成長により，図 2.32 に示すような結晶性がきわめて高く形のととのった長さ約 200 μm の六角柱状単結晶の集合体が得られるので，混水量は 35% ぐらいに下がり，その分だけ高強度 (曲げ強さ 15 MPa 以上) を示すのである．

水晶 (SiO_2) は代表的圧電材料として広く用いられている．その合成装置を図 2.33 に示す．オートクレーブには Ni-Cr 系，Ni-Cr-Mo 系の耐熱耐圧耐食合金が用いられている．たとえば発振子，光学用の合成水晶は 0.5～1.0 N の NaOH を溶媒として圧力は 50～100 MPa，温度は下部の溶解部 400°C，上部の析出部 340°C で温度差を利用して水熱合成される．このような方法で，ZnO，PbO，ZnS などの単結晶体も合成することができる．

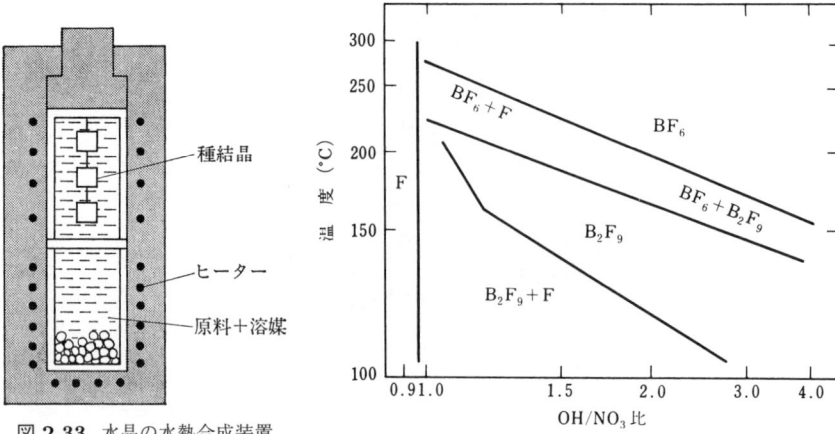

図 2.33 水晶の水熱合成装置

図 2.34 BaO-Fe$_2$O$_3$-H$_2$O 系水熱反応生成物の生成域

最後にさきに図 2.7 において記録用磁性材料として解説した，バリウムフェライト (BaO・6Fe$_2$O$_3$) の水熱合成法についてのべる．Ba(NO$_3$)$_2$ と Fe(NO$_3$)$_3$ の所定モル比の混合溶液に NaOH 溶液を当量以上添加すると，Ba^{2+} は Ba(OH)$_2$ として，Fe^{3+} は FeOOH として沈殿する．これを 100°C 以上で水熱処理する．

$$\text{Ba(NO}_3)_2 + 12\text{Fe(NO}_3)_3 + 38\text{NaOH}$$
$$\rightarrow \text{BaO}\cdot 6\text{Fe}_2\text{O}_3\downarrow + 38\text{NaNO}_3 + 19\text{H}_2\text{O} \tag{2.47}$$

この水熱反応で陽イオンの濃度，pH，温度によって α-Fe$_2$O$_3$(F)，2BaO・9Fe$_2$O$_3$(B$_2$F$_9$)，BaO・6Fe$_2$O$_3$(BF$_6$) が析出する．それぞれの生成域を図 2.34 に示す．

反応条件としては硝酸塩溶液に NaOH を十分に添加して，Ba(OH)$_2$ と FeOOH を析出させる．この沈殿物をオートクレーブで 150～300°C で水熱処理を行うと，BaO・6Fe$_2$O$_3$ が 0.1 μm ぐらいの六角板状結晶として析出してくる．

2.3.3 高 圧 法

常圧下で比較的すき間の多い構造をもつ結晶は，高圧をかけるとさらに密度の高い構造に変化する．図 1.74 の SiO$_2$ の状態図において常圧の α-石英 (MX$_4$ 配位，比重 2.7) は，10 GPa (ギガパスカル，10 万 atm) 以上の高圧下ではステショバイト (MX$_6$ 配位，比重 4.3) に転移することを，すでにのべた．

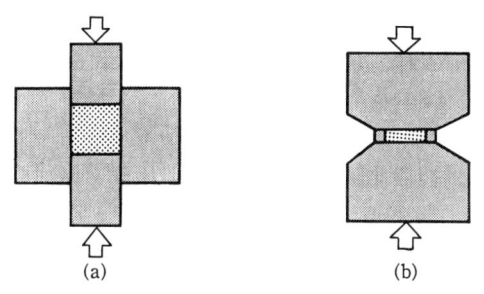

図 2.35 高圧装置の基本型

　高圧法で単結晶体を合成するときは，装置がどの程度の圧力と温度に耐えられるかをたしかめる必要がある．現在の高圧技術では衝撃圧では瞬間的には 500 GPa，静圧では 30 GPa までは上がり，地下 500 m ぐらいの条件が再現される．加熱も 2000°C 程度がふつうであるが，特殊な方法によれば 4000°C 程度までは上げられる．

　高圧装置の基本型は図 2.35 に示すとおりで，(a) ピストンシリンダー型と (b) 円錐台型とがあり，多くはこれらの複合型式が用いられている．(b) は (a) よりも高圧に耐えられ，円錐の角度が大きいものほど有利である．材質は，一般に WC が用いられる．

　液体を媒体とする静水圧の限界は室温で 3 GPa で，これ以上の圧力発生にはやわらかい固体を媒体とするほうが有利である．ふつう，試料は滑石 (タルク)，ロウ石などの圧力媒体でつくられた容器に入れられ，電熱による内熱式で加熱される．

　黒鉛からダイヤモンドへの転移は，状態図 (図 1.29 参照) から考えて，少なくとも 14 GPa (14 万 atm)，3000°C ぐらいの条件が必要である．ダイヤモンドをなるべく低圧，低温で合成するために，ふつう，その安定領域で金属または合金と共存させる方法がとられている．その場合，金属が触媒として作用するのか，融剤として作用するかについては多くの議論がある．ダイヤモンドの合成条件を表 2.7 に例示する．

　合成ダイヤモンドは天然ダイヤモンドのような無色透明の大形単結晶 (径 5～10 mm) は得られないが，近年，大型高圧装置の進歩はいちじるしく，宝石クラスのダイヤモンドの可能性は大きい．すなわち，Fe，Ni の共存下，圧力 60 GPa，1550°C，2 h で結晶を成長させ，径 10 mm (3.5 カラット) の大形ダイヤモンドの合成に成功したという報告もある．合成ダイヤモンドを大形化し構造から欠陥をなくすことができれば，合成宝石だけでなく Si や GaAs では不可能な高温半導体

表 2.7　ダイヤモンドの合成条件

最低圧力 (GPa)	最低温度 (°C)	時間 (min)	金属
4.5	1150	2	Inconel*
5.0	1450	2	Co
5.5	1460	2	Ni
5.7	1475	2	Fe
5.7	1500	2	Mn
7.0	2000	2	Pt

* Ni 78.5%, Cr 14.0%, Fe 6.5%, Si 0.25%, Mn 0.25%, Cu 0.2%, C 0.008%

ができる期待もかけられている．

合成ダイヤモンドの主要な用途は研磨材である．Si 単結晶棒を薄く輪切りにしてシリコンウエファがつくられているが(図 2.6 参照)，このさい使用されるカッターは，ステンレススチールの円板の刃の部分に約 20 μm のダイヤモンド粒子が接着されている．

2.4　成形と焼結

セラミックスは古くから焼き物，陶磁器とよばれていたように，その製造方法は粘土や長石の微粉体をスラリーとして型に入れて成形し，成形体を焼結して陶磁器をつくるような酸化物の固相反応プロセスが中心であった．ファインセラミックスの時代となっても，このプロセス中心は変わりがないが，対象は酸化物だけでなく非酸化物にも広がり，気相反応や液相反応により合成された高純度超微粉体も加わって，成形，焼結された高純度高密度多結晶体がさかんに製造されるようになった．単結晶体はコスト高となるので，融点以下で焼結した多結晶体として使用する場合が多い．また，高密度化を促進するため成形と焼結を同時に行う新技術も一般的となった．

2.4.1　加圧成形

セラミックス成形体を得るには，成形体の強度を増すため，原料粉体にバインダーとその溶媒を加えて可塑体 (plastic matter) をつくり，これを型 (mold) の中に入れ，圧力をかけて成形 (molding) を行う．バインダーとしては，デンプン，アラビアゴム，メチルセルロース，ポリビニルアルコールなどの水溶液，パラフィ

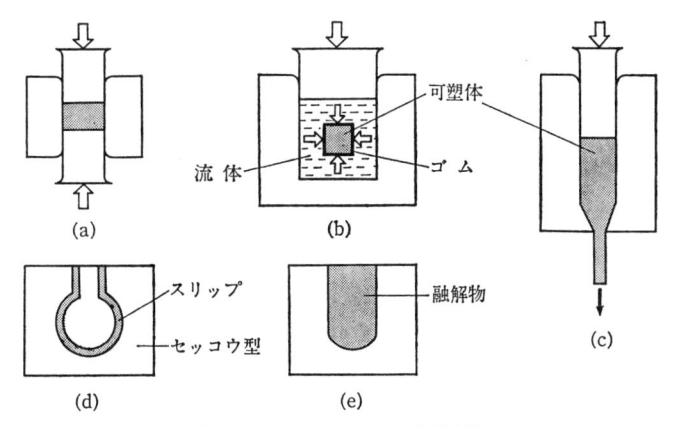

図 2.36 セラミックスの成形方法

ン，ステアリン酸などのアセトン，アルコール，ベンゼン溶液が用いられる．いずれにせよ，粒子間をよく潤滑し，加熱により揮散して，固体残留分を残さないものがのぞましい．バインダーの添加量は 1～5 重量％で，よく混合してプレス成形 (pressing) する．図 2.36 にセラミックスの代表的な成形方法を示す．

図 2.36 (a) はもっとも一般的な加圧成形で，金属製型の中に可塑体を入れて上下方向から 20～500 MPa の範囲の圧力で圧縮して所要の形状とする．この方法の欠点は密度分布が不均一なことで，圧縮方向に対して上と下の部分では密度が大きく，中間の密度が低くなる．密度分布に片よりがある成形体を焼結すると，変形を起こしやすい．

(a) のような加圧成形を高温で行うのがホットプレス (hot press，略称 HP) で所定の温度に保ち圧縮し，成形と焼結とを同時に行うものである．これによると，応力によりイオン拡散が促進されるので，焼結時間は短くてすみ (10 min 程度)，比較的低い温度，圧力 20～30 MPa で，理論密度 (その物質の密度) に近い焼結体が得られる．

図 2.37 にアルミナ焼結体の HP による高密度化の例を示す．冷間プレス焼結体は成形と焼結をべつべつに行う従来の方法である．α-Al_2O_3 の密度は $3.97\,g/cm^3$ である．HP の場合，型材料の選択は重要で，800°C までは Ni-Co 系の耐熱合金，1 200°C までは α-Al_2O_3，1 200°C 以上では SiC や黒鉛が使われる．使用可能の限界は SiC 型で 1 500°C，280 MPa，黒鉛型で 2 500°C，70 MPa である．

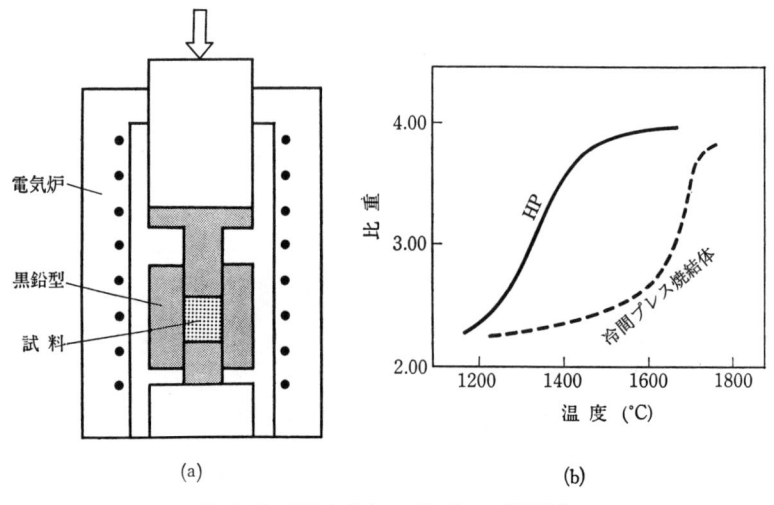

図 2.37 HP による α-Al$_2$O$_3$ の高密度化

Al$_2$O$_3$, MgO, BeO, ZrO$_2$, MgAl$_2$O$_4$ などの酸化物系超高温セラミックスの成形方法は冷間プレス成形によることが多いが，共有結合性で焼結性の低い SiC, B$_4$C, BN, MoSi$_2$ などの超硬セラミックスの成形には HP を採用することが多い．Al$_2$O$_3$, MgO, BeO の場合でも，とくに高密度化や透光性などが要求されるときは，HP が採用される．

2.4.2 等圧成形

加圧成形では上下方向の圧縮で密度分布に問題があったが，ゴムで包んだ可塑体を水や油などの中で圧力をかけると，ゴムの全表面から等圧の圧縮が行われるので，密度分布は均一となる．この方法は図 2.36 (b) に示す機構で，等圧成形 (isostatic press) とよばれ，通称ラバープレス (rubber press) ともいう．図 2.36 (a) の冷間プレス成形よりも高密度の成形体が得られるが，寸法精度はあまりよくないので，あとで加工して手直しする必要がある．水による圧力は，一般に 70～125 MPa が得られる．点火専用がい子の大量生産では，圧力媒体として圧縮空気を用い連続プレスが行われる．

ラバープレスは室温でゴムで包んだ可塑体を水圧で加圧成形するだけで，焼結工程は別に必要である．そこで，このラバープレスに加熱処理を導入したのが熱間等圧成形 (hot isostatic press, 通称 HIP) で，成形と同時に均質で高密度の焼

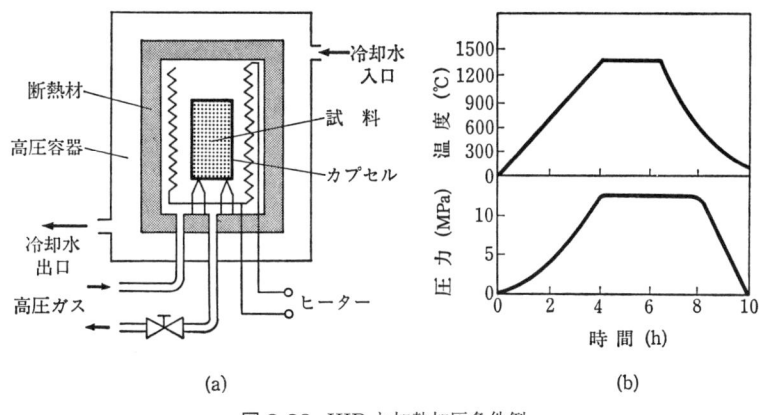

図 2.38 HIP と加熱加圧条件例

結体を作成することができる．

　HIP の概要を図 2.38 に示す．この方法は Fe, Mo, Ni, Pt などの金属カプセルに原料粉体を真空封入し，Ar などの不活性ガスを圧入，カプセルを圧縮，加熱して焼結体とするものである．$\alpha\text{-}Al_2O_3$ の場合，1350°C，150 MPa の処理で，理論密度の 99.8% の高密度焼結体を得ることができる．近年，高温機械材料として注目されている Si_3N_4 焼結体は，Y_2O_3 を 0.5〜10% 添加し，カプセルとしてガラスを用い 1700〜1900°C，100 MPa，30 min の処理で，理論密度の 99.5% のものを作成できるという．HIP は複雑な形状の焼結体の作成が可能で，生産性は HP よりも高い利点がある．HIP の圧力-温度プログラム例を図 2.38 (b) に示すが，温度と圧力を同時に上げたり下げたりするため，1 回の操作にかなりの時間を要する．現在，高速処理の研究がさかんに行われている．

2.4.3 押しだし成形

　図 2.36 (c) に示した方法で，可塑体の押しだし (extrusion) によって棒状や管状の長い成形体をつくるのに用いられる．この場合には，バインダーや溶媒の添加量を多くして，可塑性の大きいペースト (paste) とする必要がある．したがって，焼成時の収縮は比較的大きくなる．押しだし成形の場合，粉体が針状や板状の結晶であると，押しだしの流れの方向に沿って結晶がおちつく傾向がある．すなわち，立方晶系以外の結晶では，その性質は大なり小なり結晶軸の方向により異なっており，とくに針状や板状では，このような異方性 (anisotropy) がいちじるしくあらわれる．

異方性は押しだし成形だけでなく,すべての成形に影響をあたえる.しかし,押しだしの場合は流れの方向に平行に結晶が配列するため,成形体の曲げ強さは増大し,異方性がむしろ利点となっている.異方性をなくするには,添加物を加えて立方晶に転移させるか,微粉砕して等方的な粒子とするか,あるいは融解してガラス状態とする.

2.4.4 流し込み成形

図 2.36 (d) に示したのがもっとも一般的方法で,スリップ流し込み (slip casting) とよばれる.粉体を水または適当な分散液とかき混ぜて泥しょう (slip) をつくり,これをセッコウ型の中に流し込む.スリップの水分は吸水性のセッコウ型に吸い込まれ,型面に脱水した鋳込み体が付着する.この鋳込み体の厚さは時間とともに増大するので,所定の厚みに達したら型を傾けて残存スリップを排出する.残った鋳込み体は脱水によりさらに収縮するので,ある時間がたつと型面を離れる.この方法は陶磁器の成形に採用されているが,丸底のるつぼ,熱電対の保護管のような一端を封じたパイプなどに応用できるが,密度が低いため,大きな強度は期待できない.

つぎに圧膜 IC 基板や積層コンデンサーなどに使うような薄いセラミックスシート (厚さ 0.03〜1.00 mm) を流し込み成形により得る方法として,ドクターブレード法 (doctor blade method) についてのべよう.薄膜をつくるには,従来はもっぱら冷間プレス成形であったが,均一な圧縮がむずかしく,焼結のさいにひずみが発生して変形や破壊が起こりやすい欠点があった.

この方法は流し込み成形の応用で,粉末とバインダー,可塑剤,溶剤などを混ぜたスリップを,図 2.39 に示すような方法でプラスチックフィルム上に流しだし,その厚さをドクターブレードとよばれる鋭い刃で調整する.つぎに成形シートは

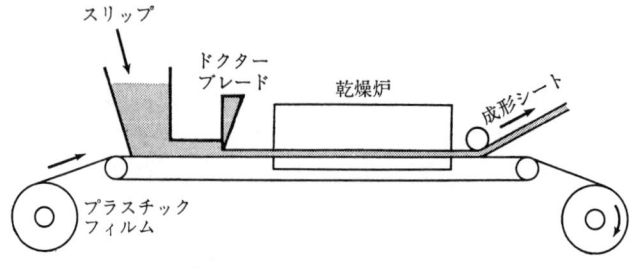

図 **2.39** ドクターブレード法

切断，穴あけ，パンチングなどの加工を行ったのち，加熱してシート状焼結体とする．高密度の $\alpha\text{-}Al_2O_3$ や $BaTiO_3$ のシートを冷間プレスよりも効率よく生産することができる．

スリップの代わりに高温で融解物を直接，型に流し込んでしまう方法が，融解流し込み (melt casting) とよばれる方法である．すなわち，高温で酸化物を融解し，これを鋳型に流し込み，固化，成形する方法で，いったん融解しているので内部の結晶相はほとんど平衡状態になっており，化学的にきわめて安定で，しかも気孔はほとんどなく，図 2.36 に示した成形方法のなかでもっとも高密度のセラミックスが得られる．このように化学的抵抗性はきわめて大きいが，一方，熱衝撃抵抗が小さいのが欠点である．一般に鋳込み体は $2\,000°C$ 以上で融解するため，急冷するとクラックが入るので，適当な保温処理をしながら数日間かけて徐冷する．

融解アルミナ，融解マグネシア，融解ジルコニアなどの鋳塊 (ingot) は，このような融解流し込み法によってつくられ，そのまま加工して耐火物とするか，またはこれを適当粒度に粉砕して，ファインセラミックス用原料として使用する．

2.4.5 焼結と焼結体のミクロ構造

粉体の成形体は，そのまま材料として使用できるものもあるが，十分な強度をだすには高温で焼結しなければならない．すなわち，粉体の成形体では，粒径や粒度分布などの調整によりどんなに高密度化を試みても，内部にかなりの気孔が残り，理論密度の 80% 程度が限界である．しかし，焼結 (sintering) を行うことにより約 95% まで上げることが可能で，それだけ強度も増大する．とくに HP や HIP の場合には，粉体の塑性流動 (plastic flow) が大きく作用して高密度化が促進され理論密度の 99% 以上にまで達することができる．

結晶の表面は化学結合の切断面であるから，内部とくらべるとエネルギーが高い．この表面エネルギーを低下させるため，外部から H_2O 分子のような極性分子を吸着する性質がある．小さい粒子は大きい粒子にくらべて比表面積が大きいので，表面エネルギーを低くしようとする力 (表面張力) がはたらき，粒子どうし間の吸着が起こる．焼結とは熱力学的には，表面エネルギーの高い小粒子どうしが融点以下の温度で時間とともに表面エネルギーの低い大粒子に粒成長していく過程であるといえる．これをモデル的に図解すると図 2.40 のようになる．

まず，(a) のような成形体をイオン拡散が十分に起こる高温に置けば，(b), (c) をへて (d) のような単結晶粒子となる．粒子の半径 r と接合部の長さ x との関係が，$x < 0.3r$ までの過程を初期焼結，$x > 0.3r$ から閉口気孔 (外部としゃ断され

(a) 開口気孔　(b) 閉口気孔　(c) 粒界　(d)

図 **2.40** 4粒子の焼結過程モデル

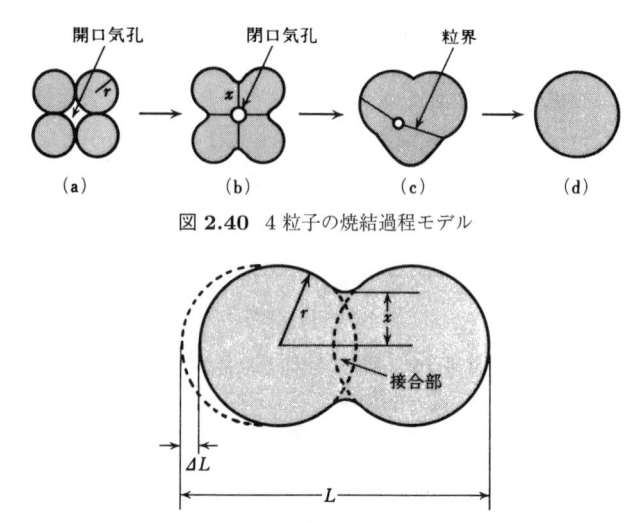

図 **2.41** 粒子の焼結機構

た気孔)が生成する過程を中期焼結,さらに閉口気孔が消滅する過程を終期焼結と区別されている.ふつうの焼結体では (c) の状態の多結晶粒子集合体である.

図 2.41 は 2 個の粒子の初期焼結の機構を図解したもので,焼結はもとの粒子の消耗と接合部の成長 x/r によって進行し,同時に収縮が起こる.焼結は構成成分であるイオンや原子の接合部への物質移動で拡散過程だけを理想化して考えると,x/r はつぎの式 (2.48) であらわされる.

$$\frac{x}{r} = \left(\frac{KD\gamma a^3}{kt}\right)^{1/5} = r^{-3/5}t^{1/5} \quad (2.48)$$

ここに a はイオン間距離,D はイオンの拡散係数,γ は表面エネルギー,k はボルツマン定数,K は拡散機構によって決まる定数である.この式から焼結速度 x/r は粒径 r の逆数に比例すること,焼結性は γ, D, r に依存することが理解できよう.なかでも粒径は重要で,その焼結速度との関係を,$\alpha\text{-Al}_2\text{O}_3$ 粉体の焼結例で示したのが図 2.42 である.

D も γ も基本的には物質固有のものであるが,r は人為的に制御できるので,焼結にもっとも影響する因子である.工業的にファインセラミックスを製造するさいには,粒径 0.2〜0.4 μm 程度の超微粒子を用いている.粒径が大きすぎると焼結がおそくなるので特別の場合以外には使われず,逆に 0.1 μm 以下,たとえば 30 nm くらいになると,超微粒子どうしが凝集して 2 次粒子をつくりやすく,焼

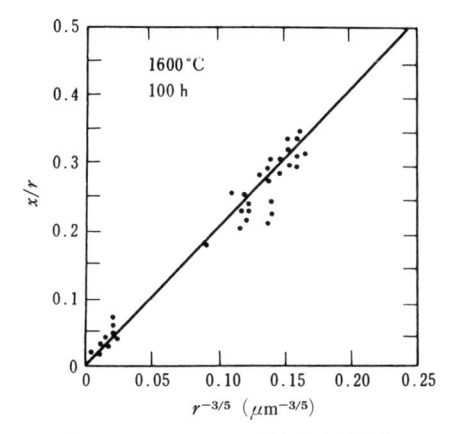

図 2.42 α-Al_2O_3 の粒径と成長速度

成すると不均一な焼結になって変形が起こる.このことを考慮しながら原料粉体の粒径 r をできるかぎり小さくすることによって,粒子間の接触面積を大きくすれば,閉口気孔の大きさは小さくなり分散されて,焼結体の高密度化が達成できるのである.つぎに焼結体の高密度化のための形態制御技術を紹介する.

アルミナセラミックスは高温材料や電気絶縁材料として広く利用されているが,そのためには機械的強度や電気的特性のすぐれた高純度高密度焼結体をつくる必要があり,とくに原料の粉体の純度,粒度,成形方法が問題となってくる.一般にアルミナ成形体 (HP や HIP によるものを除く) は,アルミナ粉体原料 (2.2.1 項を参照) を一度 1000°C 以上で予備焼成し,成形したものを 1500～1900°C で,適当なふん囲気で 2 次焼成したのち,ダイヤモンド粉で表面仕上げして製品とする.

ふつう,バイヤー法 (図 2.13) でつくられた低アルカリ α-アルミナ粉体 (α-Al_2O_3 99.8%,Na_2O 0.03%以下) の 0.3 μm 程度の粒子の比較的そろったものを使用して,これにバインダー,溶媒,0.1% (重量) 程度の MgO を加え湿式により混合して成形体を得る.これを焼結した場合,焼結体の粒径と焼結体の密度との関係は図 2.43 (a) のようになる.すでにのべたように,焼結は小粒子が併合しながら大粒子に成長するプロセスである.しかし,あまり成長しすぎると焼結体の高密度化に負の影響をもたらす.すなわち,一般に結晶粒子が成長して大きくなると,粒子内に残った閉気孔が粒界まで移動するのに時間がかかり,気孔の消滅が困難となる.したがって,気孔の大部分をとり除き理論密度に近づけるためには,結晶粒子の成長をできるだけ抑制しなければならない.MgO の添加はこの目的の

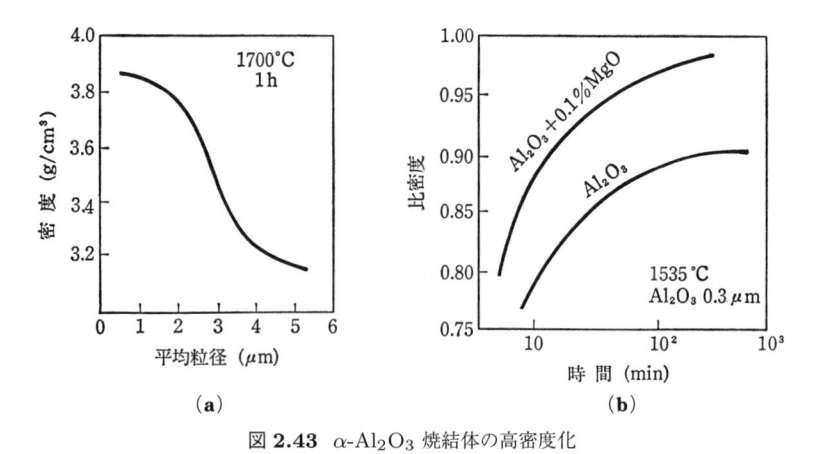

図 2.43 α-Al$_2$O$_3$ 焼結体の高密度化

ための有効な手段と考えられている.

図 2.43 (b) は α-Al$_2$O$_3$ 粒子に対する MgO の成長抑制効果を高密度化速度で比較している.無添加物の比密度 (見かけ密度と理論密度の比) は 10 h 以上加熱しても 0.91 以上にはならないが,添加物のそれは 2 h の加熱により急速に 1.00 に近づく.固体化学的研究によると,添加した MgO は α-Al$_2$O$_3$ 焼結体の粒界に偏在しているので,粒界付近では $2Al^{3+} \rightleftarrows 3Mg^{2+}$ の相互拡散が行われ,2 個の Al^{3+} に対し 3 個の Mg^{2+} が置換する.α-Al$_2$O$_3$ の構造 (図 1.42) に見られたとおり構造中の Al^{3+} の位置の 1/3 が陽イオン空孔となっている.したがって上記の置換が進むほど α-Al$_2$O$_3$ 粒子表面の陽イオン空孔は Mg^{2+} によってうまって,それだけ内部の Al^{3+} は表面に移動しにくくなる.その結果,α-Al$_2$O$_3$ 粒子の成長はさまたげられ,気孔はとり除かれて理論密度にすみやかに近づくのである.

最後に粉体の焼結によってつくられた焼結体のミクロ構造について考えたい.セラミックスの大部分は粉体の焼結物であり,そのミクロ構造 (microstructure) は強度や性質と密接な関係をもつ.焼結体は多数の結晶粒子が集合した多結晶体で,一つ一つの結晶粒子の大きさはさまざまであるが,一般には μm 単位 (1 μm = 10^{-3} mm) で,光学顕微鏡でやっと見られる程度,正確に見るには電子顕微鏡が必要である.

BaTiO$_3$ 焼結体の表面を平滑にみがきあげ,適当な薬液で侵食 (etching) してから走査型電子顕微鏡でのぞくと,図 2.44 に示すようなミクロ構造が観察できる.倍率 10 000 倍で 1 μm が 1 cm の大きさに見える.この写真から城の石垣の

図 2.44 BaTiO$_3$ 焼結体のミクロ構造

ような4〜8角形の大小粒子の網状模様のみぞが見られるが，これは粒界 (grain boundary) とよばれるもので，組織的に弱い場所なので，容易に侵食されてみぞを形成したのである．この粒界によって区分された空間が結晶粒子 (crystal grain) である．その表面には結晶成長のさいに生じた細かいステップがはっきり認められる．

多結晶体における小粒子が大粒子に成長する過程は，界面張力により小粒子表面のイオンは隣接する大粒子につぎつぎとジャンプするため，粒界は小粒子の中心方向に移動する．すなわち，小粒子は収縮し大粒子は膨張するのである．多結晶体の粒界移動モデルを図 2.45 に示す．すべての粒界のエネルギーが等しくなるためには，各粒子は 120° の角度で接する必要がある．2次元的にもっとも安定な結晶粒子の形状は六角形で，6辺以上の大粒子は 120° の角度を保つため界面は内部にへこんでいるし，6辺以下の小粒子では逆に外側に押しでた界面を保つ．したがって，小粒子は界面張力により，その曲率の中心に向かう力がはたらく．結果として小粒子は大粒子につぎつぎと併合されて，全体としての粒成長が進むのである．粒径がすべて等しくなると成長は止まる．

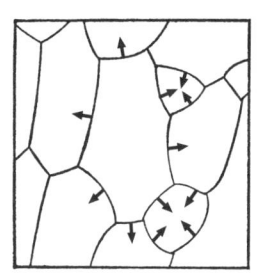

図 2.45 多結晶体中の粒界移動モデル

純粋な結晶の場合は，粒界は単なる結晶配列の不連続的境界であるが，不純物やガラス物質が存在すると，粒界に沈積して，セラミックスの物性に大きな影響をおよぼす．気孔も粒界に集中することが多く，とり残された小さな気孔は結晶粒子内にも存在する．セラミックスの物性において粒界の性質がもっとも重要であるといわれるのは，ミクロ構造を形成する各結晶粒子がそれぞれの結晶学的方位を異にして無秩序に配置されており，このような異方性の相互作用が，粒界に大なり小なり影響力をおよぼすためである．

　異方性の影響は粗大な結晶粒子に大きくあらわれ，気孔の存在によって緩和の傾向を示す．セラミックスの機械的性質に対するミクロ構造の依存性は重要で，原料粉体の粒度の調整，粒成長抑制のための添加剤の効果，焼結条件の選択によって，もっとも目的に適したミクロ構造を形成する必要がある．

　HPによってつくられたアルミナセラミックスの曲げ強さとそのミクロ構造を構成する結晶粒子の平均粒径との関係を示したのが，図2.46である．一般的な冷間プレス成形を行い焼結させても，曲げ強さはせいぜい300〜500 MPaであるが，HPではミクロ構造中の結晶粒子の平均粒径を1 μm以下に調整することにより高密度化が達成され，曲げ強さは800 MPa以上を示す．どんなに粒径を小さくしても粒径がそろっていなかったり，内部の気孔が十分にぬけていなければ高密度化はむずかしい．

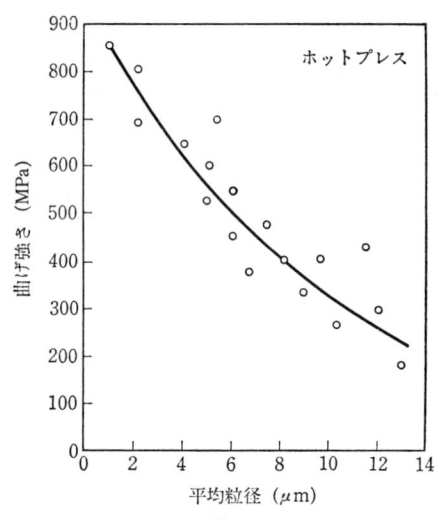

図 2.46　α-Al_2O_3 焼結体の曲げ強さの粒径依存性

第3章 ファインセラミックスの物性

　この章においては，すでに学んだ固体化学と材料合成の基礎的知識をもとにして，セラミックスのもついろいろな物性が，どのような原理によって説明できるかを考える．

　材料のなかには，物体の骨格や容器などとして大量に用いられる構造材料と，量的にはそれほどではないが，なにかの特性をもち，その特性に適した用途をもつ機能材料とがある．ここでとり上げる物性とは，おもにファインセラミックスの機能的性質である．ある機能材料において，その機能発現の基本原理と機構とがあきらかとなれば，機能制御の手段も見いだされるし，さらに新材料の設計も可能となるのである．

　従来，固体の物性論の中心は固体物理であったが，この章では物性解明の基礎を固体化学においていることに，大きな特徴がある．また，単に物性といっても，その種類はさまざまで，しかもこれらの発現機構も原子間結合様式を異にする金属，プラスチック，セラミックスでは，それぞれの固体化学的バックボーンもはっきり相違しており，共通理論で論ずることはむずかしい．材料の研究にあたり重要なことは，マクロな物性をミクロ的，ナノ的な固体化学的視野から究明することである．したがって，この章においては対象をセラミックス中心にしぼり，必要に応じて金属，プラスチックの物性と対比する方法をとっている．

3.1 熱的性質

　セラミックスの大部分は高温材料として使用されるので，その熱的性質を十分に理解しなければ耐熱を必要とする装置，機械の設計はできない．近年，宇宙科学，原子力発電のような新しい科学技術の進歩により，高温材料への要求は一層きびしいものとなっている．熱的性質 (thermal property) とは，熱容量，熱伝導，熱膨張，融解などの熱や温度に関係する性質を指す．

3.1.1 比　　熱

　熱容量 (heat capacity) とは，1°C 温度を上げたときのその物質のエネルギー増加分に相当し，1g あたりの熱容量 (J/g·°C, 1 J = 0.239 cal) を比熱 (specific heat) という．表 3.1 に代表的な無機材料の比熱を示した．比熱が小さいほど，同じ熱量ではやく温度を上げることができる．

表 3.1 無機材料の比熱

材料	(°C)	(J/g·°C)	材料	(°C)	(J/g·°C)
Zn	0〜100	0.390	石灰石		0.908
Au	0〜100	0.130	セメント		0.778
Ag	0〜100	0.235	粘土		0.937
Fe	0〜100	0.465	シリカ		1.322
Cu	0〜100	0.387	耐火れんが	100	0.828
Al_2O_3	20	0.88		1500	1.247
	500	1.05	マグネシア	100	0.979
	1000	1.17		1500	1.205
BeO	20	1.00	石英ガラス	100	0.854
	500	2.09		700	1.09
ZrO_2	20	0.50	黒鉛		0.795
	500	0.67	セルロース	0〜100	1.34
$CaSO_4·2H_2O$	16〜46	1.084	羊毛		1.360

　熱的性質の基礎となるのは，固体を構成している原子，イオン，電子の熱運動である．たとえば原子 (またはイオン) が相互作用をおよぼしながら集合状態を形成するとき，その配列状態は図 3.1 のように変化する．まず，結晶を加熱すると，原子の熱振動はしだいに大きくなり，見かけの原子半径の増大となって結晶全体を膨張させることになる．温度を上げるにしたがい熱振動はさらにはげしくなり内部エネルギーも増大するが，原子の平均の重心が秩序的であるうちは格子を保持する．しかし，融点 (melting point) に達すると，その秩序性はくずれ原子は自由に動きまわれるようになる．これに対して電子の場合は，熱エネルギーにより原子の最外殻から価電子がジャンプして格子内を自由に動きまわることができる．

　このように固体の有する内部エネルギー E $(H = E + PV)$ は，加熱による原子の平均の格子位置のまわりでの振動エネルギーと自由電子の運動エネルギーとに大別される．固体が加熱され熱を吸収すれば，温度の上昇とともにいずれかの内部エネルギーが支配的に増大し，それぞれ特徴ある熱的性質をあらわすのである．

3.1 熱的性質 / 121

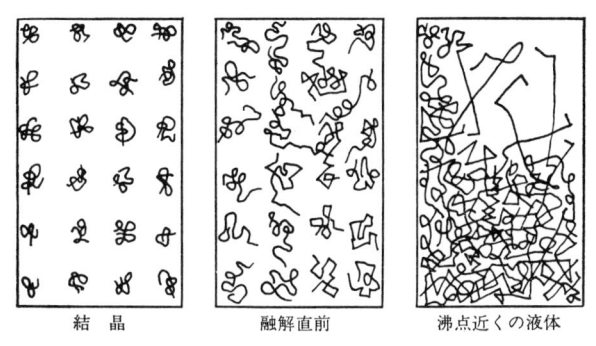

図 3.1 原子の熱運動と配列状態
（結晶／融解直前／沸点近くの液体）

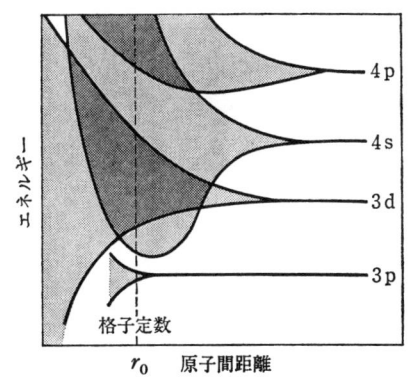

図 3.2 銅のエネルギーバンド

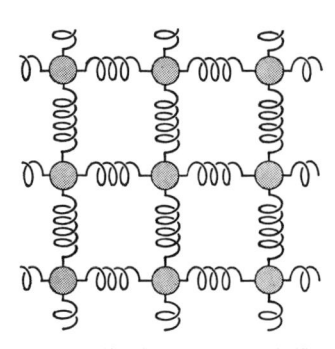

図 3.3 格子振動の弾性発現機構

　加熱による内部エネルギー増大の機構として，図 3.2 に銅のエネルギーバンド図，図 3.3 に格子振動モデルをかかげる．図 3.2 は金属の場合に見られる自由電子の運動を説明するもので，たとえば，Cu はその外殻に $3s^23p^63d^{10}4s^1$ の電子配置をもっているが，原子距離が近づくにつれて相互作用によりもっとも高いエネルギーバンドから順次分裂し，バンドの幅を広げる．原子がもっとも安定するCu 結晶の格子定数 r_0 に達すると，3d，4s，4p の 3 バンドは十分に重なり合うので，3d 電子と 4s 電子 (バンドの半分しか占めていない) は，大きなエネルギーを必要とせず 3 バンド内を自由に動きまわることができる．したがって，金属は熱や電気に対するきわめてよい導体で，表 3.1 に見られるとおり比熱容量は比較的小さい．しかし，温度上昇によって移動する電子の数はそれほど増加しないので，非常な低温か高温以外は比熱の温度変化は小さい．

一方，Al_2O_3，BeO，ZrO_2などのイオン結合性酸化物の場合は，自由電子をもたないので図3.3に示すような格子内で3次元に振動する原子間の弾性的性質により定まり，その振動の温度依存性はかなり大きい．格子の振動エネルギーもかなり大きいので，それだけ比熱も大きいものとなる．音速をもって格子内を伝わる弾性波は，一定のエネルギーをもち音速で走る粒子とみなすことができるので，このような音の量子をフォノン (phonon) とよんでいる．非常な低温では，格子振動は微弱であるので電子運動による比熱の効果のほうが大きくなる．

3.1.2 熱伝導

熱伝導 (thermal conduction) は比熱の機構と密接な関係にあり，金属では熱の運搬は電子が行い，電子をもたないイオン結晶や共有結合性結晶であるセラミックスではフォノンが行う．

図3.4に，無機材料の熱伝導率の温度変化を示す．まず，自由電子は電荷をもつと同時にある温度勾配のもとで熱を運び，電子の運動の自由度が大きいほど熱伝導率は大きい．格子による電子の散乱は温度の上昇とととともに大きくなるので，金属の熱伝導率は温度が上がるにつれて低下し，高温で一定となる傾向が見られる．一方，格子が高温側で熱エネルギーを受けると熱振動は大きくなり，これが弾性波，すなわち，フォノンの運動となって低温側に伝えられる．格子比熱は温

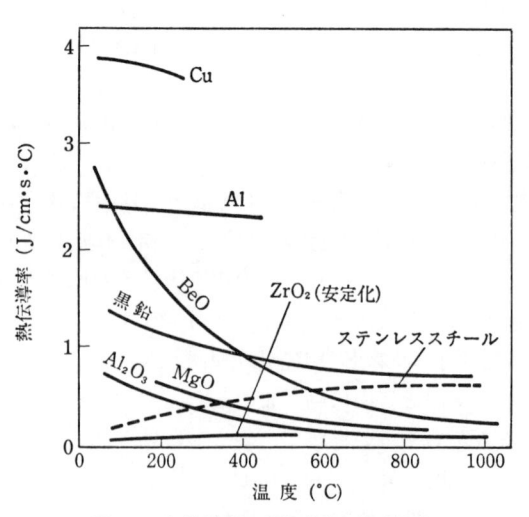

図 **3.4** 無機材料の熱伝導率の温度変化

度が上がるにつれて増大するため，これにともないフォノンの運動も減少し，熱伝導率も低下する．さらに高温になるとフォノンの数も多くなり，これらの相互作用による運動度の低下も熱伝導率の低下に寄与するであろう．また，フォノンの散乱源として無視できないのは，格子欠陥の存在である．

黒鉛 (C) やベリリア (BeO) のような熱伝導率の高い材料は，温度の急変に強く，熱交換器，蓄熱室，トンネルキルンの支持材料としてのぞましいが，炉材のように熱の放散を小さくするためには，熱伝導率の低いセラミックスを使うことがのぞましい．多くの金属に見られるとおり一般に電気の導体は熱もよく伝えるが，これは自由電子が電気と同様に熱もよく運ぶからである．たとえば，黒鉛は sp^2 混成の 2 次元的共有結合性結晶 (図 1.31 参照) で，層間に π 電子を介在しているため電気も熱もよく伝導し，準金属材料とよばれている．これに対して BeO は，α-ZnS 構造 (図 1.34 参照) の 3 次元共有結合性結晶で遊離電子をもたず，したがって電気は通さないが (電気抵抗は $> 1\,014\,\Omega\cdot cm$)，格子運動により熱を伝達するという特殊機能をもつ材料である．この特殊機能はエレクトロニクスの分類で，IC 基板，熱放射板などに利用されてきたが，その高価なことと，材質的に人体に有害であることなどが問題となり，現在はほとんど生産されていない．さらに最近開発されたホットプレスにより合成された BN も，黒鉛とよく似た構造をもつが (図 1.32 参照)，層間に電子をもたないため電気の絶縁体で，格子振動により熱を導く．その熱伝導率曲線は図 3.4 にかき込めなかったが，黒鉛のそれとよく似ている．高温では BeO よりも高い熱伝導率をもつセラミックスとして貴重な存在である．この材料は不活性なふん囲気ならば，3 000°C ぐらいまで安定である．図 3.5 に金属，セラミックスの熱伝導率と抵抗率との関係を示す．抵抗率の低い金属は電子伝導性を示し，高いセラミックスはフォノン伝導性を示す．

現在，IC 基板としてもっとも多く使用されている α-Al$_2$O$_3$ も LSI 回路の集積度が高くなるにつれて発熱量も増加し，より高熱伝導性が必要となってきている．したがって，熱伝導性がよい絶縁材料としては，BeO，BN のほかに，AlN，SiC も期待されている．SiC はその熱伝導度は 100 W (ワット)/m·K をこえることはなかったが，BeO を少量添加することによって得られた改質 SiC は BeO よりも放熱性，絶縁性ともに高い基板用セラミックスとして注目されている．

絶縁体が高い熱伝導性を有するための条件としては，(1) 構成原子が軽く，(2) 原子間の結合力が強く，(3) 結晶構造が単純で，(4) 格子振動の対称性が高いことが必要で，これらの条件を満たすものとしてダイヤモンド型，α-ZnS 型，β-ZnS 型などの共有結合性結晶があげられる．

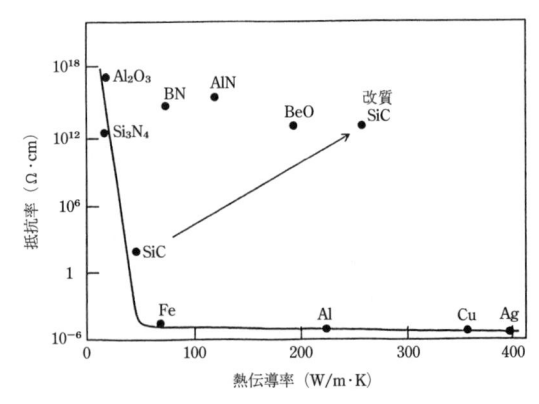

図 3.5　金属とセラミックスの熱伝導率と電気抵抗 (20°C)

3.1.3　熱 膨 張

固体を加熱すると，構成する原子は 3 次元的熱振動を起こすが (図 3.1 参照)，これは見かけ上の原子の膨張で，加熱過程で結晶転移がないかぎり膨張は固体全体に広がり，体積が増大する．これが熱膨張 (thermal expansion) で，その大きさは固体中の平均の原子間距離の増大に比例する．図 3.6 は，イオン結晶の陽イオンと陰イオン間のポテンシャルエネルギー曲線の変化を示している (図 1.2 参照)．原子間距離は 0 K においては平衡距離にあるが，温度の上昇につれて熱振動ははげしくなり (10^{12}/s)，振動エネルギーの増大とともに ($E_0 \to E_4$)，振動する範囲も広がってくる．しかし，ポテンシャル曲線が非対称的であるため，平均の原子間距離は振動エネルギーの増大とともにしだいに大きくなる ($r_0 \to r_4$)．一方，共有結合性結晶では引力の影響する範囲がずっと小さくなるため，曲線の右側はもっと急になって対称性はよくなり，したがって，振動の幅はきわめて狭く熱膨張率は小さくなる．

定圧下における温度 1°C あたりの体積や長さの伸びの割合を，それぞれ体膨張係数，線膨張係数とよぶ．熱膨張係数が小さいほど温度の変化に対して，材料内部に生ずる応力が小さくなるので，ひずみやひびが入りにくい．

図 3.7 は代表的なセラミックスの熱膨張率 (%) を比較したものである．熱膨張率はイオン結晶性の強い MgO においてもっとも大きく，Al_2O_3，BeO，ZrO_2，$ZrSiO_4$ となり，順次，共有結合性が強くなるにしたがい小さくなる．

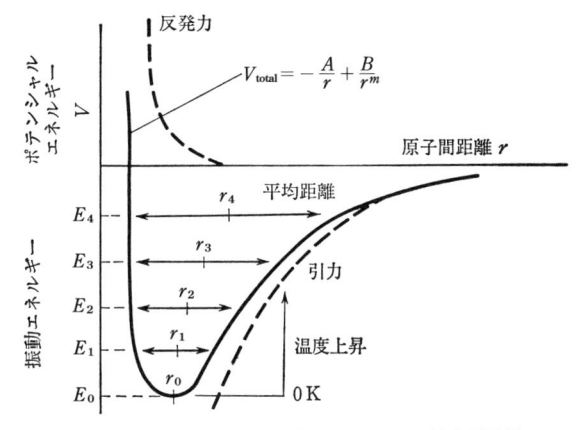

図 3.6 イオンの熱振動エネルギーによる熱膨張機構

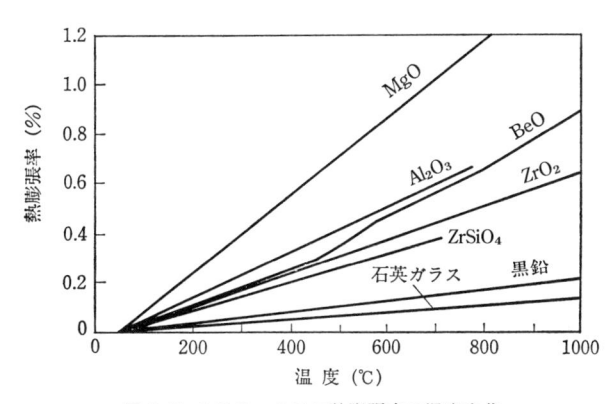

図 3.7 セラミックスの熱膨張率の温度変化

　熱膨張率を構造的見地から考察すると，金属結晶やイオン結晶は密充填構造であるから当然熱膨張率は大きいが，共有結合性結晶では原子の相対的位置が規定されているため密充填できず，構造中に大きなすき間をもっている(たとえばダイヤモンドの原子充填率は 34%)．このすき間は昇温による熱振動エネルギーの緩和の役割をはたし，熱膨張率の増大を抑制するのである．しかし，共有結合性結晶も高温になると原子の熱振動エネルギーにより密充填構造をとろうとし，しだいにイオン性が増してくる．この結果，しばしば収縮が観察される．たとえば，図 1.78 の石英の熱膨張率曲線における 600°C 以上の収縮は，この例である．

3.1.4 熱衝撃抵抗

材料を急熱したり急冷したりすると，内部に大きな温度勾配ができて部分的な膨張や収縮が大きくなり内部応力が発生する．この内部応力が材料を構成している原子やイオンの凝集力(破壊強度)以上になると，材料はひびを生じたり，破壊されたりする．このような熱応力に対する抵抗を熱衝撃抵抗 (thermal shock resistance) という．セラミックス材料の最大の問題点は，この熱衝撃抵抗と成形加工性であるといわれている．

加熱にともなう材料内部の温度勾配をなるべく小さくするには，熱伝導率を高くすることが必要で，内部応力を小さくするためには熱膨張をできるかぎりおさえることがのぞましい．すなわち，熱衝撃抵抗係数 R_T は，つぎのように定性的に式示される．

$$R_T = \left(\frac{S\lambda^2}{E\alpha^2}\right)^{1/2} \tag{3.1}$$

ここに λ は熱伝導率，α は熱膨張率，S は機械的強度，E はヤング率である．これらのうち，S と E は比例関係にあり，S が大きくなれば E も大きくなる．黒鉛，BeO はセラミックスではめずらしく λ が大きく α が小さいので，熱衝撃抵抗は大きく，温度の急変の場所に使用される．黒鉛の主力製品は大型電極で，その熱衝撃抵抗はもっとも重要な性質となっているが，黒鉛化の高い原料を使うと，λ が大きく α が小さくなるといわれている．

材料内部に均一に分散している気孔も，熱振動エネルギーや熱応力の緩和に役だつ．60%程度の気孔率をもつ耐火断熱れんがは，そのよい例である．構造中のすき間も同じような効果を示し，SiO_4 四面体群の間に大きなすき間をもつ石英は

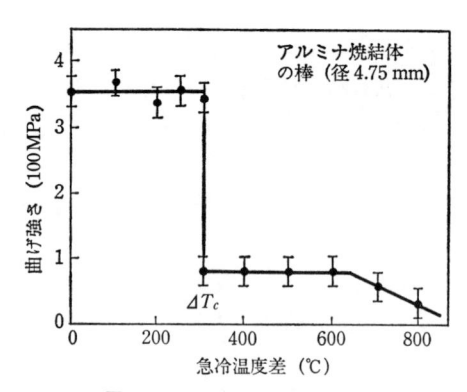

図 **3.8** セラミックスの強度におよぼす急冷温度差の影響

熱衝撃抵抗がいちじるしく高いが，ソーダ石灰ガラスとなるとそのすき間を Na^+ や Ca^{2+} でうめてしまうため，板ガラスは熱衝撃に弱いのである (図 1.92 参照).

セラミックスの熱衝撃抵抗の測定には，急冷強度測定法が採用されている．棒状試料を高温に保ち，すみやかに室温の水中に落として急冷し，急冷後の曲げ強さを測定して，強度と急冷温度差 ΔT の特性曲線をつくる．

アルミナ棒の測定例を図 3.8 に示す．急冷によって試料内に熱応力が発生し，その大きさが急激に低下し破壊強度に達したときの温度差が ΔT_c で，これにより熱衝撃抵抗を比較することができる．

3.1.5 融　　点

固体の加熱により原子の熱運動はしだいに活発となり，ついには結晶格子を保持できなくなる (図 3.1 参照)．これが融解現象で，そのときの温度が融点である．融点における格子振動の振幅は原子間隔の 12% におよぶといわれている．いま，融解熱を ΔH_m，融解エントロピーを ΔS_m とすると，融点 T_m は $\Delta H_m/\Delta S_m$ の関係にある．すなわち，融解の自由エネルギー ΔG_m は $\Delta H_m - T_m \Delta S_m$ で，平衡状態では $\Delta G_m = 0$ であるから $\Delta H_m = T_m \Delta S_m$ となる．高融点の条件は ΔH_m が大きく，ΔS_m が小さいことである．いくつかの無機材料について ΔH_m と T_m を実測して ΔS_m を計算すると，表 3.2 のようになる．

表 3.2 無機材料の融点，融解熱，融解エントロピー

物質	T_m (K)	ΔH_m (kJ/mol)	ΔS_m (J/mol·K)
Cu	1 352	13.10	9.60
Al	923	10.80	11.51
LiF	1 121	27.10	24.3
NaCl	1 073	28.00	25.9
KCl	1 043	26.50	25.5
CaF_2	1 691	29.70	17.6
MgO	3 070	77.40	26.8
Al_2O_3	2 320	108.80	46.4
SiO_2	1 883	8.50	4.6

金属では ΔS_m はほぼ一定 (約 8 J/mol·K) であるから，T_m はもっぱら ΔH_m によって左右される．強いイオン結合性や強い共有結合性の結晶は，結合を切るのに大きなエネルギーを必要とするので ΔH_m は大きい．SiO_2 の場合，ΔS_m が小さいのは融解しても配位はあまり変わらず，格子の乱れ程度の変化にとどまる

ためで, ΔH_m はあまり大きくないのにかかわらず, T_m は比較的高い.

高融点材料を固体化学的見地から検討してみると, そこにいくつかの共通の原理が存在することに気づく. この原理を理解することは新材料設計の有力な手がかりとなるであろう. 資料として代表的酸化物材料の固体化学的数値を表 3.3 にかかげる.

表 3.3 酸化物の融点と固体化学的数値

酸化物	陽イオン半径 (nm)	イオン半径比 $\left(\dfrac{r_M}{r_O}\right)$	陽イオン電場の強さ (Z/r^2)	融点 (°C)	酸化物	陽イオン半径 (nm)	イオン半径比 $\left(\dfrac{r_M}{r_O}\right)$	陽イオン電場の強さ (Z/r^2)	融点 (°C)
BeO	0.035	0.25	65	2 530	HfO_2	0.078	0.51	84	2 777
MgO	0.066	0.47	47	2 800	ThO_2	0.102	0.73	68	3 300
CaO	0.099	0.71	35	2 570	$MgAl_2O_4$				2 135
SrO	0.112	0.80	32	2 430	$MgCr_2O_4$				2 350
BaO	0.134	0.96	27	1 920	$NiAl_2O_4$				2 200
NiO	0.069	0.49	46	1 950	Mg_2SiO_4				1 890
CoO	0.072	0.51	45	1 805	$\alpha\text{-}Al_2O_3$	0.055	0.39	79	2 050
TiO_2*	0.068	0.49	93	1 840	$\alpha\text{-}Fe_2O_3$	0.064	0.46	72	1 570
Li_2O	0.068	0.49	23	>1 700	Cr_2O_3	0.063	0.45	73	2 265
Na_2O	0.097	0.69	18		SiO_2**	0.042	0.30	121	1 730
ZrO_2	0.079	0.56	83	2 715					

* ルチル　** クリストバライト

高融点結晶にとってもっとも重要なことは構造の対称性である. 対称性が高いほど対称の場が多くなるので, $G = H - TS$ におけるエントロピー S を増大する結果となり, 自由エネルギー G を低下させるのである. まず, 構造の対称性を配位数, イオンの半径比から考えてみよう. いま, 同じ原子価関係, 同じ組成の酸化物を融点順に並べてみると, たとえば, ThO_2 (3 300°C, MO_8 配位), HfO_2 (2 777°C, MO_8 配位), ZrO_2 (2 715°C, MO_8 配位), TiO_2 (1 840°C, MO_6 配位), SiO_2 (1 730°C, MO_4 配位) となり, 配位数の低下とともに対称の場が減り融点は低くなる. つぎに同じ CaF_2 型構造, 同じ MO_8 配位である ThO_2, HfO_2, ZrO_2 について, イオン半径比を比較してみると, それぞれ 0.73, 0.51, 0.56 となる. MO_8 配位の安定化条件 0.73 とくらべると, それぞれ 0, −0.22, −0.17 のずれがあり, ずれが大きいほど構造は対称性が低くなり不安定となる. とくに負のずれは, 陰イオンどうしの反発が強まり融点低下はいちじるしい. 同じような傾向は MgO (2 800°C), CaO (2 570°C), SrO (2 430°C), BaO (1 920°C) の NaCl

型構造，MO_6 配位の系列にも見られる．すなわち，イオン半径比は，それぞれ 0.47, 0.71, 0.80, 0.96 で MO_6 の安定化条件 0.41 との間のずれが大きいほど融点は低くなる．

一方，陽イオンと陰イオンとの結合力は，陽イオンの原子価を Z としイオン間距離を r $(r = r_M + r_O)$ とすると，近似的に Z/r^2 であらわすことができる．この値が大きいほど高融点となるような感じがするが，結果はそのとおりにはならない．たとえば，Z/r^2 は MgO (47), CaO (35), SrO (32), BaO (27) で融点順位とよく一致するが，ThO_2 (68), HfO_2 (84), ZrO_2 (83), TiO_2 (93), SiO_2 (121) では順位がほぼ逆となる．このことは結合力の大小よりも構造の対称性のほうが，重要な要因であることを示唆している．

さらに MgO (2800°C), NiO (1950°C), CoO (1805°C) の融点順位をくらべてみると，NaCl 型構造，MO_6 配位はすべて同じであるのに，融点の差は大きすぎるように感ずる．これは Co^{2+} と Ni^{2+} が d 型金属イオンで非球状対称の $3d^5$, $3d^6$ の不飽和軌道をもつため，単に構造の対称性だけでなく，イオンの対称性も融点に影響することが分かる．

イオン結晶の構造対称性として，陽イオンと陰イオンの電荷分布も一つの要因としてあげなければなるまい．つまり，陽イオンと陰イオンの組成比 1:1 のイオン結晶 (たとえば MgO) では，陰イオンから見ると陽イオンは球状対称として周囲に配置されているが，組成比 2:3 (たとえば Al_2O_3), 1:2 (たとえば SiO_2) のように陰イオンの比率がしだいに多くなると，陰イオンのまわりに陽イオンが偏在していることになる．そして，陽イオンが存在しているところでは結合力は強いが，存在しないところでは陰イオンどうしが最近接し，反発し合う．したがって，結晶全体の結合の強さを弱め，融点を下げる結果をもたらす．これは MgO (2800°C), Al_2O_3 (2050°C), SiO_2 (1730°C) の融点順位からもあきらかである．

2000°C 以上の主要な高融点化合物を分類してみると，つぎのようになる．

(1) 原子比 1:1 化合物：MgO 2800°C, SiC 2830°C, AlN 2450°C など．
(2) 4 族元素の化合物：ZrO_2 2710°C, ZrC 3520°C, ZrN 2980°C など．
(3) 13 族元素の化合物：Al_2O_3 2050°C, Al_4C_3 2800°C, BN 2730°C など．
(4) d 型元素の化合物：Cr_2O_3 2265°C, TiC 3140°C, VN 2050°C など．
(5) f 型元素の化合物：ThO_2 3300°C, UO_2 2865°C, UN 2650°C など．

このなかで，炭化物，窒化物は共有結合性の安定構造をもつが，高温酸化は避けられず，資源的にも問題のあるものが多い．したがって，一般の実用に供せられるのは，MgO, Al_2O_3, ZrO_2 の 3 酸化物に限定されている．

3.2 機械的性質

材料にいろいろな力を加えると，変形や破壊が起こる．このような材料の力と変形 (破壊も変形の一種と考える) の関係をあらわすのが，機械的性質 (mechanical property) である．セラミックスを使用するときには，大なり小なり力がかかる．とくに高温材料として使用するときには，高温で力がかかる．小さな力がかかった場合は，弾性変形 (elastic deformation) を生じ，力を 0 にもどすとその変形はなくなる．このような弾性変形は材料を構成する結晶や組織の性質に起因するものである．さらに力を大きくしていくと，あるところで破壊が発生しはじめる．

3.2.1 応力-ひずみ曲線

実際の材料の機械的性質は，応力-ひずみ-時間の関係であらわされる．力のかけかたには，図 3.9 に示すように材料の試料片を引っ張る方法，圧縮する方法，ねじる方法，曲げる方法の 4 種類の試験が行われている．いくつかの材料について力と変形との関係を，応力-ひずみ曲線 (stress-strain curve) で示したのが図 3.10 である．なお，力のかけかたは，いずれも引っ張りである．

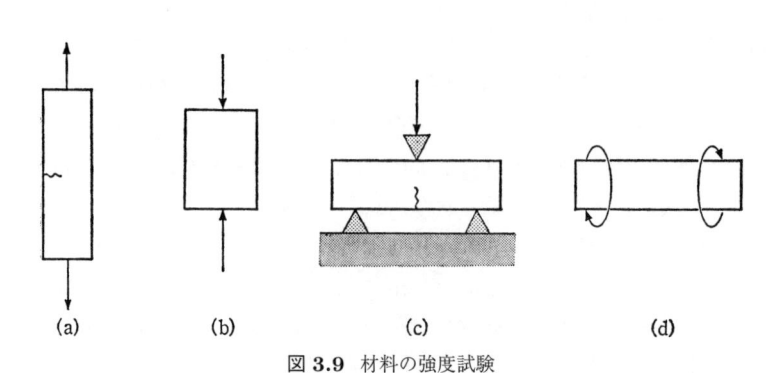

金属，セラミックスに対しては，弾性域での応力-ひずみ曲線の関係は直線的で，式 (3.2) に示すように Hooke の法則にしたがう．図 3.10 (b) に示すように，応力-ひずみ曲線において直線部分 (弾性域) の傾きからヤング率 (Young's modulus, 弾性率ともいう) が求められる．

$$\sigma = E\varepsilon \tag{3.2}$$

図 3.9 材料の強度試験

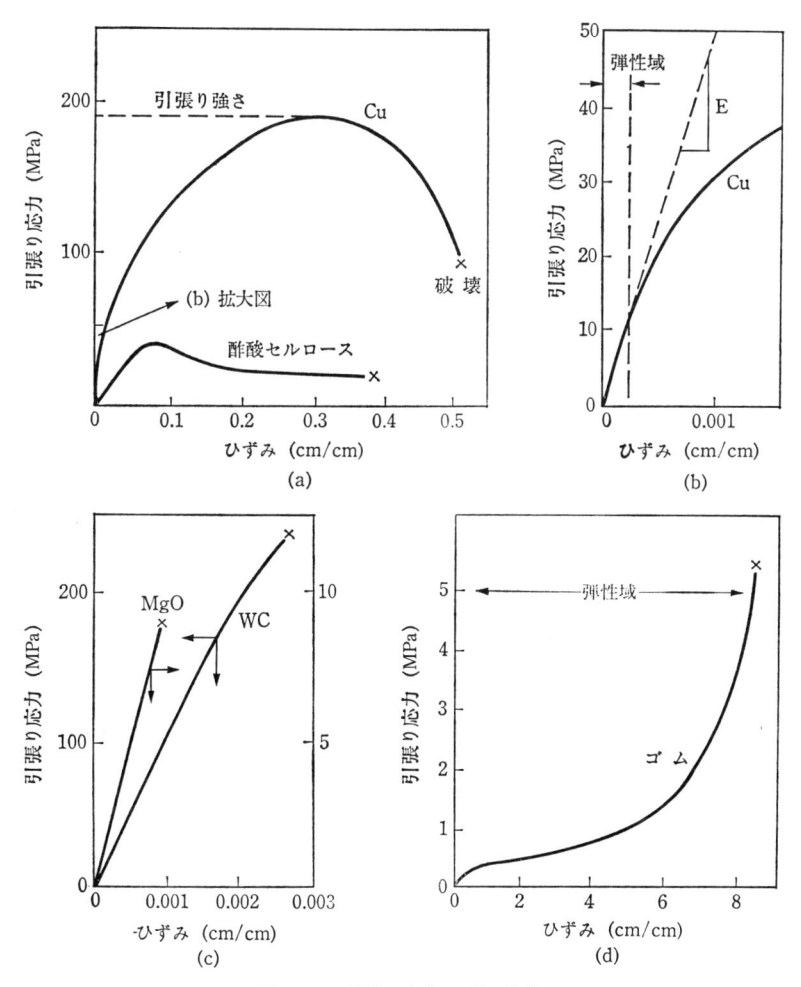

図 3.10 材料の応力-ひずみ曲線

ここに σ は見かけの応力，E はヤング率，ε はひずみで $\Delta l/l_0$ (l_0 はもとの長さ，Δl は長さの変化) であらわされる．金属やセラミックスでは最大の弾性ひずみは 1% 以下であるが，ゴムやプラスチックのような弾性体となると，応力-ひずみの関係は非直線的となり弾性ひずみはきわめて大きくなる．とくにゴムでは数百％もの復元可能な弾性ひずみを生ずる．外力をとり除いてももとにもどらない変形，塑性変形 (plastic deformation) に移る点は曲線の傾きが直線からそれるところである．図 3.10 (c) からもあきらかのように，セラミックスはかなりの強度

をもつが，その応力-ひずみの関係はほとんど直線的で，塑性変形はほとんど見られず，もろいという特徴がよくでている．すなわち，室温では弾性変形から破壊までの間に金属のように伸びることはない．したがって，金属はしだいに細くくびれるのに対して，セラミックスはそのままの太さで急にひびが入る．

　破壊までの最大の力を引張り強さ (tensile strength)，圧縮強さ (compressive strength)，ねじり強さ (torsional strength)，曲げ強さ (bending strength) であらわす．セラミックスは一般に引張り強さが小さく，圧縮強さが大きい．

　圧縮強さと引張り強さとの比は"もろさ"(brittleness) の尺度として用いられるが，軟鋼ではこの比が1，鋳鉄では3〜4であるのに対し，セラミックスでは5〜10の大きな値をもっている．

3.2.2　ヤング率と強度

　ヤング率は固体の弾性をあらわす重要な数値で，強度と密接な関係を有する．表3.4にはいろいろな材料のヤング率をかかげてある．金属は金属結合，セラミックスはイオン結合または共有結合による3次元的な強い結合から成る結晶であるからヤング率は大きい．すなわち，さきに図3.6に示したイオン対のポテンシャルエネルギー曲線で考えると，共有結合性が強くなり，曲線の谷間が深くなるほど，結合力は強くヤング率も大となるのである．

表 3.4　各種材料のヤング率 (室温)

物質	(GPa)	物質	(GPa)
Cu	113	MgO	210
Al	71.3	$MgAl_2O_4$	240
α-Fe	215	ZrO_2	190
Pb	16	石英ガラス	73
黒鉛	30.6	ナイロン (6-6)	3.67
WC	648	ポリエチレン	7.74
Al_2O_3	388	ゴム	0.001

　材料の理論的引張り強さは，図3.11に示すとおり距離 r だけ離れている二つの原子面を x_f だけ引き離すに必要な最大引張り応力 σ_{th} としてあらわされる．距離 x だけ移動させるに必要な応力 σ は，つぎのような sin 曲線によって近似され，この曲線の最大値が σ_{th} である．

$$\sigma = \sigma_{th} \sin \frac{2\pi x}{\lambda} \tag{3.3}$$

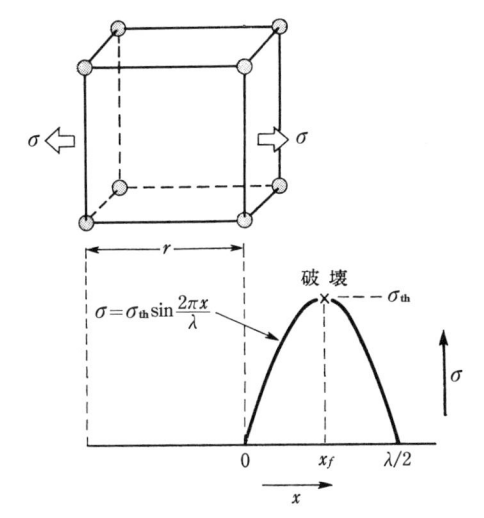

図 3.11 理論引張り強さ σ_th の計算モデル

破壊の平均変位 x_f を $r/10$ として，Hooke の法則が適用できるとすると，

$$\sigma_\mathrm{th} = E\frac{x_f}{r} = \frac{E}{10} \tag{3.4}$$

となる．破壊のさいに重要なのは表面エネルギーであるが，これは結合を切断して新しい表面をつくりだすのに必要なエネルギー γ である．破壊が起こると，単位面積あたりに二つの新しい表面ができる．そこで，σ-x 曲線の $\lambda/2$ までの面積を 2γ に相当するとすると，

$$2\gamma = \int_0^{\lambda/2} \sigma_\mathrm{th} \sin\frac{2\pi x}{\lambda} dx = \frac{\lambda}{\pi}\sigma_\mathrm{th} \tag{3.5}$$

となる．x_f を $\lambda/2\pi$ とすると，式 (3.4) は，

$$\sigma_\mathrm{th} = \frac{\lambda}{2\pi}\frac{E}{r} \tag{3.6}$$

となる．式 (3.5) と式 (3.6) から λ/π を消去すると，

$$\sigma_\mathrm{th} = \left(\frac{E\gamma}{r}\right)^{1/2} \tag{3.7}$$

となる．このように高強度であることは，短い r と高い $E\gamma$ により関係づけられ，強い結合を高密度でもつことが要求される．表面エネルギー γ の概算値は，たと

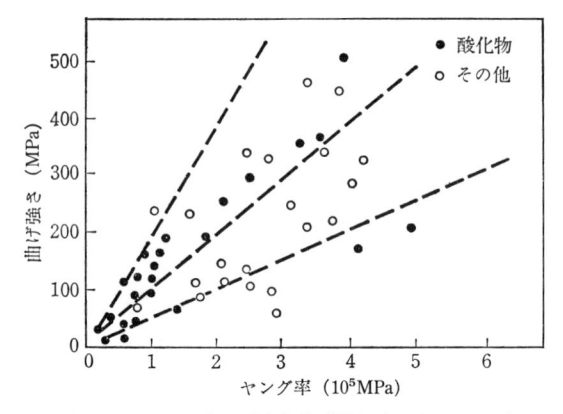

図 **3.12** セラミックスのヤング率と曲げ強さ (S. Coppola ら, 1972)

えば NaCl 0.3, MgO 1.3, Al_2O_3 1.9, SiO_2 1.0 (J/m^2) であるが, 実際には表面ひずみの発生や極性分子の吸着などにより, これより低くなることが多い.

σ_{th} の値はほぼ $E/10$ に相当するが, これは完全な結晶を仮定した場合で, 実際の材料の強度はこれよりもはるかに小さくなり, $E/1000$ 程度となる. たとえば, アルミナ (α-Al_2O_3) の σ_{th} を, 式 (3.7) を用い $E = 4 \times 10^5$ MPa, $r = 0.4$ nm (4×10^{-7} mm), $\gamma = 1.9$ J/m^2 として計算すると, 約 4×10^4 MPa (4×10^3 kg/mm^2) となり, この値はほぼ $E/10$ に相当する. また, ふつうのアルミナ焼結体の引張り強さを約 4×10^2 MPa (40 kg/mm^2) とみると, $\sigma_{th}/100$, $E/1000$ にすぎないことになる.

このようなヤング率と実際強度との大きな差は, 図 3.12 に示すような関係に見られるように, その他のセラミックスにも広く認められている. その原因は材料の表面や内部に存在する小さなきず (flaw) やひび (crack) にあるといわれ, 注意深く合成し, 加工した単結晶体の強度は, 理論強度にかなり近づくことからも実証されている.

3.2.3 高温における機械的性質

固体を加熱すると原子の熱運動がさかんとなり, 結合の方向性や結合力もしだいに低下し, 原子間ポテンシャルエネルギー曲線の谷間も浅くなり (図 3.6 参照), ヤング率も小さくなる. 一般にセラミックスのヤング率は温度の上昇とともにゆるやかに低下し, だいたい $0.5T_m$ (T_m は融点, K) 以上となると, その低下はすみやかになるといわれる.

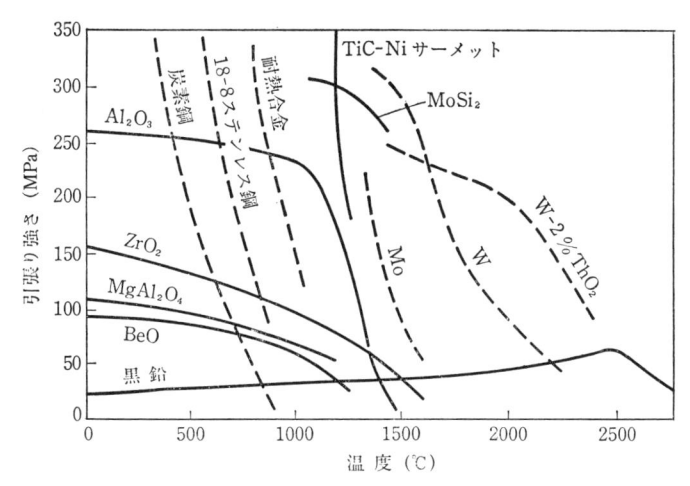

図 3.13 高温材料の引張り強さの温度変化

　図 3.13 に代表的な高温材料 (多結晶体) の引張り強さの温度変化を示す．900～1000°C 以上では，セラミックスはふつうの耐熱用金属材料より高い強度を有する．しかし，もっとも一般的な酸化物セラミックスでは，1300～1600°C において強度は急激に低下する．炭化物，ケイ化物の高温強度は酸化物のそれよりも高く，金属でも Mo，W となると高温強度はきわめて高い．

　黒鉛の強度はあまり高くないが，高温になるにつれて強度はかえって増大し，2500～2700°C では室温の約 2 倍の強度が発現することが知られている．これは黒鉛焼結体内部には異方性によるかなりのひずみが残留しており，高温でこれらの応力が緩和されるためと説明されている．

　単結晶体は粒界が存在せず大きく成長した結晶であるから，理論強度 σ_{th} に近い高強度が発現する．しかし，実際には機械的加工などの工程中に発生する表面の微小なきずや格子欠陥の存在のため，強度はいちじるしく影響を受ける．このように単結晶体の機械的性質は構造にきわめて敏感であるため，構造敏感性 (structure sensitivity) が大きいという．一方，多結晶体の強度は，そのミクロ構造，とくに平均粒径の大きさや気孔の多少が大きく影響することはすでにのべた (図 2.43，図 2.46 参照)．多結晶体は多数の小さな単結晶粒がでたらめな方位をもって集合しており，高温になると熱膨張による粒界への応力集中が起こる．そして結晶粒間の方位が異なるほど粒界に大きな応力が生じ，これが破壊強度以上になると粒界からひびが入り，ついには全体を破壊する．多結晶体の強度は，低温では結晶粒

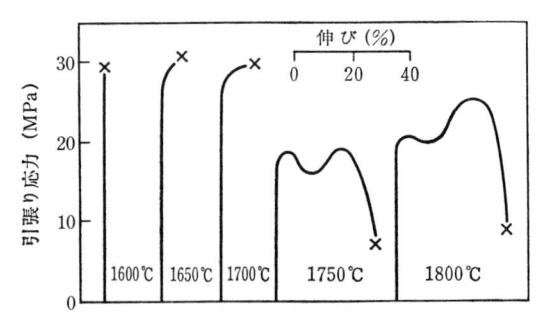

図 3.14 高温における MgO 焼結体の応力-ひずみ曲線

自体の強さに依存するが，高温では粒界の強さに依存する．したがって，粒界の性質はきわめて重要で，粒界に偏在する気孔，不純物，ガラス物質が粒界の強さを決定する．

高強度の焼結体を合成するには，できるかぎり結晶粒の大きさを小さくして，材料の異方性を低めるとともに高密度化を達成することである．このようにすれば，一つの粒子の破壊が周囲の粒子によって緩和されるため，衝撃的な力に対して大きな抵抗力をもつようになる．すなわち，構造敏感性は小さくなり材料としては安定するが，反面，その強度はミクロ構造によっていちじるしく左右される．

高温におけるセラミックスの挙動を，もう少し詳しくながめてみよう．図 3.14 は MgO (多結晶体) の高温における引張り応力-ひずみ曲線を示している．融点 T_m は 2800°C であるが，$0.1T_m$ 程度の低温度ではほとんど塑性変形は起こらず，変形 1% 以下で破壊する．MgO は代表的イオン結晶でイオン球は密充填しているので，熱膨張はかなり大きく熱衝撃抵抗は低い．しかし，$0.3 \sim 0.5T_m$ ぐらいの高温になると，ある特定の結晶面に沿ってすべり塑性変形による伸びがあらわれてくる．

MgO 結晶 (NaCl 型) のすべり系 (slip system) は図 3.15 に示すとおりで，すべり面は (110) と (100)，すべり方向はいずれも ⟨110⟩ となる．すべり面はいずれも陽イオン，陰イオンが同数より成る中性面で，すべり方向は同符号のイオン間距離がもっとも短い方向である．NaCl や MgO ではイオンの分極力が大きいので，もっとも原子密度の高い (100) 面をすべるには大きな静電的反発力を生ずる．したがって (110) 面をすべるのである．さらに温度を上げると，すべり変形も大きくなり 1700°C では 10% ぐらい伸びて破壊し，1800°C 以上となると 100% ぐらい伸びてから，くびれて切れる．すなわち，セラミックスでも高温では金属の

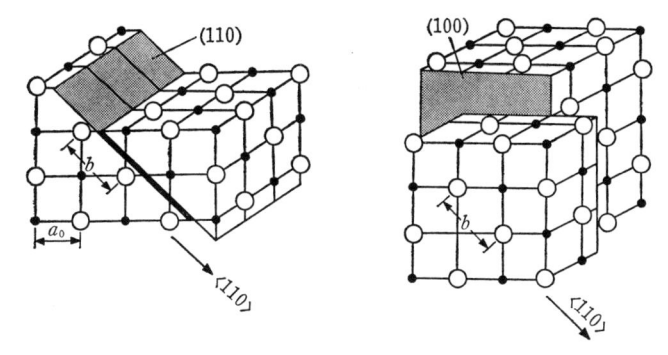

図 3.15　NaCl 型イオン結晶のすべり系

ような展性，延性がでてくるのである．

3.2.4　エンジニアリングセラミックス

　一般にセラミックスは硬いがもろく，加工性もよくないことから機械部分用材料としてはほとんど注目されていなかった．しかし，近年，炭化ケイ素 (SiC)，窒化ケイ素 (Si_3N_4)，窒化アルミニウム (AlN)，炭化ホウ素 (B_4C) のような共有結合性に富むセラミックスが，高温下における変形抵抗性が大きく，低比重，低膨張率，高耐食性，高強度材料として見直されるようになり，とくに焼結技術のいちじるしい進歩とともに，機械部品としての性質を満足するようなものができるようになった．このような高温機械の構造材料として使用されるセラミックスをエンジニアリングセラミックス (engineering ceramics) とよんでいる．耐熱合金をつくる Ni や Co などは資源的に入手が困難となってきているが，Si, C, N はそのような心配はまったくない．このような原料的背景もセラミックスを機械材料部品として用いる気運を生んでいるのである．

　表 3.5 に代表的なセラミックスなどの性質の一部を対比した．イオン結合性の Al_2O_3 は熱衝撃 (急熱急冷) に弱いが，共有結合性の BeO, AlN, SiC, Si_3N_4, C は熱衝撃に強い．しかし BeO には毒性が認められ，AlN は耐酸化性が低く，C はさらに酸化に弱いことなどが問題となる．このように考えると，SiC, Si_3N_4 がエンジニアリングセラミックスとして適当であることが理解できよう．高強度材料の条件としては高ヤング率をもつこと，さらに省エネルギー的見地から軽量であることがのぞまれる．すなわち，ヤング率と比重との比の大きい SiC, Si_3N_4 は，鋼，ガラス，木材とくらべてすぐれた材料であることが分かる．

表 3.5 高ヤング率/比重の材料の融点と分解温度

材料	ヤング率 (GPa)/比重	融点または分解温度 (°C)
BeO	130	2530
Al_2O_3	100	2050
AlN	110	2450
SiC	180	2830
Si_3N_4	120	1850
C ホイスカー	430	2500
鋼, ガラス, 木材	30	

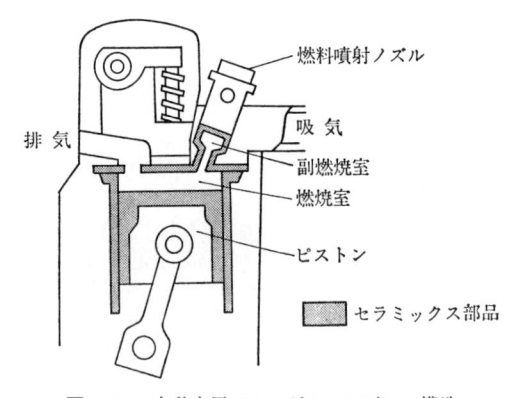

図 3.16 自動車用ディーゼルエンジンの構造

　最近，ディーゼルエンジン，ガスタービンなどの熱機関の高温化，軽量化，高効率化をエンジニアリングセラミックスの使用により実用化しようとする動きが活発となっている．自動車エンジンの効率を向上させるには燃焼ガスの温度と圧力を高めるとともに，熱がエンジンの外に逃げないようにする必要がある．現在の熱エンジンでは発生する熱は，エンジン冷却水と排気にそれぞれ 30% ずつ失われている．エンジンの高温化による熱の損失をおさえるためには，エンジンを耐熱性で強度が高く，しかも熱伝導率が小さく比熱の大きい材料で構成することが必要となる．ディーゼルエンジンの燃焼室部分をセラミックス化した断熱エンジンの例を，図 3.16 に示す．
　セラミックスエンジン用材料としては，SiC, Si_3N_4, サイアロン (sialon, Si_3N_4 を改良した Si-Al-O-N 系化合物)，部分安定化 ZrO_2 (PSZ, partially stabilized zirconia の略称，Y_2O_3 3 mol% 添加) が有用であるといわれている (p.151 参照)．これらの材料の性質の一部を表 3.6 に示す．なお，ZrO_2 の安定化機構については

表 3.6 エンジニアリングセラミックスの特性評価

材料	比重	曲げ強さ (MPa)	熱伝導率 (J/cm·s·°C)	熱膨張率 (10^{-6}/°C)	硬度 H_v (GPa)	ヤング率 (10^5 GPa)	比熱 (J/g·°C)
SiC	3.15	450 (室温), 600 (1 400°C)	0.92	4.8	24	4.2	0.67
Si_3N_4	3.2	750 (室温), 700 (1 200°C)	0.17	3.0	17	2.8	0.84
サイアロン	3.16	460 (室温)	0.17	2.8	15	2.5	0.75
PSZ	5.2	800 (室温)	0.038	11.4	13	1.5	0.50
耐熱合金*	7.9	770 (室温), 480 (1 000°C)	0.25	16		2.1	0.75

* Inconel 713 C

p.151 を見よ.

SiC, Si_3N_4, サイアロンは共有結合性に富み, 熱膨張が小さく高温強度も高い. PSZ は ZrO_2 (ジルコニア) の 800~1 000°C における正方晶 $\rightleftarrows$ 単斜晶の可逆転移が応力に依存することを利用し, 破壊エネルギーを吸収させて強化した材料で, 熱衝撃に強く, 低熱伝導率の特徴がある. とくに熱膨張率が耐熱合金のそれと近く, 耐熱合金のコーティング材としても注目されている. SiC と Si_3N_4 とをくらべてみると, 比重はほぼ同じで, 性質もよく似ているが, Si_3N_4 のほうが熱膨張率が小さく, 熱衝撃抵抗もすぐれており, SiC は硬度やヤング率が大きく, 耐熱性がすぐれている. しかし, いずれにせよセラミックスのほうが金属よりももろいということには変わりなく, 機械部品のセラミックス化の大きな問題となっている.

SiC の構造は面心立方格子に属する β-ZnS 構造 (図 1.33 参照) の β-SiC と, 六方最密充塡で六方晶に属する α-ZnS 構造 (図 1.34 参照) の α-SiC に大別される. β-SiC は 1 種しかなく 3C と表示されるが, 3 は積層型式, C は立方晶をあらわす. α-SiC には非常に多くの多形が存在し, そのうち α-ZnS と同じ構造をとるものは 2H と表示されている. すなわち, β-SiC (面心立方晶) の (111) 面は (1-2-3-1-2-3) のように積み重なり, 2H 型 α-SiC (六方晶) の (0001) 面は (1-2-1-2) のように積み重なる. これらを含め SiC によく認められる積層欠陥の積層構造型式を表 3.7 に示す.

β-SiC ではごく微量の 2H 型 α-SiC を含有することが多く, α-SiC では 6H を主体とし, 4H, 15R, 3C などが共存することが多い. これらの変態の安定性については不明な点が多いが, 2H 型 α-SiC は一般に 1 400°C 以上で生成し, 1 500°C 以上で結晶の外形をほぼ保ちながら, 比較的容易に他の変態に転移するが, 温度の上昇とともに, 4H 型, 6H 型が生成しやすくなるという. β-SiC (3C 型) は, 温

表 3.7 SiC の積層型構造

記号	積層型式	変態
2H	1 2	α
3C	1 2 3	β
4H	1 2 3 2	α
15R	1 2 3 2 1 3 1 2 1 3 2 3 1 3 2	α
6H	1 2 3 1 3 2	α

C：立方晶，H：六方晶，R：菱面体晶

度に関係なく結晶成長の初期過程で生成しやすく，1600°C 以上で 2H 型以外の α 型に変化する．2200°C 以上では 6H 型がもっとも安定である．

焼結用の β-SiC 微粉体は，高純度シリカ粉体とカーボンブラックの混合物を約 1600°C で反応させ，純度 99％以上，粒径 0.2～0.3 μm のものが得られる．

$$SiO_2 + 3C \rightarrow SiC + 2CO \uparrow \tag{3.8}$$

上の反応を 2100～2400°C で行うと，β-SiC をへて α-SiC となり結晶成長により粒子の大きさは大きくなる．β-SiC は気相反応法，たとえば CH_3SiCl_3 (メチルトリクロルシラン) の熱分解反応を用いてもつくることができる (p.97 参照)．

つぎに Si_3N_4 の構造についてのべるが，SiC のそれとくらべると，さらにはっきりしない点が多い．α，β の 2 種の変態が存在するが，いずれも六方晶に属し，N は Si によってほぼ平面的に 3 配位され，Si は 4 個の N によってかこまれ，SiN_4 四面体が頂点を共有して 3 次元共有結合を形成している．α と β との相違は，図 3.17 にモデル的に示すように c 軸方向への積層型式が異なる．すなわち，α 型は 1-2-3-4 のように，β 型は 1-2-1-2 のように積み重なるのである．α 型の粉末を 1400°C 以上の高温に長時間保つと β 型に変化することから，β 型が高温安定型と考えられている．

β-Si_3N_4 は Si を Al で，N を O で置換する性質がある．その一般式は $Si_{6-z}Al_z N_{8-z}O_z$ で，固溶限界は 1750°C で $z = 4.2$ 付近である．この固溶体は含有元素の頭文字をとってサイアロン (sialon) とよばれているが，β-Si_3N_4 の格子をとるので β-サイアロンともよばれる．また，サイアロンは，ほかの Si_3N_4 よりも熱膨張率が小さく耐酸化性，耐摩耗性がすぐれているため高温機械材料として期待されている．とくに，針状粒子より構成された Si_3N_4 は耐熱衝撃性が大きいことも知られている．

焼結用の α-Si_3N_4 微粉体は，シリコンの直接窒化法により製造される．すなわ

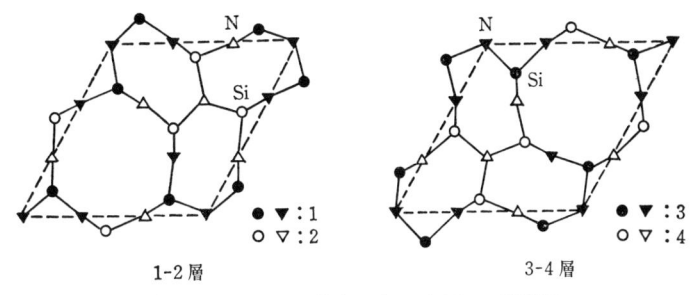

図 3.17 β-Si_3N_4 構造の (0001) 面への投影図

ち，工業用シリコン (Si 98%程度) を，つぎの反応式により 1300°C で窒化すると，99%程度の Si_3N_4 をつくることができる．

$$3Si + 2N_2 \rightarrow Si_3N_4 \tag{3.9}$$

高純度シリコン (Si 99.9%) を使用すれば，さらに高純度化できるが，いずれの場合も平均粒径は 1～3 μm である．$SiCl_4$ と NH_3 との気相反応によれば，さらに高純度化，超微細化が可能となるが，コスト高となる．

共有結合性の SiC や Si_3N_4 は，イオン性の Al_2O_3 や MgO などとくらべると原子間結合力が強いので拡散係数は非常に小さく，そのため高温で変化しにくく高強度が期待されるのであるが，この性質は逆に焼結しにくいという難点となる．このため一般には焼結助剤として各種酸化物を添加し，粒界に形成されるガラス相を通して焼結を促進させる方法を採用している．

SiC 焼結体は α-SiC 粉末に Al_2O_3, Fe を数%添加し窒素ふん囲気中で，2000°C，20 MPa の圧力でホットプレス (HP) を行うと理論密度の 99%以上のものが得られる．しかし，粒界に生成するガラス相は，高温で軟化して強度を低下する傾向がある．そこで 1～2% の B_4C を添加して同じ条件で HP を行うと，粒界にガラス相のないほとんど理論密度の焼結体をつくることができる．この焼結体は 1500°C 以上でも強度低下がほとんど認められない．

Si_3N_4 焼結体も HP により得られる．一般には BeO，MgO，Al_2O_3，Y_2O_3，AlN などを数%加え，窒素ふん囲気中で 1700～1800°C，100 MPa の圧力下で焼結する．たとえば，Si_3N_4 (Y_2O_3 5%，Al_2O_3 2%) では粒界に $Si_3N_4 \cdot Y_2O_3$ が晶出し高温強度は増大する．助剤のうち，BeO と Al_2O_3 は Si_3N_4 中に置換固溶し，サイアロンを生成する．HIP による Si_3N_4 の焼結方法については，2.4.2 項を参照のこと．

3.3 化学的性質

材料は使用目的に応じていろいろな化学的性質 (chemical property) が要求されるが，とくに高温材料として重要なことは，その材質が使用する温度で十分に安定であるか，さらに接している気相，液相，または固相に対しても影響されていないかということである．内部的安定性としては材料を構成しているいろいろな結晶相が完全に平衡に達しているかどうかに関係があり，これは状態図の指示する相平衡によってある程度理解できる．外部的安定性としては，昇華，蒸発，溶解，反応など，材料の使用中に多少なりともかならず起こる化学的現象である．しかし，材料の使用目的を損じない程度の影響であれば，無視できる場合も多い．

固体化学的安定性は高温材料の基本的性質の一つであり，すでに多く論じてきたが (たとえば 3.1.5 項)，ここではむしろ内部的安定要素としてのセラミックスの耐食性と，外部的不安定要素としての表面吸着，触媒活性，イオン交換性の問題をとりあげる．また，生化学的安定要素として生体内での生体親和性が大きいことから生体材料として注目されているバイオセラミックスについても，この節に含めることとする．

3.3.1 耐 食 性

材料の使用中，その表面において，気相-固相，液相-固相，固相-固相間の反応は多少なりともかならず起こり，反応の進行につれて表面がしだいにとり去られていくが，これは侵食 (corrosion) とよばれ，これに対する抵抗性を耐食性 (corrosion resistance) という．

セラミックスは高温における耐食材料として広く用いられているが，一般化学工業の耐酸，耐アルカリ材料としては，耐酸陶器，α-アルミナ，石英，石英ガラス，ホウケイ酸塩ガラス，黒鉛などが一部に使用されているに過ぎない．これはセラミックスの耐薬品性が小さいということではなく，おもに熱伝導性，熱衝撃抵抗の面から使用上の制限があったためである．

いま，酸化物の結合エネルギーの強さを，陽イオンの電荷を Z，そのイオン間距離を r として，Z/r^2 により近似的に求め (表 3.3 参照)，大小を順序づけると，P_2O_5, SiO_2, B_2O_3, TiO_2, Al_2O_3, Fe_2O_3, ZrO_2, BeO, MgO, ZnO, FeO, MnO, CaO, SrO, BaO, Li_2O, Na_2O, K_2O の順となり，結合力が強い酸化物ほど酸性となり，弱いものほど塩基性となる．おおまかには，RO_2 の組成をもつ

酸化物を酸性，R_2O_3 を中性，R_2O, RO を塩基性というように分類できる．酸性の融解冷却物では SiO_2 のような酸性耐火物が，塩基性の融解冷却物では MgO のような塩基性耐火物が，中性付近の融解冷却物では Al_2O_3, ZrO_2 のような両性耐火物が使用されている．

耐火物として使用するとき，高温で酸性やアルカリ性の気相，液相，または融解金属と接することが多いが，Al_2O_3 や ZrO_2 はこれらのすべてによく耐え，製鉄工業やガラス工業で不可欠の材料となっている．一方，炭化物や窒化物は酸化消耗しやすい欠点をもつが，C (黒鉛)，SiC, Si_3N_4 は，高温における耐食性，耐摩耗性がともにすぐれた高温機械材料として利用されている．

(a) 黒鉛の高強度化 黒鉛 (C) は高温材料として耐熱性 (融点 3650°C) で，とくに熱衝撃抵抗がすぐれていることはすでにのべたが，黒鉛にプラスチックを含浸させた不浸透黒鉛は，耐食性が大きいため化学工業用の機械，部品材料として発達し，とくに化学工業における最大の課題であった腐食性液体の伝熱という問題をみごとに解決した．しかし，残る課題はいかにして酸化を防ぎ，強度を高めるかということである．

黒鉛，不浸透黒鉛の製造において，もっとも多く使われているのは石油コークスで，石油の蒸留残分から揮発分をとり重合させてコークス化したもので，固定炭素 87～90％，揮発分 10～13％，灰分 0.3～1.0％から成る．まず，これを 1400°C でか焼して揮発分を除き，あらかじめ収縮させて，その後の工程における体積変化を少なくする．つぎにか焼物を粉砕し，結合剤にピッチを用いて成形，ガス焼成炉で 700～900°C で予備焼成し固化させたのち黒鉛化を行う．

黒鉛化 (graphitization) は非晶質黒鉛を十分に結晶化することで，黒鉛製品のすべての性質を左右する重要な工程である．すなわち，黒鉛の結晶 (図 1.31 参照) は六方網目の規則正しい層状構造より成るが，コークスは図 3.18 に示すような構造で，六方網目が乱れ，層もひずんだり曲がったりした，いわゆる無定形炭素 (amorphous carbon) である．

黒鉛化はこのような無定形炭素を規則正しい黒鉛構造に再配列する工程で，図 3.19 に見られるとおり 2000°C 以上の高温に加熱することにより結晶はしだいに大きく発達してくる．黒鉛化は抵抗式電気炉を使用し，コークス粉中で 2500～3000°C で加熱，7～14 d かけて徐冷する．これが黒鉛 (天然黒鉛に対して人造黒鉛ということもある) である．

黒鉛はおもに電極の製造に用いられているが，かなりの気孔率 (25～30％) をもっており，流体の内部への浸透は避けられない．不浸透黒鉛はフェノール系，

図 3.18 無定形炭素の構造

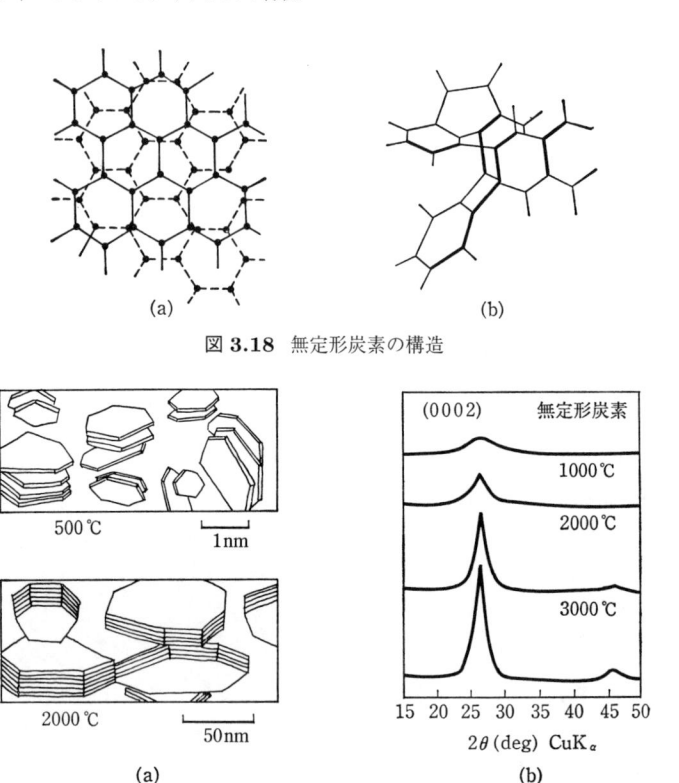

図 3.19 無定形炭素の黒鉛化過程

フラン系などのプラスチックを人造黒鉛内部の気孔に浸み込ませ，熱硬化させることによって不浸透化した化学工業用構造材料で，合成塩酸製造装置をはじめとする数多くの反応槽，熱交換器，耐酸ポンプなどに広く利用されている．その材料的性質の一部を表 3.8 に示す．これからも分かるように不浸透化によって機械的強度は 2 倍となり，軟鋼とくらべるとはるかに軽量で，熱伝導率は約 2.5 倍となる．機械的加工も容易で，複雑な形状の部品もつくることができる．さらに耐食性についても表 3.9 にかかげるように，濃硝酸，96％以上の硫酸，フッ素，臭素などを除く大部分の化学薬品に対してすぐれた化学的抵抗性を示す．熱交換器 (heating exchanger) はこれらの特性をほぼ有効に生かした装置で，化学工業のあらゆる分野で広く使用されている．

不浸透黒鉛においては含浸したプラスチックは初期縮合物の段階で硬化するため，細かい気孔に入りにくく，縮合水を完全に放出できないので，170°C 以上で

表 3.8 不浸透黒鉛の特性評価

	人造黒鉛（基材）	不浸透黒鉛	耐熱不浸透黒鉛	軟鋼
かさ比重	1.65～1.67	1.82～1.85	1.80～1.83	7.86
圧縮強さ (MPa)	45	65～90	70～90	450
曲げ強さ (MPa)	15～30	35～45	40～45	380
ヤング率 (GPa)	6	12～14	10～12	—
電気抵抗率 ($10^{-6}\Omega\cdot cm$)	90	95	85	10
熱膨張率 ($10^{-5}/°C$)	3～5	4～5	—	12
熱伝導率 (kJ/m·h·°C)	460	460～540	500～580	184
気孔率 (%)	25～35	—	—	—

表 3.9 不浸透黒鉛の耐食性評価

物質	濃度 (%)	温度 (°C)	耐食性	物質	濃度 (%)	温度 (°C)	耐食性
HCl	全	沸点	A	NaOH	67～80	125	A
HNO$_3$	10	85	A	ZnSO$_4$	全	沸点	A
	10～40	60	B	CuSO$_4$	全	沸点	A
	>40	—	C	NiSO$_4$	全	沸点	A
HF	48～60	90	A	Cl$_2$	飽和	—	C
H$_2$SO$_4$	25～27	130	A	Br$_2$	100	—	C
	75～96	80	A	I$_2$	100	—	C
	>96	—	C	アセトン	100	沸点	A
H$_3$PO$_4$	85	沸点	A	ガソリン	100	沸点	A
ニッケルめっき液		沸点	A	ベンゼン	100	沸点	A

加熱するとひびを生ずるという欠点がある．これを改良するためジビニルベンゼン (DVB, $C_6H_4(CH=CH_2)_2$) を黒鉛 (気孔 25～35%) に含浸させ，これを 250～1000°C の範囲で加熱処理して細孔中で脱水素してポリマーカーボンに変化させ，耐熱不浸透化する方法が行われている．このようにして加熱処理の段階に応じて高温用耐食性機器の製造が可能となり，高温コンプレッサーパッキング，ブロワーの回転羽根などにさかんに使用されるようになった．耐熱不浸透黒鉛の材料的性質は，ふつうの不浸透黒鉛のそれと変わらない．

一方，炭素材料のなかに金属を含浸することは，炭化物ができてしまうためにむずかしい技術とされていたが，金属を含浸させた不浸透黒鉛の開発にも成功している．図 3.20 は自動車用ロータリエンジン内部のカーボンアペックスシールの断面を示したもので，人造黒鉛の気孔に特殊金属を浸み込ませた複合材料である．

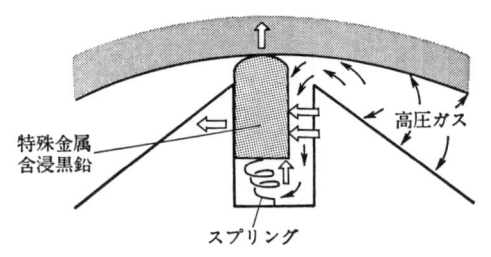

図 3.20 ロータリエンジン用アペックスシール

機械的強度はいちじるしく向上し，一例をあげると，曲げ強さ 20 MPa，圧縮強さ 750 MPa である．ロータリエンジン実用化の最大の難関はエンジンハウジングの内側をシール材がこするときに生じる波状の摩耗であったが，カーボンアペックスシールは，黒鉛のもつ潤滑性，耐摩耗性が生かされ，10 万 km 走行してもその摩耗はわずか 1～2 mm で，その実用化を可能としたのである．

(b) フラーレンとカーボンナノチューブ　最近，最先端の炭素材料の一つとして黒鉛のアーク放電により生成する新しい炭素分子であるフラーレン (fullerene) とカーボンナノチューブ (carbon nanotube) が注目されている．真空容器内の不活性ふん囲気下で黒鉛間にアーク放電させると，陽極炭素が蒸発して陰極上に堆積してフラーレンとカーボンナノチューブが生成する．両者の生成比率は，不活性ガス圧やアーク放電の電流密度を変化することにより制御可能である．図 3.21 に両者の構造を示す．

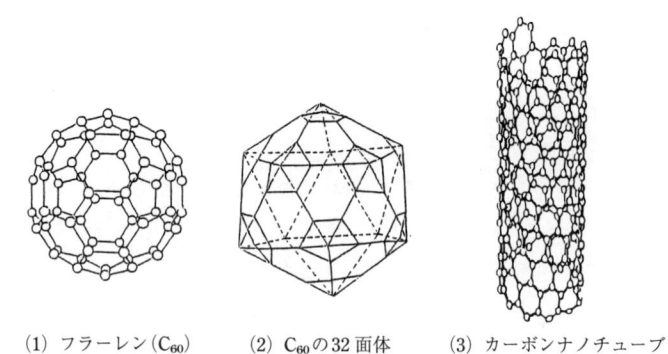

(1) フラーレン(C_{60})　　(2) C_{60} の 32 面体　　(3) カーボンナノチューブ

図 3.21　フラーレンとカーボンナノチューブの構造

フラーレンとは，炭素が 60 個結合した球状分子 C_{60} と，その類似物質 (C_n, $n = 70, 76, 78, 82, 84, 90, 96$ などが確認されている) の総称である．代表的な C_{60} はサッカーボール分子ともいわれる．黒鉛は 6 員環 (6 個の C の輪) だけでは平面になる．これに対して図 3.21 (1) はサッカーボール分子 C_{60} の構造を示すが，5 員環 (12 個，C-C 結合距離 0.146 nm) と 6 員環 (20 個，C-C 結合距離 0.139 nm) の各頂点に炭素原子を配列した 32 面体構造をもっているのでほぼ球状となる．この構造は (2) に示すように 20 面体の 12 個の 5 角錐頂点をすべて平行に切りとると，あらたに 5 員環と 6 員環の 32 面体ができて，炭素が 60 個の頂点を占める構造をとる．また，C_{70} では 6 員環を 30 個にしたものである．フラーレンの各炭素原子のまわりには 2 個の 6 員環と 1 個の 5 員環があるため sp^3 混成のダイヤモンドと sp^2 混成の黒鉛の中間の $sp^{2.29}$ 混成の結合状態をもっているとされている．すなわち，π 軌道では 2p 軌道だけではなく 2s 成分が，また σ 軌道では逆に 2s 軌道に 2p 成分が混ざっている．C_{60} 分子が集合して空気中でも安定な黒色粉末になると，1.5～1.8 eV のエネルギーギャップをもつ半導体となることも予想されている．

一方，フラーレンの研究中に黒鉛の炭素の 6 員環から成る網状シート膜がタマネギのように円筒状に丸まったものが発見され，中央部の直径が nm サイズであることからカーボンナノチューブと名づけられた．これは (3) に示すように，単層と多層に分けられ，網状シート膜が 1 枚の単層は網目の直径が 1～2 nm，長さは数 1 000 nm である．多層はいく重にもらせん状に丸まったもので，直径 1～10 nm のものが多い．

球状のフラーレンは無害で熱に強く，化学反応がしやすい，球の中に金属イオンを入れられる，などの特徴がある．筒状のナノチューブは鉄よりもはるかに強く，軽い．冷やすと水素を吸着し，加熱すると放出する性質をもち，燃料電池用の水素タンクへの応用も可能である．

(c) 炭素繊維とその複合体 C 原子がポリマー状につらなった繊維状材料で，黒鉛のもつ耐熱性，耐食性，高温強度，弾力性がそのまま生かされており，ヒーター，パッキング，ガスケット，高温ガス用フィルター，融解金属用フィルター，耐熱性ライニングなどに広く使用されている．炭素は 3 650°C で融解物をつくるのがむずかしいので，連続した炭素の長繊維を得るには，有機ポリマー繊維を形状を保持したまま加熱，炭化する方法がとられる．一般にはポリアクリロニトリル (PAN) 系ポリマーが使われる．

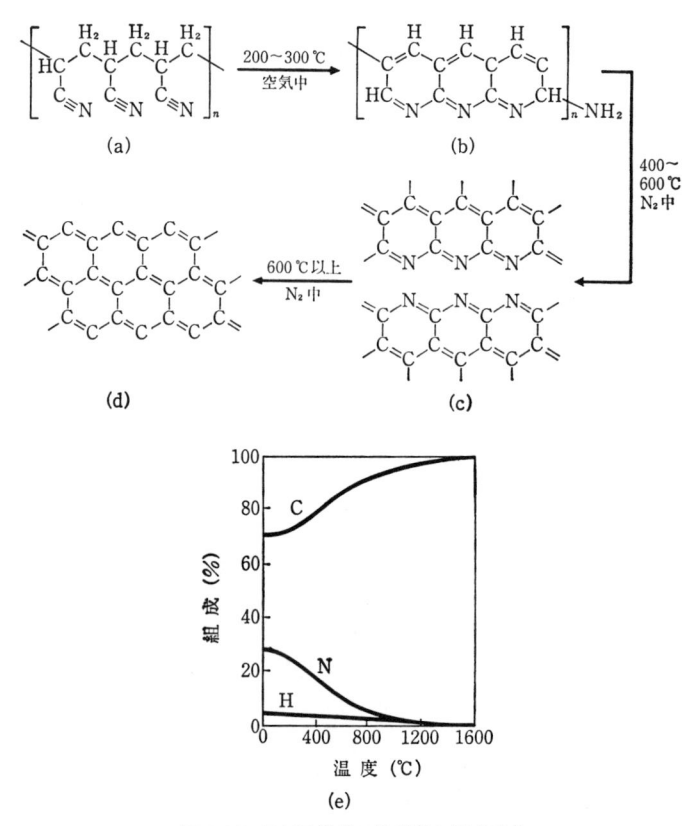

図 3.22 PAN 繊維の熱分解と組成変化

　PAN 繊維を加熱すると，温度を上げるにつれてポリマーの 1 次元繊維は 2 次元的な鎖をつくる．N_2，CO_2 のような非酸化性の気相中でさらに温度を上げると，さらに鎖どうしの橋かけが進み，網状に炭化していく．この場合，繊維を引っ張りながら加熱すると，配向性があらわれる．非酸化性気相中，2000°C で引張り強さは 4 GPa となり，市販されてる繊維の中では，これ以上の高強度をもつ繊維は存在しない．しかし，空気中では 450～500°C が限度である．
　引っ張りに強い炭素繊維をエポキシ樹脂に入れて強化した複合材料を炭素繊維強化プラスチック (carbon-fiber reinforced plastic, 略称 CFRP) という．CFRP の航空機材料としての特性をアルミニウム合金，チタン合金のそれと比較したのが表 3.10 である．軽くて丈夫でなければならぬ航空機材料の要請によく応えてい

表 3.10 航空機材料の材料特性

	密度 (g/cm^3)	引張り強さ (MPa)	ヤング率 (GPa)
アルミニウム合金	2.8	320	70
チタン合金	4.6	460	120
CFRP	1.7	630	280

ることが分かる．現在，航空機の機体に用いられているアルミニウム合金をすべてこの材料に代えると総重量は15％以上も軽くなる．軽くて丈夫，しかも反発力の大きいことを利用し，ゴルフクラブのシャフト，つりざお，スキー板とそのストックなどのスポーツ用品として人気がある．

(d) 高温材料の総合評価 製鉄工業やガラス工業などにおいて，高温材料は融解金属や融解ガラスの容器として使用されるので，高温における融解物による侵食は大きい問題である．α-Al_2O_3 の融点は 2050°C で他の酸化物とくらべてとくに高いというわけではないが，アルミナ耐火物が高温材料として重視されるのは，高温における化学的安定性がすぐれているからである．アルミナの侵食を考えると，Al_2O_3 は両性酸化物であるから，高温において外部から融解物として接触したり，内部に不純物として存在する塩基性成分 CaO，MgO，酸性成分 SiO_2 との液相-固相間，固相-固相間の反応が問題となる．

図 3.23 は CaO-Al_2O_3 系状態図，図 3.24 は Al_2O_3-SiO_2 系状態図を示す．なお，MgO-Al_2O_3 系状態図については図 1.84 を参照のこと．これらの状態図から分かることは，CaO，MgO，SiO_2 はいずれも純粋物質では融点はかなり高いが，少量の Al_2O_3 と反応すると液相生成温度はすみやかに低下してしまう．これに対

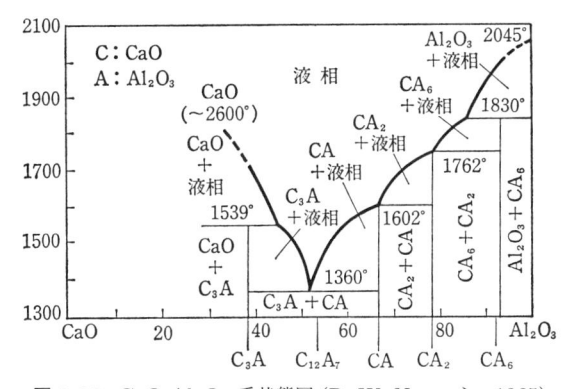

図 3.23 CaO-Al_2O_3 系状態図 (R. W. Nurse ら, 1965)

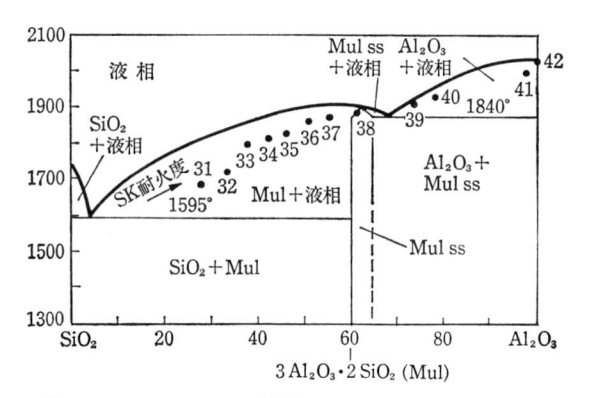

図 3.24 Al$_2$O$_3$-SiO$_2$ 系状態図 (S. Aramaki ら, 1962)

して Al$_2$O$_3$ の純粋物質に少量の CaO, MgO, SiO$_2$ が反応しても液相生成温度はそれほど低下しない．これは Al$_2$O$_3$ が他の酸化物との間に比較的融点の高い安定な複合酸化物をつくるためで，たとえば CaO との間に CaO・6Al$_2$O$_3$, MgO との間に MgO・Al$_2$O$_3$ (スピネル), SiO$_2$ との間に 3Al$_2$O$_3$・2SiO$_2$ (ムライト) などを生成する．このように他の成分と反応したとしても影響は少なく，高温で安定した性質を維持できることは，高温材料としての価値を高めている．

ムライト (mullite, 3Al$_2$O$_3$・2SiO$_2$) は，図 3.24 に示したように Al$_2$O$_3$-SiO$_2$ 系状態図におけるただ一つの安定相で，粘土 (clay) を原料とする耐火物の耐火度はムライトの生成量によって定まる．この図には Al$_2$O$_3$ の含有量と耐火度との関係を記入しておいた．ムライトの構造は図 3.25 に示すような斜方晶で，単位格子の角と中央には Al が位置して，O と安定な MX$_6$ 配位を形成している．

そして，これらの AlO$_6$ 八面体は稜を共有して c 軸上に平行につらなって鎖を形成し，これらの鎖の間は O と MX$_4$ 配位をする Al, Si によってつながれている．Si と Al は O と平等な格子を形成しており，代表的な複合酸化物である．ムライトは 3Al$_2$O$_3$・2SiO$_2$ の組成 (Al$_2$O$_3$ 60 mol%) とされていたが，最近の研究で融点 1850°C, Al$_2$O$_3$ との共融点は 1840°C, Al$_2$O$_3$ 60〜63 mol%の範囲内で固溶体ができることが分かった．高融点の安定結晶であると同時に高温における耐食性，機械的強度，熱衝撃抵抗がすぐれているため，ムライト組成に近い配合物を融解して電気鋳造耐火れんがをつくったり，融解物を高圧空気で吹きとばして急冷し，断熱性の高いセラミックファイバー (非晶質) をつくったりする．

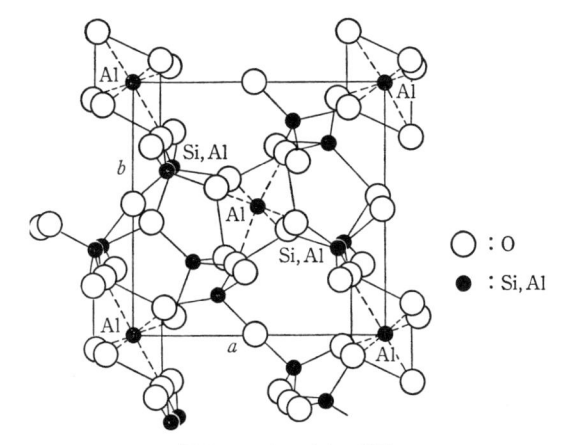

図 3.25 ムライトの構造

　$MgAl_2O_4$ (スピネル) も代表的な複合酸化物の一つで (図 1.44 参照), 融点 2135°C (表 3.3 参照) をもち高温材料として重要視されている. これは高温では中性に近く, 塩基性成分 CaO, MgO, 酸性成分 SiO_2 とも反応しにくい安定結晶である. ただし, Fe_2O_3 に対しては弱く, スピネル中の Al^{3+} が Fe^{3+} に置換して体積変化を起こし破壊する.

　つぎに高温で不安定系であっても, 固体化学的処理により安定系に変化する例をのべよう. ZrO_2 (ジルコニア) は 2710°C の融点をもつ酸化物であるが, 室温から融点までの間に 3 種類の異なる構造が存在することが知られている. すなわち, 室温から 1170°C までは単斜晶, 1170°C から 2200°C までは正方晶, 2200°C から融点までは立方晶をとる. この立方晶の ZrO_2 は MX_8 配位の CaF_2 構造 (図 1.39 参照) をとるが, Zr^{4+} の大きさは Ca^{2+} のそれよりもかなり小さくなるため単斜晶の格子はかなりゆがんだ CaF_2 構造となり, Zr^{4+} は O^{2-} と MX_7 配位をとるといわれている. これらの多形のなかで単斜晶から正方晶への転移は, ゆるやかな可逆転移で, 加熱にさいしては 1100～1200°C, 冷却にさいしては 1000～900°C の温度範囲内で転移が起こり, しかもその前後で 2% ぐらいの大きな体積変化を起こす. したがって高温材料として使用することに問題があった. そのため高温型が室温で安定に存在するための研究が数多く行われ, いわゆる, 安定化ジルコニア (PSZ) が開発された. 表 3.6 も見よ.

　これは Zr^{4+} のイオン半径に近い陽イオンの酸化物, たとえば, CaO や Y_2O_3 を少量添加すると, 高温で立方晶の ZrO_2 と固溶して MX_8 構造は安定化し, 室

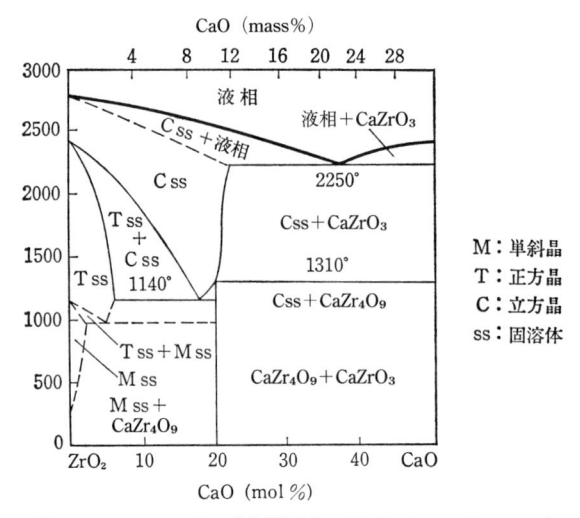

図 3.26 CaO-ZrO$_2$ 系状態図 (V. S. Stubican ら，1981)

温に冷却しても単斜晶にもどらなくなる．工業的には CaO を 3〜5% 加えて部分的に安定化している．その基本となる CaO-ZrO$_2$ 系状態図を図 3.26 に示す．

部分安定化された立方晶 ZrO$_2$ 固溶体は，熱力学的には 1100°C ぐらいまで安定であり，速度論的には 1100°C 以下でも安定化が可能であることがたしかめられている．つまり，Zr^{4+} (イオン半径 0.079 nm) は MX$_8$ 配位では小さすぎるので，大きな Ca^{2+} (0.099 nm) と置きかわることによって MX$_8$ 配位の理想イオン半径比に近づき，室温から融点までの広い範囲において立方晶 ZrO$_2$ 固溶体として安定することができるのである．この場合，Zr$^{4+} \rightleftarrows$ Ca^{2+} + Vo^{2-} (酸素イオン欠陥) の置換固溶の結果，正電荷が不足するが (負電荷が過剰になる)，これは酸素イオン空孔の生成が，高温において O^{2-} の移動を容易にし，イオン伝導性の原因となる．これについては 3.4.4 項を参照されたい．

安定化 ZrO$_2$ の融点は 2600°C，使用温度は 2400°C で，超高温に耐え反応性が小さいので，電気融解されて 2500°C までの超高温炉の内張りれんがとして使用されている．CaO の添加量を増すと，イオン性が増大し，熱膨張率が大きくなり，熱衝撃抵抗が低下するので注意を要する．

最後に，高温材料としてのセラミックスの総合評価をまとめ，金属の性質と対比してみたのが，表 3.11 である．耐熱金属は，強度，熱衝撃抵抗，耐食性はすぐれているが，重いこと，酸化消耗がはげしいこと，それにコスト高が難点である．

表 3.11 高温材料の総合評価

	物質	融点または分解温度 (°C)	密度 (g/cm³)	引張り強さ (MPa)	耐酸化性	熱衝撃抵抗	耐食性
金属	Nb	2468	8.6	422	B	A	A
	Mo	2610	10.2	703	C	A	A
	Ta	2996	16.6	422	C	A	A
	W	3410	19.3	562	C	A	A
酸化物	Al_2O_3	2050	3.97	267	A	B	A
	BeO	2570	3.00	101	A	A	B
	安定化 ZrO_2	2600	5.52	148	A	C	A
	MgO	2800	3.58	84	A	C	B
	ThO_2	3300	9.69	98	A	D	A
炭化物	SiC	2830	3.15	205	A	A	A
	ZrC	3530	6.70	—	—	—	A
	TiC	3140	4.80	—	—	B	A
	黒鉛	3650	2.26	9	B	A	B
窒化物	AlN	2450	3.26	250	B	A	A
	BN	2730	2.27	110	A	A	A
	Si_3N_4	1900	3.20	421	A	A	A

これに対して酸化物セラミックスは比較的軽く,ふん囲気の影響も受けることが少なく,耐食性もすぐれ,しかも安価である.しかし,一般には熱衝撃抵抗が小さく,機械加工がしにくいことなどは宿命的な欠点といえる.高温強度,熱衝撃抵抗,耐食性ともにすぐれている SiC や Si_3N_4 は,高温機械材料としての適性を有しているといえよう.

3.3.2 吸着性と触媒作用

セラミックスは高温材料として高温における安定性がもっとも期待されているのであるが,一方,Al_2O_3,SiO_2,MgO,ZnO,TiO_2,合成ゼオライトなどの多くの酸化物粉体では,内部的にも外部的にも不安定であることを要求される特殊用途がある.微細化された粉体において,粒子表面は化学結合が切断されているため高いエネルギー状態にある.イオン結晶の表面では陽イオン,陰イオンとも電荷が過剰となり,これを中和するためにイオンの分極による再配列が起こる.すなわち,分極により生じた電荷を中和する工程として陰イオンは格子位置より外側にずれ,陽イオンは内側にずれることにより,表面付近の格子ひずみを生じる.しかし,Al_2O_3 や SiO_2 などのような酸化物となると,Al^{3+} や Si^{4+} は小形

陽イオンで電荷も高く，したがって結合エネルギーは大きく O^{2-} イオンは強く分極されるが移動しにくいため，表面エネルギーはかなり高いものとなっている．このような活性表面のエネルギーを下げる工程として，吸着性や触媒作用が発現するのである．

(a) 固体表面の分子吸着 十分に乾燥したアルミナゲル (γ-Al_2O_3) やシリカゲルが乾燥剤として多量の水分を吸着することはよく知られているが，その機構は水分子による表面電荷の中和で，表面が酸や塩基として作用するためと説明されている．

$Al(OH)_3$ (ジブサイト) を加熱脱水すると，AlOOH (ベーマイト，boehmite) をへて約 530°C で γ-Al_2O_3 となるが，この相は $Al_{2/3}\square_{1/3}Al_2O_4$ ($\square$ は陽イオン空孔) であらわされるスピネル型欠陥構造で，多くの陽イオン空孔を有し不安定である．加熱脱水にともなうアルミナ水和物表面の不完全格子の生成と，酸性点と塩基性点の発生の過程を図 3.27 に示す．

ここにルイス酸 (Lewis acid) は電子対を受け入れる酸性点，ブレンステッド酸 (Brönsted acid) はプロトン (H^+) を放出する酸性点である．完全に脱水した α-Al_2O_3 はまったく活性をもたない．γ-Al_2O_3 がアルコールを吸着して，これを脱水する過程を図 3.28 に示す．赤外吸収スペクトルによりたしかめられたその吸着機構はエトキシド型 C_2H_5O-Al であることから，γ-Al_2O_3 表面の活性点はルイス酸であることが推定される．

γ-Al_2O_3 や SiO_2 ゲルは単独では活性はそれほど大きくないので，乾燥剤，吸着剤，触媒担体として利用される程度で，触媒としてはあまり使われていない．しかし，両者のゲル共沈により固溶させたシリカ-アルミナ触媒 (silica-alumina catalyzer) は活性がいちじるしく，とくに Al_2O_3 13%および 25%のものは工業的に重要な触媒として，石油のクラッキング (cracking，石油を分解し，高オクタン

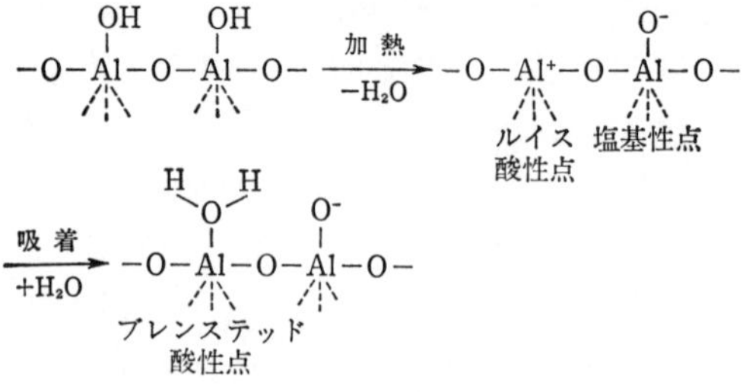

図 **3.27** アルミナ表面の酸性点と塩基性点

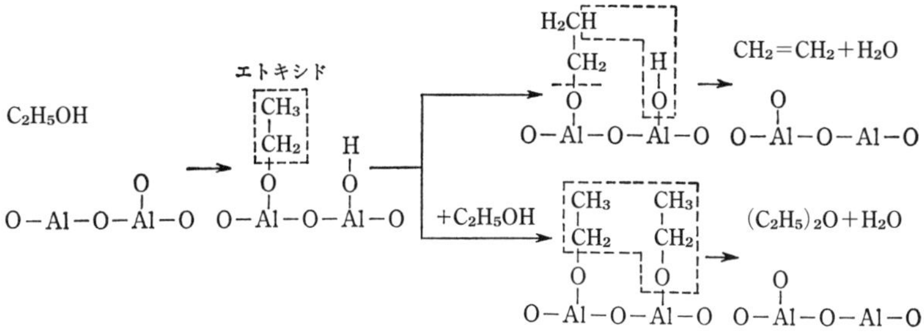

図 3.28 γ-アルミナ表面におけるエタノールの脱水

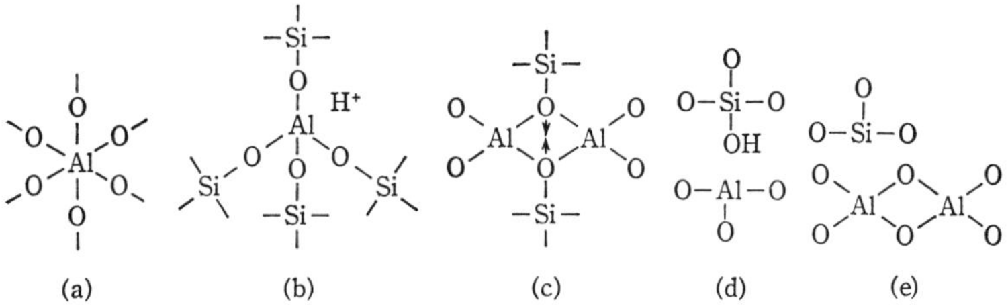

図 3.29 シリカ-アルミナ触媒の酸性点

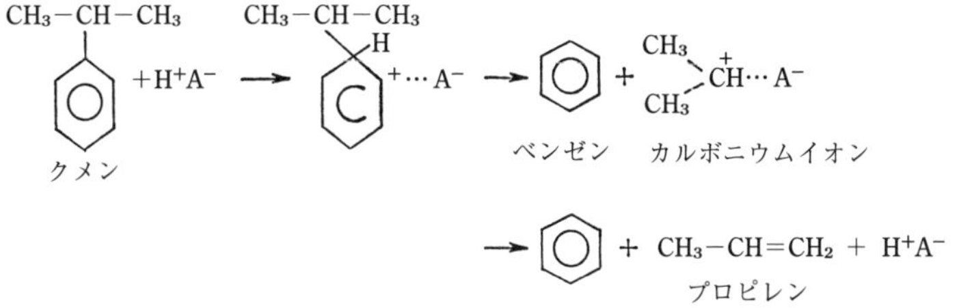

図 3.30 固体酸触媒によるクラッキング

価のガソリンをつくる工程)に使われるほか,分子内,分子間の脱水,縮合,脱アルキル,アルキル化,異性化などに広い用途を有する.シリカゲルに $Al_2(SO_4)_3$ 溶液と NaOH 溶液を加えシリカとアルミナを共沈させるのが,その一般的製造方法である.

シリカ-アルミナ触媒の表面の酸性点発現は,図 3.29 に示すような機構で説明される.すなわち,(a) は 6 配位の AlO_6 八面体,(b) は頂点を共有する AlO_4 四面体,(c) は稜を共有する AlO_4 四面体であるが,これらを 400°C で加熱すると (b) は (d) に,(c) は (e) に変化する.(d) では Al が,(e) では Si がルイス酸の性質をあらわし,これらに H_2O がつくとブレンステッド酸に変化すると考えられ

ている．固体酸触媒 (H^+A^-) によるクラッキングの機構を，クメンを例として図3.30に示す．クラッキングは C-C 結合を切断する反応で，クメンは固体酸の酸性点に吸着し，反応中間物をへて最終的にはベンゼンとプロピレンとに分解する．

(b) 合成ゼオライトの選択的吸着性とイオン交換性 合成ゼオライト (synthetic zeolite) は，一般式 $Na_m(AlO_2)_m(SiO_2)_n \cdot xH_2O$ ($m \leqq n$) であらわされる含水アルミノケイ酸塩 (hydrous aluminosilicate) で，シリカ-アルミナ触媒と同じように触媒活性を有するが，さらにその特異な構造にもとづく選択吸着性をもっている．この特異な構造とは，内部に大きさの定まった空洞をもっていること，構造内の Na^+ イオンは H^+ をはじめとする多くの陽イオンと交換できることである (p.40 参照)．すなわち，SiO_2 の3次元網状構造において一部の Si^{4+} を Al^{3+} に置換し，これより生ずる電気的アンバランスを Na^+ の付加によっておぎなう ($Si^{4+} \rightleftarrows Al^{3+} + Na^+$)．この場合，網目格子中には結晶水が入った構造となっており，O/(Si+Al) の原子比は常に2となる．なお，1.5.5項も参照のこと．

図 3.31 は Linde 社の Linde A 型合成ゼオライトの構造を示したものである．その立方晶の単位格子中の理想組成は $Na_{12}(Al_{12}Si_{12}O_{48}) \cdot NaAlO_2 \cdot 29H_2O$ とされ，結晶水の分子数は外部の蒸気圧によって変動する．Si^{4+} の一部を Al^{3+} に置きかえることにより網目格子はかなり開いたものとなって，その立方体の体対角線方向に6員環 (-Si-O-Al-O-Si-O-Al-O-Si-O-Al-の環) が，立方体格子の各面に沿って8員環が形成される．8員環の窓の直径は 0.42 nm，立方体の中央には大きな空洞ができて，その直径は 1.14 nm，12個の Na^+ および結晶水はいずれもこの空洞内に存在する．合成ゼオライトを約 500°C で加熱すると，結晶水は放出されてあとに空洞が残る．この空洞には，再び水分子を吸着することができるし，空洞の窓の大きさに応じて，いろいろな種類の分子を吸着することができる．このような分子の選択吸着性を有することから，合成ゼオライトの分子ふるい (molecular

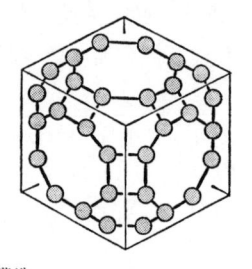

図 **3.31** Linde A の構造

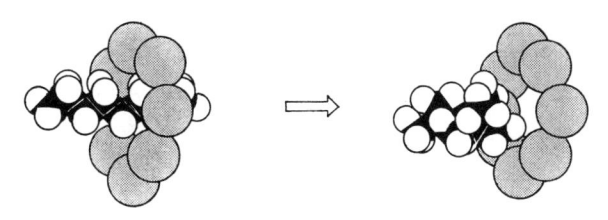

図 **3.32** 8員環による n-オクタンと i-オクタンの分離

sieve) としての用途が開けたのである.

図 3.32 は，A 型ゼオライトが n-オクタン $CH_3(CH_2)_6CH_3$ (直鎖型) をその 8 員環にとらえて吸着するが，i-オクタン $CH_3(CH\text{-}CH_3)_3CH_3$ は側鎖の CH_3 がじゃまになって通過できない状態を示している．分子ふるいには，3A, 4A, 10X, 13X, 10Y のような記号で示されるものが多いが，A ($Si/Al = 1.0$), X ($1.0\sim1.5$), Y ($1.5\sim3.0$) は組成比を，数字は空洞の窓の直径の近似値 1Å (0.1 nm) を 1 として示している．参考までに表 3.12 にいろいろな種類の分子の大きさを示しておく．分子ふるい 5A (窓の直径 0.5 nm で Si/Al 組成比 1.0) を用いると，n-パラフィン (直鎖状で，その断面はすべて 0.4 nm 前後) はすべて分離できる．ガソリンから n-パラフィンの分離，n-パラフィンの異性化工程における i-パラフィンの分離など，工業的用途は広い．

表 **3.12** 分子の大きさ (nm)

H_2O	0.276	O_2	0.383	C_3H_8	0.652
NH_3	0.360	N_2	0.408	$n\text{-}C_4H_{10}$	0.778
H_2	0.374	CH_4	0.400	$n\text{-}C_5H_{12}$	0.904
Ar	0.384	C_2H_6	0.554	$n\text{-}C_6H_{14}$	1.034

分子ふるい作用は分子の大きさばかりでなく，吸着分子の極性も大きく影響する．たとえば，O_2, N_2, Ar などの非極性分子は非常な低温で吸着するが，室温では吸着しない．これらに対して，H_2O, H_2S, NH_3, SO_2, CO_2, CO のような極性分子は室温でも強く吸着する．この性質は石油工業で副生する水素ガスの精製，天然ガスや LPG の精製に利用されている．

すでにのべたように，N_2 のような極性分子は室温では吸着しにくく，きわめて低い温度で冷却する必要がある．しかし，N_2 分子がゼオライト細孔に入ることができる X 型 Li-ゼオライト (Si/Al 比 = 1.23, Ca-ゼオライトのイオン交換反応によって合成) を使用すれば，室温でも圧力の変動だけで非極性の N_2 分子を効率

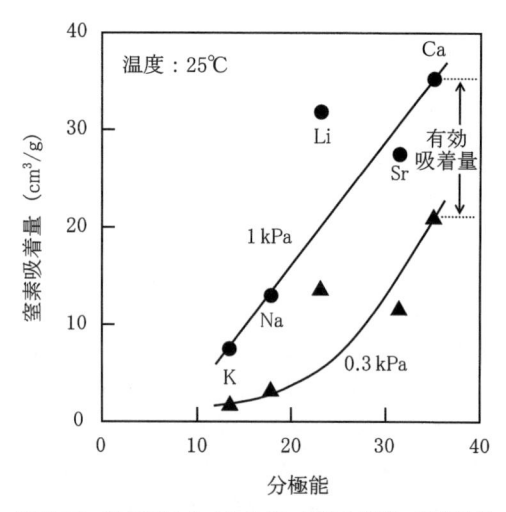

図 3.33 X 型ゼオライトの N_2 分子の吸着・脱着特性

よく吸着させて高純度 O_2 をつくることができる．

　図 3.33 は X 型ゼオライトの N_2 分子に対する吸着・脱着特性を示している．この図における分解能は Z/r^2（Z は陽イオンの電荷，r はイオン間距離（$r_M + r_O$）により近似的に求めたものである．この図から 1 価の Li-ゼオライトの場合，N_2 分子は 1 kPa (0.01 atm) において多量に吸着 (adsorption) し，つづいて 0.3 kPa まで圧力を下げると，その吸着量の半分以上が脱着 (desorption) することが分かる．これに対して，分極力の高い Ca-ゼオライトでは，N_2 分子を強く吸着して脱着しにくく，有効 N_2 吸着量は Li-ゼオライトよりも低い．

　プロセスとしては X 型 Li-ゼオライト吸着剤を充填した吸着塔に空気を導入して，なるべく短時間のサイクルで圧力を変化させて N_2 分子の吸着と脱着をくり返し行い (pressure swing adsorption)，90%以上の O_2 を分離，濃縮する．したがって，このプロセスは PSA 法と名づけられている．この方法は運転，管理が容易であり，装置の小型化も可能であることから広く普及し，得られた O_2 はガラス融解，パルプ漂白，水処理，ゴミ焼却などへの工業的使途，呼吸器系患者の在宅酸素治療法などの多分野に用いられている．

　合成ゼオライト中には，Al^{3+} の数と同数の Na^+（あるいは K^+）が水分子とともに構造中の空洞内に存在している．この Na^+ は H^+ はじめ多くの陽イオンと位置を交換することができる．イオン交換にあたっては空洞へ通ずる窓の大きさ

表 3.13 分子ふるいのイオン交換順位

4A	H^+,	Zn^{2+},	Sr^{2+},	Ba^{2+},	Ca^{2+},	Co^{2+},	K^+,	
	$\boxed{Na^+}$,	Ni^{2+},	NH_4^+,	Cd^{2+},	Hg^{2+},	Li^+,	Mg^{2+}	
13X	H^+,	Ba^{2+},	Al^{3+},	Sr^{2+},	Hg^{2+},	Cd^{2+},	Zn^{2+},	
	Ni^{2+},	Ca^{2+},	Co^{2+},	NH_4^+,	K^+,	$\boxed{Na^+}$,	Mg^{2+}	

が，陽イオンを通過させるのに十分大きいことが必要であるが，親和力の差による大きな選択性を示すことにも留意しなければならない．

分子ふるい 4A，13X のいろいろな陽イオンに対する交換順位を表 3.13 に示しておく．順位の上のものが下のものを追いだして交換するのである．たとえば，硬水軟化剤 (water-softener) は Na-ゼオライトであるが，硬水 (hard water) から Ca^{2+} を捕獲し，Na^+ と Ca^{2+} とのイオン交換によって水が軟化する．この Ca-ゼオライトを NaCl 溶液で再生処理すると逆のイオン交換が起こり，再び Na-ゼオライトにもどる．すなわち，その骨格構造は変化することなく，イオン交換反応が式 (3.10) に示すように可逆的に進行する．

$$Na_2(Al_2Si_4O_{12})\cdot 6H_2O(固) + CaCl_2(液)$$
$$\rightleftarrows Ca(Al_2Si_4O_{12})\cdot 6H_2O(固) + 2NaCl(液) \tag{3.10}$$

家庭用洗剤の中には数％の合成ゼオライトの粉末が混入されているが，水道水中に含まれている Ca 成分をイオン交換により軟化して，洗濯物の白色度をいちじるしく向上させることができる．

合成ゼオライトは Na_2SiO_3，Na_3AlO_3，NaOH を，SiO_2，Al_2O_3，Na_2O の原料として，これらの水溶液反応により合成される．特定の構造をもつ単一結晶相をつくるには，モル比，反応濃度，時間，pH 調節，ゲルの結晶化など，いろいろ技術的にむずかしい問題もあり，多くの特許もある．Linde 社のゼオライト A の合成は，モル比 Na_2O/SiO_2 0.5，SiO_2/Al_2O_3 4，H_2O/Na_2O 246 で均一なゲルをつくり，これを密封パイレックス管中で，110°C で水熱反応させて結晶化する．

3.3.3 バイオセラミックスと生体親和性

セラミックスの化学的安定性，耐食性，高強度などの性質を利用して，人工歯根，人工骨などの生体材料としての道が開かれている．この種のセラミックスはバイオセラミックス (bioceramics) とよばれて，アルミナ (α-Al_2O_3)，水酸アパタイト ($Ca_{10}(PO_4)_6(OH)_2$) などが多く使用されている．

生体材料 (biomaterials) の工業材料とのもっとも大きなちがいは，人体中の生理的環境下で使用され，その環境は複雑で実験的に再現がむずかしいことである．したがって，化学的安定性，高強度，加工性なども要求されるが，生体組織との親和性が最重要課題である．従来，生体材料としては金属やプラスチックが多く使われ，セラミックスは骨や歯以外はあまり使われていなかったが，金属は長期的には微量の有害成分が溶けだすおそれがあり，プラスチックは強度において問題があることから，セラミックスがにわかに注目されるようになった．

(a) バイオセラミックスの特性 バイオセラミックスには α-Al_2O_3, ZrO_2 などのように生体と反応しない生体不活性 (bioinert) なものと，水酸アパタイトなどのように生体と反応しやすい生体活性 (bioactive) なものとに大別される．

表 3.14 は人の歯や骨，バイオセラミックスの強度特性を比較したものである．バイオセラミックスの用途としては，骨置換用人工骨，人工歯根と骨充填材に分けられる．バイオセラミックスは歯や骨よりも圧縮，曲げなどの強度がすぐれているが，人工骨や人工歯根としては単に高強度であればよいということではなく，破壊じん性 (fracture toughness, ひび割れに対する抵抗性) が歯や骨より高いものでなければならない．とくに骨の場合，曲げ応力に対する抵抗性が重要で，バイオセラミックスの硬いが割れやすい欠点をいかに改善するかが大きな問題とな

表 3.14 骨，歯，バイオセラミックスの強度特性

		圧縮強さ (MPa)	曲げ強さ (MPa)	弾性率 (GPa)	破壊じん性 K_{IC} (MPa·m$^{1/2}$)
骨	ち密骨	100〜230	50〜150	7〜30	2〜6
	海綿骨	2〜12	—	0.05〜0.5	—
歯	象牙質	300	50	18〜20	—
	エナメル質	400	10	84	—
生体不活性セラミックス					
アルミナ	焼結体	4500	550	300〜400	35
	単結晶体	—	1270	390	—
安定化ジルコニア焼結体		1500〜2000	1200〜2400	150	3.0〜15.0
生体活性セラミックス					
水酸アパタイト焼結体		500〜1000	115〜200	86〜110	1
β 型リン酸三カルシウム焼結体		400〜700	130〜160	30〜90	1
結晶化ガラス*		1080	220	118	2
Ti-6Al-4V 合金		—	780〜1050	105	80

* MgO-CaO-SiO_2-P_2O_5-CaF_2 系ガラスを加熱処理

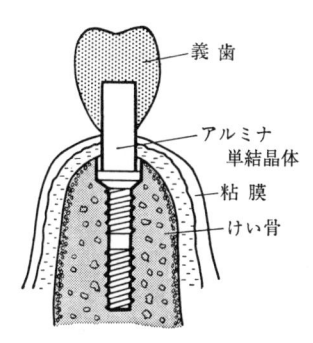

図 **3.34** 人工歯根セラミックス 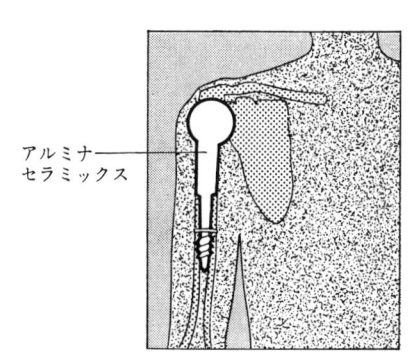   図 **3.35** 肩関節用セラミックス

る．そのためにはバイオセラミックスと有機高分子との複合化による弾性率の向上が期待される．

$\alpha\text{-}Al_2O_3$ は，O^{2-} の六方最密充填のすき間の 2/3 に Al^{3+} が入り，残りの 1/3 は空孔となっているにもかかわらず (図 1.42 参照)，ダイヤモンドにつぐ硬さと，酸化物セラミックスの中ではきわめて強い圧縮強さと弾性率をもっており，しかも酸，アルカリに対しても強い耐久性をもっている．したがって，$\alpha\text{-}Al_2O_3$ の単結晶体や高密度焼結体は人工歯根や人工骨として広く用いられてきた．アルミナ単結晶体を人工歯根として歯をぬいた穴に挿入し，その上に義歯をつけた例を図 3.34 に，アルミナ焼結体を耐摩耗性を必要とする肩関節に接合した例を図 3.35 に示す．

近年，セリア (CeO_2) またはイットリア (Y_2O_3) をジルコニア (ZrO_2) に一部固溶させた安定化ジルコニア (PSZ，表 3.6 参照) は，曲げ強さがアルミナセラミックスの約 3 倍を示したことから，関節の可動部分などの分野で臨床応用化が進んでいる．しかし，$\alpha\text{-}Al_2O_3$ や PSZ は金属と同じように歯や骨と化学結合をつくらないので，歯や骨と接合する場合には，図 3.34，図 3.35 に示したように機械的に固定しなければならず，その固定も長い年月の間にはゆるんでくるおそれもある．そこで，歯や骨と直接化学結合をつくるセラミックスとして，生体活性であるアパタイトやリン酸三カルシウムなどの焼結体が多く使用されるようになった．

アパタイト (apatite) の組成式は $Ca_{10}(PO_4)_6X_2$ で示され，X には OH^-，F^-，Cl^- が入るが，骨や歯の主要構成成分であるアパタイトは X に OH^- を導入した水酸アパタイト (hydroxyapatite，HAp) で，$Ca_{10}(PO_4)_6(OH)_2$ と式示される．この HAp は生体不活性である $\alpha\text{-}Al_2O_3$ や PSZ などに比較して強度が低いため，

骨修復材，人工歯根や人工骨のコーティング材，骨充填用セメントとして利用されている．

水酸アパタイトの構造(六方晶)を図3.36に示す．Caの配列には2種類あり，Ca(1)はc軸方向に上下に直線的に配列し，それぞれ6個のPO$_4$四面体にとりかこまれている．Ca(2)はc軸方向にほぼ直線的に配列しているOH基のまわりに6配位をして上下に長いトンネルを形成している．この構造から期待される生体物性との関係を考えよう．まず，Ca^{2+}はPO$_4^{3-}$四面体のO^{2-}と6配位をとる形はもっとも安定構造ではあるが，密充填構造のMgO$_6$配位とくらべCaO$_6$はイオン半径が大き過ぎて構造的には不安定である．し

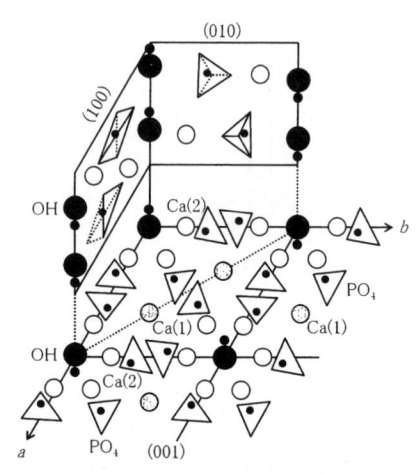

図3.36 水酸アパタイトの構造

たがって，人体中の体液や血液への溶解-析出による骨や歯の育成に寄与するであろう．また，c軸上に直列に配列しているOH基は，6配位しているCa^{2+}とともに親水性，親油性の面を構成し，有機物との吸着面として作用できる．一方，PO$_4^{3-}$四面体は，それぞれのOを共有して-P-O-P-結合の長鎖をつくり，骨や歯の組織を強化し，脱水と縮合をくり返しエネルギー蓄積タンクとしての機能も期待できる．

HApの合成方法には液相反応による湿式法，粉体原料を高温で固相反応により合成する乾式法がある．前者は100°C以下での水溶液反応で，Ca^{2+}とPO$_4^{3-}$との反応によりHApの沈殿を得る．たとえば，Ca(OH)$_2$の懸濁液にH$_3$PO$_4$水溶液を滴下し，反応後，さらに熟成を行うと高純度の低結晶性HApを効率よく量産することができる．これを800°Cで予備焼成したのち，有機バインダーを加えて加圧成形し，1100〜1300°Cで焼成すると，理論密度に近い焼結体が得られる．また，乾式法はHApの結晶格子中にはOH基が存在するので，完全な無水状態でのHApの合成はあり得ない．カルシウム塩とリン酸塩とをCa/P比が1.67となるよう配合して，水蒸気ふん囲気で1000°C以上に加熱すると，結晶性の高いHApが得られる．

HApと同じようにすでに実用化されているものに，リン酸三カルシウム，$Ca_3(PO_4)_2$ (tricalcium phosphate, TCP) があり，高温型の α 型 (単斜晶) と低温型の β 型 (菱面体晶) がある．両者の溶解性は HAp に比較してそれぞれ 10 倍，2 倍と高く，加水分解反応により HAp に変化する．とくに β-TCP は HAp と化学的性質が類似し，生体中にゆっくり吸収され，炎症性の反応があらわれないので，新生骨の育成を促進するために生体活性がいちじるしい．チタン合金へのコーティングや骨欠損充填用セメントなどとして用いられている．

(b) 有機物との相互作用 生体の歯や骨は 70%が HAp, 30%が繊維性タンパク質のコラーゲン (collagen) からなる無機-有機複合体である．この形成機構は骨をつくる細胞である骨芽細胞 (osteoblast) が生体のコラーゲンを合成して細胞の外に放出し，この表面に体液あるいは血液中から Ca^{2+} と PO_4^{3-} をとり込み，過飽和状態に達して非晶質リン酸カルシウム，$Ca_3(PO_4)_2 \cdot nH_2O$ (amorphous calcium phosphate, ACP) が析出した結果である．この ACP は時間の経過にともない低結晶性 HAp へと順次結晶化しながら，体内のカルボン酸，アミノ酸，タンパク質などを吸収，複合化して骨となる．したがって，生体骨内に約 70%含有する低結晶性 HAp 主体のリン酸カルシウム中の約 25%が ACP として存在する．図 3.37 は生体歯のエナメル質部分のナノ組織であり，写真左上と右下部分の規則正しい原子配列の帯状が低結晶性 HAp, その他は原子が不規則配列した ACP である．この ACP は人工骨や歯の形成のための HAp の前駆体となる．

コラーゲンは長さ 300 nm，直径 1.5 nm 程度の繊維状高分子，HAp は 50 nm 程度の大きさで，骨の中では大きなタンパク質分子に HAp が向きをそろえて並んでいる．すなわち，コラーゲンはアミノ酸がペプチド結合 (-CO·NH-) でつながったタンパク質であり，その側鎖にはカルボキシル基 (-COOH) やアミノ基 (-NH$_2$) などの官能基が存在し，これらの官能基は繊維表面の外側を向いている．一方，HAp の六方格子 (図 3.36 参照) における菱面体底面 (001)

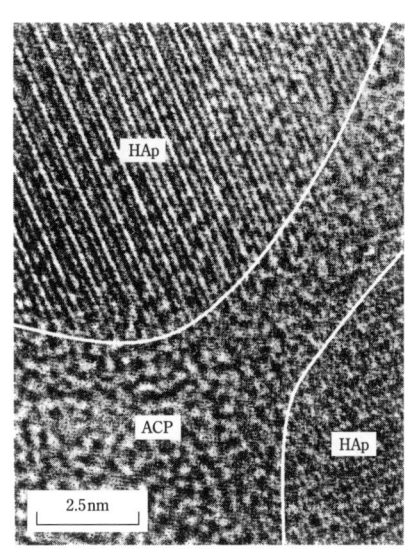

図 3.37 生体歯のエナメル質部分のナノ組織

には Ca^{2+} が配列する正電荷面, さらに菱面体側面 (010) には OH^- が配列する負電荷面があらわれる. (001) 面の Ca^{2+} にはタンパク質のカルボキシル基やリン酸基などが, (010) 面の OH^- にはタンパク質のアミノ酸基などが吸着して, HApとコラーゲンとの界面を形成するであろう. HAp や TCP においては生体高分子との間にはこのような化学結合が予想されており, 生体活性なバイオセラミックスとしてもっとも注目される理由である.

たとえば, 生理学的環境において HAp や β-TCP などの 150 μm 以上の直径の連続した気孔をもつ多孔質焼結体を骨欠損部に充填すると, 細胞の分化 (生長) により生成した直径 100 μm 程度の骨芽細胞が多孔体内部まで進入し, 骨と直接結合する. β-TCP 多孔体を動物の骨欠損部に充填し, 新生骨の面積率の経時変化を観察すると, 骨欠損部の骨組織と置換され, 挿入初期から骨芽細胞による新生骨の形成が見られ, 6 週間後に新生骨の面積率は 30% 程度となる. アパタイト系セラミックスは長期間体内に挿入されると, その表面が溶解, 吸収され, 直接結合し, 界面からもとの骨へと置換してゆく過程が観察されている. しかし, 生体不活性である α-Al_2O_3 焼結体には, 未分化な細胞の骨芽細胞への分化を促進する作用がなく, その表面との間に繊維状コラーゲンを生成するが, 生体と直接結合することはない.

(c) 生体親和性 生体親和性 (biocompatibility) とは, バイオセラミックスを生体内に挿入したときに生体環境内に対して悪影響をおよぼさないことを意味している. バイオセラミックスは無機質であるので毒性やアレルギー反応はなく, 血液凝固や赤血球に損傷をあたえる溶血を起こさず, 生体内劣化や分解も起こらず, 生化学的にきわめて安定であるなどの特性をもち, 金属やプラスチックより生体親和性がすぐれているといえよう.

α-Al_2O_3 は化学的にもっとも安定な酸化物で生体内において溶解することなく, 周囲の生体組織に対しては不活性で, 変質させることはない. 一方, HAp や β-TCP は, いずれも骨や歯と同質成分から成り, 体液や血液中にゆっくりと溶解し, 有機成分とともに骨や歯の表面に吸着, 吸収されて複合化し新しい生体組織を育成するすぐれた生体親和性を有している.

生体親和性の間接的評価については, いまだ明確な手段が見いだされていないが, 人の体液とほぼ同じ組成 (Na^+ 142.0, Cl^- 147.8, K^+ 5.0, HCO_3^- 4.2, Ca^{2+} 2.5, Mg^{2+} 1.5, HPO_4^{2-} 1.0 mmol/dm^3) をもつ人工体液 (simulated body fluid, SBF), pH 7.4 を用い, これに検体 (たとえば HAp 焼結体) を浸漬し, その表面に

沈着したACP層の存在を確認できれば，検体中のHApの体液への溶解-析出により生成したACP層と検体表面とは化学結合でつながる確率が高いといわれる．

生体親和性の直接的評価としては，HApやβ-TCPの検体を培養細胞液中に入れ，細胞数の経時変化を観察し，無添加と同じ細胞増殖率を示すことにより，検体には毒性がないと確認する方法もある．実際に動物(たとえばネズミ，ウサギなど)を使い検体を体内に挿入して，その周辺に形成される繊維状皮膜を観察し，膜厚の薄いものほど炎症細胞の作用も少なく，生体親和性は良好とみなされる．この方法によると，α-Al_2O_3 検体では皮膜は一部認められるが，HApやβ-TCPの検体では，このような皮膜は観察されないことも報告されている．

生体内は複雑な環境下にあり，生体内でのバイオセラミックスとの親和性については文献も少なく，今後さらなる検討が必要である．

3.4 電気的性質

固体に電場をかけると電流が流れ，電気伝導性 (electrical conductivity) を発現する．このような固体中の電気の流れかたには，流れにくいものと流れやすいものとがあり，その間には 10^{20} 倍もの異なる段階がある．図3.47を見よ．固体中を電気が流れるのは電気を運ぶ粒子が存在するからで，それには電子とイオン以外には考えられない．

金属は電場をかけたとき，自由に動きまわることができる自由電子を多く含んでいるので電気の導体である．共有結合性固体(たとえばダイヤモンド)では電子はすべて電子対として結合に固定され，わずかなエネルギーでは動けない．したがって電気の絶縁体である．しかし同じ14族のSiやGeは共有結合性固体であるが，温度や不純物によって一部の結合が切断され，遊離したわずかの電子が微電流として流れるので半導体となる．セラミックスのような酸化物のイオン性固体では，外殻の電子軌道は飽和されているので遊離電子は存在せず，またイオンも密充填して動くことができないので絶縁体であるが，イオン空孔や結晶粒界が存在すれば，これを利用してわずかのイオンが格子内を拡散し電流を導き，半導体となることができる．

一方，絶縁体であっても，これに電場をかけると格子内の陽イオンまたは陰イオンの位置がわずかに動き，正電荷の中心と負電荷の中心とがずれて分極を生じ，これに電流を流せば電気をたくわえることができる．これを誘電体という．また，

圧力をかけただけで分極を起こす圧電体もある．このように固体が電流を流したり，たくわえたりする性質を電気的性質 (electrical property) とよび，とくに電子材料として工業的に重要である．

3.4.1 電子欠陥と電気伝導性

結晶内における電気の運搬者は電子またはイオンで，これらは構造内の欠陥を利用して格子中を移動し電気伝導性を発現する．本項では固体内における電子欠陥 (electron defect) について考えてみたい．

金属はその結晶内に原子数と同程度の自由電子をもっており，多少の電子欠陥があっても電気的に遮へいされてしまうので，その存在はあまり重要ではないが，自由電子の数が少ない半導体や絶縁体では電子欠陥のわずかな変化が，その電気的性質に重要な影響をおよぼす．

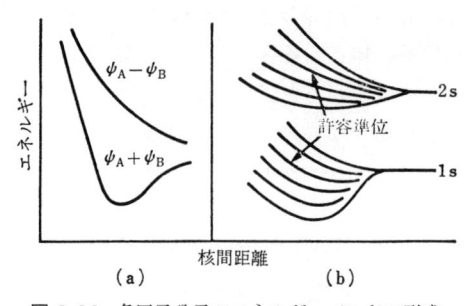

固体中の電子の挙動を理解するためには，固体の電子エネルギー状態について触れる必要がある．いま，2個のH原子が接近してH$_2$分子をつくるときのエネルギー状態は図3.38 (a)のように示される．すなわち，H$_2$の軌道関数は$\psi_A + \psi_B$ (共有結合)，$\psi_A - \psi_B$ (イオン結合)のどちらかになる．前者の場合は2原子の中間で最低エネルギーとなりH$_2$分子として安定であるが，後者の場合は最低エネルギーとなるのは∞となり，2個のH原子に分裂してしまう．つぎにもっと多数の原子が集合した場合を考えてみよう．6個のH原子を直線状配列したH$_6$分子があったと仮定すると，これらの相互作用によって図3.38 (b)のようなエネルギー状態となる．すなわち，核間距離が減少するにつれて1s, 2sのエネルギー準位 (energy level) は分裂しはじめエネルギーバンド (energy band) を形成する．この分子は6個の原子より成るため6本の準位で形成されているが (両スピンの

図3.38 多原子分子のエネルギーバンドの形成

可能性を考えると，12本の準位)，さらに原子の数が増加すれば，これと同数だけ準位の数も増加する．しかし，バンドの幅は相互作用の大きさによって決まり準位の数によって幅が広くなることはないので，バンドの準位はバンド内でいよいよ密となる．固体中には $10^{23}/cm^3$ の原子が含まれているので，バンド内の準位の数もこの程度になる．しかし，バンド間はエネルギー的には大きく隔たっている．

一般に電子はその供給がなくなるまで，最低エネルギー準位から順にその許容準位を満たしていく．価電子を含む一番上のバンドは固体の構成原子の性格によって完全に満たされている場合もあり，一部しか満たされていない場合もある．1価の金属では利用できる電子は1原子あたり1個である．電子の充填はフェルミ準位 (Fermi level) とよばれる特性エネルギーによって決まる．0Kではちょうどフェルミ準位まで充填され，これ以上の状態は空であるが，温度が上がると電子の熱運動によって Fermi 準位より上の状態が満たされ，下のいくつかの状態は空となる．

14族元素の中で，炭素 (carbon, ダイヤモンド)，ケイ素 (silicon, 以下シリコンとよぶ)，ゲルマニウム (germanium) は，いずれも共有結合の強いダイヤモンド構造 (図 1.30 参照) をとるが，炭素は絶縁体，シリコンとゲルマニウムは半導体として有名である．

まず，炭素 (C) のダイヤモンドのエネルギーバンドを図 3.39 に示す．この場合，N 個の C 原子が互いに近づいてダイヤモンド型結晶を形成するが，このさい 2s 軌道と 2p 軌道も原子の相互作用によりエネルギー準位は線からしだいに広がってバンドとなる．電子配置は $2s^2 2p^2$ であるが，2s バンドは $2N$ 個の準位に，

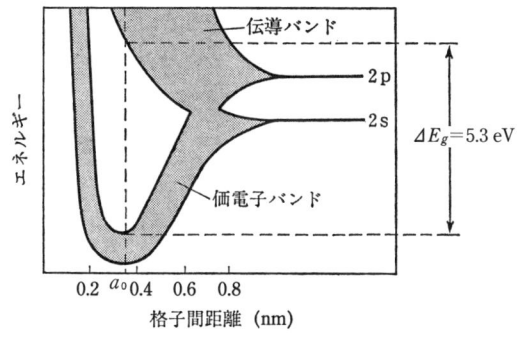

図 **3.39** ダイヤモンドのエネルギーバンド

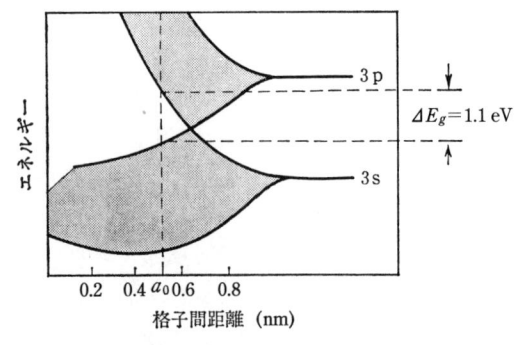

図 **3.40** シリコンのエネルギーバンド

2pバンドは$6N$個の準位に分かれる．しかし，電子の数は2sバンドには$2N$個あるのに対して，$6N$個入れる2pバンドには$2N$個しかない．さらに原子が格子定数の距離a_0に近づくにつれて両バンドは重なり合ってsp^3混成状態となり，これまでのsバンドやpバンドとはまったく別種の二つのエネルギーバンドに変化する．すなわち，sp^3混成後の二つのバンドはそれぞれ$4N$個ずつの準位に分かれる．したがって，C原子の4個の電子はちょうど下のエネルギーバンドを満たすこととなり，上のエネルギーバンドは空となる．下のほうのバンドを価電子バンド (valence band)，上のほうのバンドを伝導バンド (conduction band) という．価電子が励起されて伝導バンドに入れば電気伝導性に寄与するが，両バンドの間にはかなり大きなエネルギー差が存在し，伝導電子は容易に励起できず，ダイヤモンドは絶縁体 (insulator) である．このような両バンドの間のエネルギー差をエネルギーギャップ (energy gap，ΔE_g) という．

つぎにシリコン (Si) のエネルギーバンドを図3.40に示す．Si ($3s^2sp^2$) もGe ($4s^24p^2$) もダイヤモンドと同じようにsp^3混成をとるが，原子の大きさが大きくなるにつれて格子定数a_0も広がり，それだけ結合力も弱まるので両エネルギーバンドの幅も広がり，それだけΔE_gはダイヤモンドのそれよりも小さくなる．したがって温度が上がると，いくらかの電子は価電子バンドから伝導バンドに励起され，半導体 (semiconductor) となる．

これらに対して導体の例として，ナトリウム (sodium) のエネルギーバンドを図3.41に示した．Naの電子配置は$1s^22s^2sp^63s^1$であるが，内側の1s～2p軌道は金属結合にはほとんど関与せず，もっとも外側の$3s^1$の1個の電子が価電子となる．そして原子間距離が小さくなるにつれて3sと3pの両バンドはいちじるし

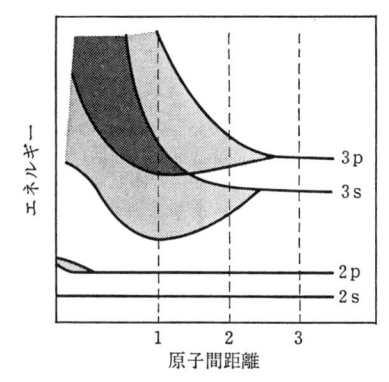

図 **3.41** ナトリウムのエネルギーバンド

く広がり，平衡距離 0.372 nm (原子間距離 1 の位置) で両バンドは重なり合って一つのエネルギーバンドとなる．したがって 3s バンドの半分を満たしている価電子は，わずかなエネルギーで励起して，3p の伝導バンドに移ることができるため電子伝導性 (electronic conductivity) を生じてくる．一方，Fe, Co, Ni, Cu のような d 型金属では，外殻の d バンドはその上の s, p バンドと重なり合うことで価電子と同じようにふるまい，導体 (conductor) となる (図 3.2 参照)．

図 3.41 において破線で示した位置 1 は金属結合，2 はイオン結合，3 は単独原子のそれぞれの平衡距離である．Na^+ 原子は Na^+ ($1s^2 2s^2 2p^6$) となり陰イオンとの間にイオン結合が形成されたとしても，下のバンドの 2s と 2p は電子が満ちており，上のバンドの 3s と 3p は空であるが，完全に分離しているので絶縁体である．

イオン結晶においては，このように電子が動けないが，イオン格子内にイオン欠陥が存在するとこれを利用してわずかのイオンが動きイオン伝導性 (ionic conductivity) を生ずる．

以上のように固体の電気伝導性は価電子バンドと伝導バンドとのエネルギーギャップ ΔE_g によって定まるが，これが 7～8 eV で絶縁体，3 eV 以下のものが半導体とよばれている．ここに 1 eV (電子ボルト) は 1.6×10^{-19} J である．一般にイオン性の強いものほど ΔE_g は大きくなるが，14 族単体と AB 型化合物について ΔE_g と電気陰性度関数との関係を図示すると，図 3.42 のようになる．

Si や Ge のような半導体では単結晶体として使用されるが，これは共有結合性の構造内はすき間が多いこと (原子の空間占有率 34%)，原子が規則正しく配列し

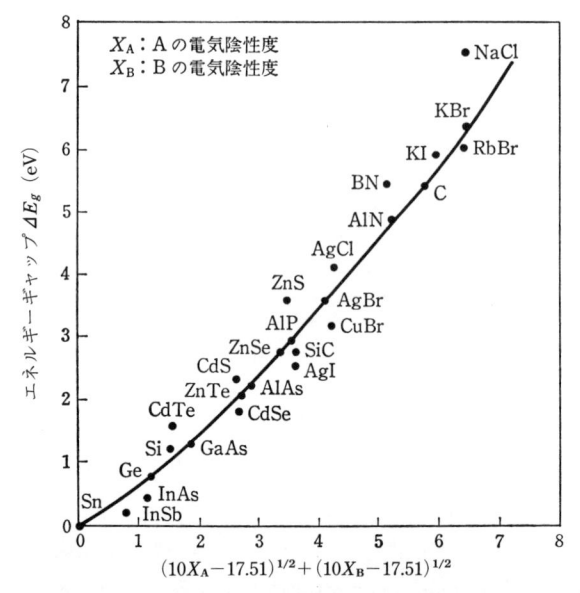

図 3.42 14 族単体と AB 型化合物のエネルギーギャップ

ているほうが電子が比較的自由に動くことができるからである．これに対してセラミックスのような多結晶体では，結晶間の粒界で電子の移動がさまたげられてしまう．

　純粋なシリコン結晶中における電子の挙動を観察すると，0 K では $3s^23p^2$ の 4 個の価電子は，sp^3 混成により 4 対の共有結合に配分され固定されている．しかし，図 3.43 (a) に示すように室温 (約 300 K) となると，少数の電子は結合から遊離して伝導電子 e^- となり，構造中のすき間を自由に動きまわる．中性の場所から電子がぬけたので，その場所は正に帯電している．このことは正の電荷をもつ粒子，すなわち正孔 h^+ ができたことを意味する．

　正孔の運動の一例を図 3.43 (b) に示す．まず，A 位置の結合から e^- がぬけると，その電子のぬけ穴は h^+ となる．つぎにこのぬけ穴にすぐ隣りの B 位置から電子が落ち込んで，その電子のぬけ穴に h^+ は移る．さらにこのぬけ穴にすぐ隣りの C 位置の電子が落ち込むというように，結果的には正の電荷をもった電子が A → B → C → D → E と動いていると考えてよい．したがって h^+ の移動は e^- のそれとくらべると，かなりおそい．これらの e^- や h^+ は，さらに温度を上げると数を増し，電気伝導性に寄与するのである．

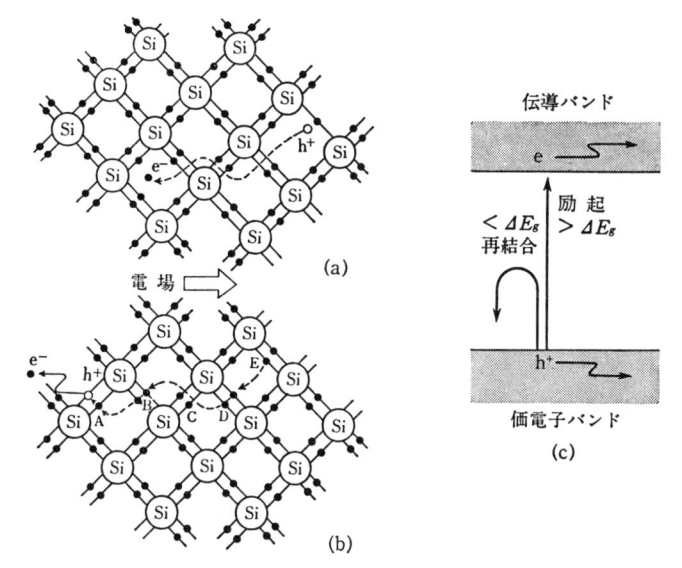

図 3.43 シリコン結晶中の伝導電子と正孔の挙動

e$^-$ や h$^+$ との関係をバンド図から考えると，図 3.43 (c) に示すように，温度が上がりエネルギーギャップに相当する ΔE_g 以上のエネルギーがあたえられれば，価電子の一部は伝導バンドに上がり e$^-$ となり，価電子バンドには h$^+$ を残す．e$^-$ と h$^+$ はそれぞれのバンド内を自由に動きまわり電気伝導性を発現するのである．しかし，ΔE_g 以下のエネルギーでは e$^-$ は伝導バンドまで励起できず，いったんジャンプしても，すぐに価電子バンドに落ちて h$^+$ と再結合して消滅する．

図 3.43 (a)，(b) からも知られるように，Si 結晶に電場 (electrical field) をかけると，e$^-$ は電場と逆方向に動く．電流は正電荷の流れとみなされるので，e$^-$ は常に逆方向に動くのである．結果的には h$^+$ が電場方向に動いたことと同じである．したがって，熱や光の吸収のような適当な手段で結晶に ΔE_g 以上のエネルギーをあたえれば，適当量の e$^-$ と h$^+$ が生成して半導体としての性質があらわれる．e$^-$ と h$^+$ の生成過程は，式 (3.11) に示すような反応式であらわされる．

$$e^- \cdot h^+ \rightleftarrows e^- + h^+ \tag{3.11}$$

e$^-$ の数を n_e，h$^+$ の数を n_h とすると，純粋な結晶では $n_e = n_h$ である．また，e$^-$ と h$^+$ の活動係数 A は，これらの数に無関係であるので，式 (3.12) となる．

$$n_e \cdot n_h = n_e^2 = AK \tag{3.12}$$

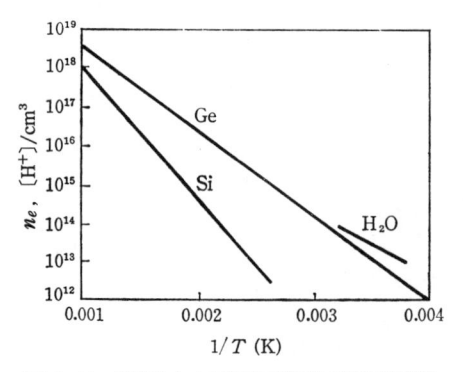

図 3.44 半導体中の伝導電子濃度の温度依存性

したがって，平衡定数 K は式 (3.13) で示される．

$$n_e^2 = AK = A \exp\left(\frac{\Delta S_g}{k}\right) \exp\left(\frac{-\Delta E_g}{kT}\right) \tag{3.13}$$

ここに ΔS_g は電子が励起するに必要なエントロピー変化である．$\ln n_e$ と $1/T$ との関係を示す直線の傾きから ΔE_g が求められる．

Si および Ge に対する n_e の値を，温度の関数として図 3.44 に示した．この場合，$n_e = [e^-] = [h^+]$，$[H^+] = [OH^-]$ とみなしている．このように半導体中の電子や正孔の平衡定数は，$H_2O \rightleftarrows H^+ + OH^-$ で示される水中のイオンの平衡定数とよく似ている．すなわち，水中のイオン濃度は Si や Ge 中の電子や正孔の濃度と同じ程度である．

このような純粋な半導体結晶中の電子や正孔の濃度は，一種の化学平衡とみなされ，その温度依存性があきらかにされた．これを真性半導体 (intrinsic semiconductor) とよび，これからのべようとする不純物半導体 (extrinsic semiconductor) と区別する．不純物半導体は純粋な結晶に微量な不純物を添加した半導体で，温度に関係なく不純物の添加量に対応して電子や正孔の数を増加したり減少させることができる．すなわち，Si や Ge は 4 価元素であるが，これに 3 価元素や 5 価元素が不純物原子として結晶に入り，Si または Ge のいくつかの原子と置きかえると，半導体の性質はいちじるしく変化する．図 3.45 は Si 結晶中に 3 価の Al 原子や 5 価の P 原子が不純物として置換固溶した場合の，e^- や h^+ の生成とエネルギーバンドにあたえる影響を説明している．

まず，5 価の不純物原子の影響から考える．たとえば，周期表で Si 原子 (4 価) の右隣りの P 原子 (5 価) を Si 結晶に添加，置換固溶させると，P 原子のもつ価電

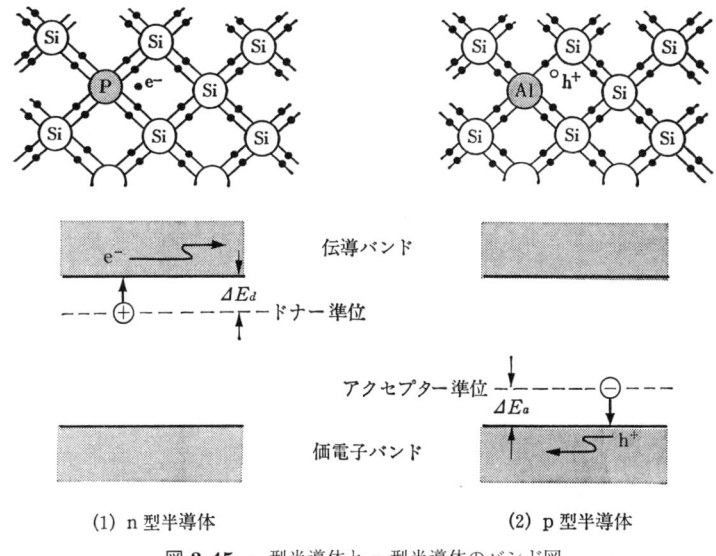

図 **3.45** n 型半導体と p 型半導体のバンド図

(1) n 型半導体 　　　(2) p 型半導体

子 $3s^2 3p^3$ の 5 個のうち 4 個はまわりの Si との結合に固定されるが，1 個は余り伝導電子 e^- となり電子伝導性を発現する．このさい P はイオン化し P^+ となり e^- を遊離する ($P \rightarrow P^+ + e^-$)．このような電子伝導による半導体を n 型半導体とよび，伝導電子をあたえる不純物，ここでは P 原子をドナー (donor) という．n 型半導体のバンド図を図 3.45 (1) に示す．Si 結晶のエネルギーギャップ ΔE_g は 1.1 eV であるが，P 原子が添加されると伝導バンドのすぐ下の ΔE_g 0.044 のところに，あらたに P^+ イオンのドナー準位ができる．バンドにならず 1 本の線になっているのは P^+ イオンがところどころに存在し相互作用が起きないからで，正確には破線であらわしたほうがよい．P 原子から遊離した 1 個の電子は図 3.43 (a) に示した Si 原子からの遊離電子とくらべると，きわめてわずかなエネルギーで e^- となる．その遊離電子数は温度に関係なく，もっぱら P 原子の数に依存することが理解できよう．

　温度によるエネルギーは kT という形であらわされるから，室温 (約 300 K) では 0.026 eV のエネルギーをもっている．したがって，室温では純粋な Si 結晶の ΔE_g は 1.1 eV で，伝導バンドに上がる e^- はきわめて少ないが，もし，ドナーの添加によりドナー準位とのエネルギー差 ΔE_d が 0.026 eV 以下となれば，ドナーから遊離したすべての電子は伝導バンドに励起され，電気抵抗は 0 に近くなるは

ずである．

　つぎに，3価の不純物原子の影響を考える．たとえば，周期表でSi元素(4価)の左隣りのAl(5価)をSi結晶に添加，置換固溶させると，Al原子は$3s^23p^1$の3個の価電子をもち，まわりのSi原子と結合するためには4個の電子を必要とするので1個の電子が不足する．したがって，その不足する結合部分に電子を引きつけようとする力，つまり正電荷が起こる．これが，正孔(positive hole) h^+である．この正孔は電子を引きつけようとするが伝導電子がないので，結合中の隣りの電子を引きぬいて簡単に価電子バンド中をつぎつぎに移動し，正孔伝導性(positive-hole conductivity)を発現する．このさいAl原子はAl^-イオンとh^+になると考えてよい($Al \to Al^- + h^+$)．このような正孔伝導による半導体をp型半導体とよび，正孔をあたえる不純物，ここではAl原子は電子を受け入れようとする性質をもつことからアクセプター(acceptor)という．p型半導体のバンド図を図3.45 (2)に示した．これによると，Al原子の添加により価電子バンドのすぐ上のΔE_a 0.057 eVのところに，あらたにAl^-イオンのアクセプター準位（破線）ができて，電子はこのレベルに容易にとび上がり価電子バンドにh^+を残す．

　半導体に使用される添加原子は，半導体への溶け込みやすさ，表面からの蒸発しにくさなどの理由で，ドナーではP, As, Sb (ΔE_dはそれぞれ0.044, 0.049, 0.039 eV)，アクセプターではB, Al, Ga, In (ΔE_aはそれぞれ0.045, 0.057, 0.065, 0.16 eV)が主として使用される．

　中性半導体にドナーやアクセプターを入れることによって電気抵抗はどのように変わるであろうか．いま，ドナーについて考えると，電気伝導度σは式(3.14)のように示される．

$$\sigma = n_e e \mu \tag{3.14}$$

ここにn_eは電子の数，eは電荷，μはその移動度である．したがって，電気抵抗率ρはつぎのように求められる．

$$\rho = \frac{1}{\sigma} = \frac{1}{n_d e \mu} \tag{3.15}$$

ここにn_dはドナーの数，$n_e = n_d$の関係があるので，n_dが増加すれば抵抗率は小さくなる．

　図3.46には，シリコン中のドナーとアクセプターの濃度に対する電気抵抗の変化を図示した．この図は各種の素子の設計や評価にもっともよく利用されている図の一つである．$10^{15}/cm^3$というと大きな数に見えるが，ふつうの固体物質の原

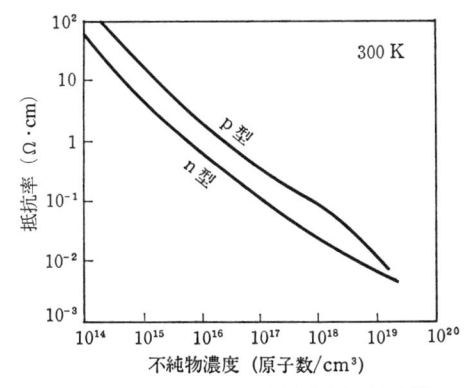

図 3.46 シリコン中の不純物濃度と電気抵抗

子密度は $10^{23}/\text{cm}^3$ であるから $10^{15}/10^{23} = 1/10^8$ のような極微量でこのような大きな変化が起こるのである．p 型と n 型とで一致していないのは，同じ不純物濃度では h^+ と e^- の数は同じはずなのに抵抗率がちがうためである．この原因は e^- のほうが h^+ よりも移動度 μ が大きいためである．不純物濃度が増すと，不純物原子との衝突のため μ は減少するが，常に電子の μ は正孔の μ よりも大きい．

C，Si，Ge のような 14 族元素の単体は最外殻の電子配置はいずれも s^2p^2 で，これらの 4 個の電子が sp^3 混成によって生じた四面体形共有結合により安定なダイヤモンド構造をつくっている (図 1.30 参照)．しかし，それぞれの ΔE_g は 5.3，1.1，0.72 eV と異なるため，C (ダイヤモンド) は絶縁体であるが Si，Ge は半導体となっている．なかでも Si は Ge よりも耐熱性がすぐれ，しかも資源的にも安定という特徴をもっているため，ダイオード，トランジスター，集積回路 (IC) などの各種電子素子の製造にもっとも使用されている半導体である．同じ 14 族の仲間でも，Ge の下の Sn，Pb となると，最外殻電子 s^2p^2 のうち 2 個の p 電子を遊離し，金属的性質が強くなり導体となる．

しかし，半導体となるのは，Si，Ge のような 14 族単体だけでなく，14 族のまわりの元素どうしの組み合わせにより，化合物半導体を形成することができる．これらの組み合わせもいろいろあるが，ここでは 2 種の元素を 1:1 の比で組み合わせた AB 型化合物 (図 3.42 参照) の半導体について考えてみたい．

まず，14 族どうしの組み合わせとして SiC があり，13 族と 15 族との組み合わせとして InSb，InAs，GaAs などがある．これらはいずれもダイヤモンド構造とよく似た β-ZnS 構造 (図 1.33 参照) に属し，sp^3 型電子配置をとるので，そのバ

ンド構造は Si, Ge のそれらと同じと考えてよい. SiC の ΔE_g は約 3 eV で, バリスター, 耐熱ダイオードなどとして, GaAs の ΔE_g は 1.4 eV で, 発光ダイオード, 半導体レーザー, マイクロ波発振素子などとして用いられている. Ga の電子配置は $4s^2 4p^1$, As のそれは $4s^2 4p^3$ であるから, As から 1 個の p 電子が Ga に移れば $4s^2 4p^2$ となり Ge の電子配置と同じになる. したがって, 共有結合性のほかにイオン結合性が加わり, 結晶内にへき開性が起こりやすくなる. 13-15 族化合物を n 型にするためには 16 族原子をドナーとして, p 型にするためには 12 族原子をアクセプターとして添加すればよい.

つぎに ZnO, ZnS, ZnSe, CdO, CdS, CdSe などで代表される 12-16 族半導体は, 構造は β-ZnS 型または α-ZnS 型 (図 1.34 参照) に属し, 電子の移動により 14 族単体と同じような sp^3 型結合をつくることができる. そして 13-15 族半導体とくらべると, さらにイオン性は強くなり, ΔE_g はそれぞれ 3.2, 3.5, 2.6, 2.2, 2.5, 1.7 eV のように比較的大きくなる. ZnO, ZnS, CdS, CdSe は光伝導性 (photoconductivity) をもつことが知られ, 光導電素子として光電池, カメラの露出計, カラー TV のブラウン管の蛍光体などとして広く利用されている. たとえば, β-CdS 結晶に可視光線を照射すると, その光エネルギーは 1.7〜3.5 eV であるので ΔE_g 2.5 eV よりも大きくなり, 特定スペクトルを吸収して価電子は伝導バンドに励起されて電気伝導性が発現するのである. CdS に ZnS を添加すると, 両者は構造が同じであるため $Zn_x Cd_{1-x} S$ の置換型固溶体ができて, ΔE_g をその添加量の増減により制御することができる.

ZnO, NiO, FeO のような d 型金属酸化物半導体は, 一般には絶縁体といえるが, 化学量論的組成からずれてくると, 半導体的性質があらわれる. とくに金属の酸化過程において, 金属成分が過剰のときは n 型, 酸化が完全に終われば p 型となる. このような酸化や還元によってできた半導体は安定性に乏しい欠点がある. このような場合, 原子価の異なる不純物を添加することにより, 安定化とともに e^- や h^+ の数を制御することができる. たとえば, n 型半導体である ZnO に 3 価金属の酸化物 Al_2O_3 を加えると, ZnO 格子中に Al^{3+} が置換固溶し ($Zn^{2+} \rightleftarrows Al^{3+} + e^-$), 余った 1 個の電子は e^- となって電気伝導度を高める. その焼結体はガスセンサー, 触媒, バリスターとして有用である.

3.4.2 導　　体

自由電子により電気を自由に流すことができる固体が導体である. 理想的な結晶中では自由電子はその名の示すとおり自由に動きまわることができるが, 温度

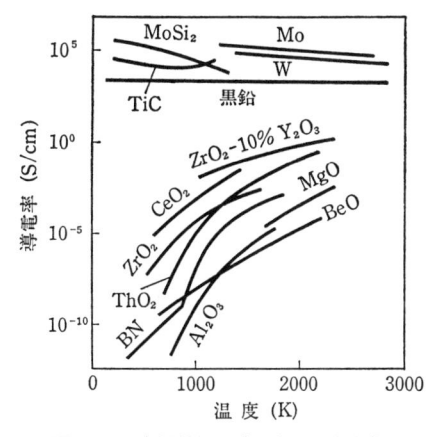

図 3.47 高温材料の導電率の温度変化

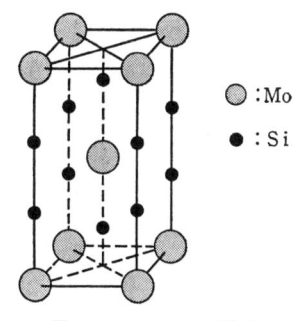

図 3.48 MoSi$_2$ の構造

が上がると配列している原子の熱振動はしだいに大きくなるので，走っている電子はこれらに衝突して電気の流れはさまたげられる．これが電気抵抗 (electrical resistance) で，温度依存性がある．単位の長さ，単位の断面積あたりの電気抵抗を抵抗率 ρ (resistibility, Ω (オーム)·cm) という．

いろいろな高温材料について電気の流れやすさを導電率 (electrical conductivity, S (ジーメンス)/cm, 1 S = 1/Ω) の温度変化で示したのが図 3.47 である．

導電率 $10^5 \sim 10^6$ S/cm の範囲が導体で，室温付近では Cu, Ag, Au などの大部分の金属はこれに属し，電気導線として広く使用されているが，Mo, W は 1 000°C 以上で使用される耐熱性電気導線である．セラミックスとしては，MoSi$_2$ (融点 2 130°C)，WC (融点 2 860°C)，TiC (融点 3 140°C) などのような d 型金属のケイ化物，炭化物，窒化物が導体に属する．

MoSi$_2$ (正方格子) の構造を図 3.48 に示す．TiC は面心立方格子に属する．その構造は大形の d 型金属原子のすき間に小形の Si, C, B, N の非金属原子が入り込んだ密充填構造で，金属性が強く自由電子の数も多いので金属と同じようによく電気を導く．とくに MoSi$_2$ は高温で抵抗値を増し耐熱性もすぐれているので，大気中 1 700°C で使用できる電気抵抗発熱体として有用である．

黒鉛 (C) は sp^2 混成の平面三角形を基本単位とする層状構造 (図 1.31) を形成し，層間に介在する π 電子による電気伝導性が発現する．2 500°C 以上の高温で十分に耐えられるただ一つの導体で，電極材料，電気抵抗発熱体として重要である．

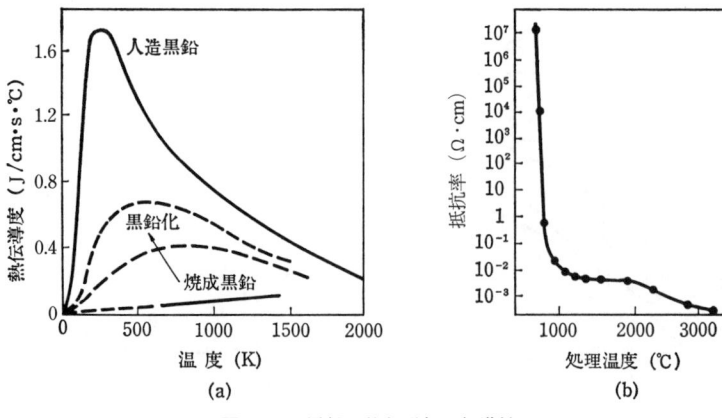

図 3.49 黒鉛の熱と電気の伝導性

電極材料として用いられる黒鉛はなるべく固有抵抗が小さいことがのぞましいわけであるが，層状構造において π 電子は層平面に沿って動きまわるので抵抗率の異方性はいちじるしく，層平面に平行な方向に対しては 5×10^{-5} Ω·cm であるが，垂直方向に対してはその 100～1 000 倍となる．しかし，黒鉛では多結晶体であるため異方性はそれほど大きいものとはならず，一方，粒界による電子の散乱により抵抗値はかなり高いものとなる．

図 3.49 に示すように，黒鉛はその処理温度の高いものほど黒鉛化度も高いので，1 500°C 以上で処理した黒鉛は熱や電気に対する伝導性がきわめて高いことが分かる．3.3.1 項 (a) を参照せよ．

酸化物系セラミックスは図 3.47 によれば，低温では電気の絶縁体であるが，温度が上がるにつれて導電率は高くなり，1 500°C 以上となると半導体の領域に達する．これはイオン結晶の構造内のイオン欠陥の数は温度依存性があり，このイオン欠陥を利用してイオンが動きイオン伝導性が発現するからである．この問題については，3.4.4 項と 3.4.5 項において詳しくのべる．

3.4.3 半導体と半導体素子

半導体素子 (semiconductorial element) とは，半導体としての機能体が部品化されたものといえよう．たとえば，半導体としてもっとも広く用いられている材料は Si (シリコン) の単結晶体であり，これからつくられた集積回路 (IC) はわずか数 mm の大きさの基板上に数十万，数百万の半導体素子が組み込まれている．

すなわち n 型, p 型の半導体, p-n 接合 (ダイオード), p-n-p 接合 (トランジスター) などの半導体素子が回路でつながり部品化されているのである. 詳しくは 2.1.5 項を参照のこと.

この項では機能別半導体素子と機能発現の原理を考えてみたい. 導電率が 10^3 〜 10^{-3} の範囲が半導体で (図 3.47 参照), 遊離電子の数は導体とくらべると, はるかに少ない.

(a) サーミスター 半導体の導電率は伝導電子と正孔の数に応じて増大する. まず, 熱に対して感応する半導体素子として, サーミスター (thermister) についてのべる. thermister とは thermally sensitive resister の略称である. すなわち, 熱感応抵抗体という意味で, わずかの温度変化にともなう電気抵抗値変化が大きいことが必要である. サーミスターには NTC (negative temperature coefficient) サーミスターと PTC (positive temperature coefficient) サーミスターの 2 種類があり, 前者は温度が上昇するにつれて抵抗値が急減する負の温度係数をもった素子で, 後者はその逆で, ある温度範囲で抵抗値が非直線的に急増する正の温度係数をもった素子である. いずれも温度測定, 温度補償, 制御関係などに広く利用されている. サーミスターの電気抵抗-温度特性の例を図 3.50 に示す.

サーミスターはセラミックス小片の両側から電極をうめ込んだ簡単な型式のものが多い. NTC サーミスターの抵抗 R は温度 T (K) に対して, つぎのようにあらわされる.

$$R = R_0 \exp\left(\frac{-B}{T}\right) \tag{3.16}$$

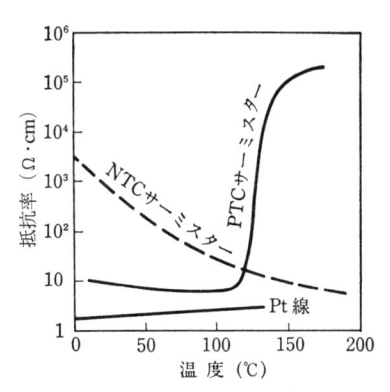

図 **3.50** サーミスターの電気抵抗-温度特性

ここに，R_0 と B は定数で，B はサーミスター定数とよばれる．B の大きい組成は一般に抵抗率が大きい傾向があり $B = 3\sim4\times10^3$ 程度のものがよく使われる．B が大きすぎると，わずかの温度変化で抵抗が大きくなるので測定がむずかしくなる．感度は $1/100\sim1/1\,000°\mathrm{C}$ までいろいろあり，体温，ガス濃度，真空度，風速，湿度，赤外線の計測にも応用されている．

CoO，NiO，MnO，$\mathrm{Fe_3O_4}$ のような d 型金属の酸化物では，金属原子の価電子は酸素原子の 2p 軌道に移り，s 軌道は空っぽであるので絶縁体である．しかし，d 軌道の電子が動けば導電性がでてくる．d と s 軌道とは重なり合っていて，d から s 軌道への電子の移動はわずかの熱励起で達せられる（図 3.2 参照）．これらの d 型金属酸化物セラミックスは空気中で安定で，不純物の影響も大きくないので，300°C 以下で使用できる NTC サーミスターとして広く用いられている．一方，自動車の排気系における再燃焼にともなう温度上昇を知るため高温用サーミスターが必要となっている．自動車用のサーモセンサーは $400\sim1\,100°\mathrm{C}$ の温度範囲にわたって長時間の安定性保持が要求されるが，このような目的のためには $\mathrm{ZrO_2}$-$\mathrm{Y_2O_3}$ 系，$\mathrm{Al_2O_3}$-$\mathrm{Cr_2O_3}$ 系のセラミックスが多く利用されている．$\mathrm{ZrO_2}$-$\mathrm{Y_2O_3}$ 系の構造は $\mathrm{CaF_2}$ 型であり，$\mathrm{Al_2O_3}$-$\mathrm{Cr_2O_3}$ 系は α-$\mathrm{Al_2O_3}$ 型で，いずれも広い温度範囲にわたって結晶転移がなく安定な構造を有するからである．

$\mathrm{BaTiO_3}$ 系半導体セラミックスは 120°C（キュリー点，誘電率を失う温度）で抵抗が急増する PTC サーミスターとして有名である．$\mathrm{BaTiO_3}$ に La^{3+}，Y^{3+}，Nb^{5+}，Ta^{5+} などの酸化物を $0.1\sim1\%$ 程度添加し，高温で焼結した多結晶体は n 型半導体となる．たとえば Ba^{2+} の x 部分を La^{3+} で置換すると，$\mathrm{Ba}^{2+}{}_{1-x}\mathrm{La}^{3+}{}_x(\mathrm{Ti}^{4+}\cdot\mathrm{e}^-)_x\mathrm{O_3}$ のような形となり，原子価の変わりやすい Ti^{4+} は外界から e^- をとり込み Ti^{3+} となって，全体の電気的中性を保つ．この Ti によってとらえられた e^- は熱振動によって容易に自由な伝導電子としてふるまい，各種電子回路の自動温度補償，電流制限器，定温度発熱体などに広く用いられている．PTC サーミスターの 120°C 付近における抵抗率の急減は，$\mathrm{BaTiO_3}$ の正方晶 $\rightleftarrows$ 立方晶転移による誘電率の急減が原因とされている．

(b) 光導電素子 つぎに光によって感応する半導体素子の例として β-CdS をあげる．β-CdS はダイヤモンド類似の β-ZnS 構造（図 1.33 参照）であるが，その ΔE_g は 2.5 eV（図 3.42 参照）で，これを周波数に直すと，吸収帯の波長は 490 nm に相当する．すなわち，可視光線（ΔE_g $3.5\sim1.7$ eV，波長 $360\sim740$ nm）を照射すると，光エネルギーのほうが CdS の ΔE_g より大きくなり，価電子は伝導バンドに励起されて光伝導性をあらわす．光の強さに応じて固体内に電流が流れるの

図 **3.51** CdS 光導電素子

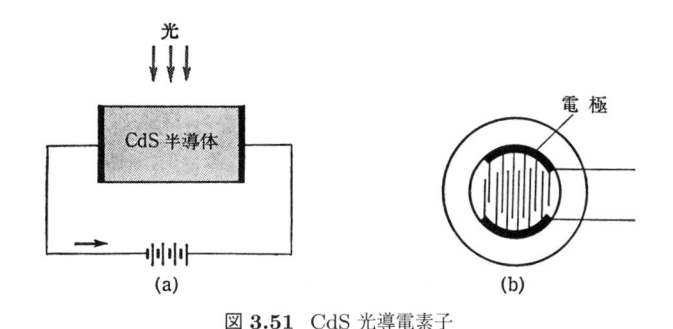

で，光センサー (photosensor) としての用途が開かれている．CdS 光導電素子の伝導機構を図 3.51 (a) に示す．

製造方法は β-CdS 粉体に添加物として $CuCl_2$ 粉末を微量配合してセラミックス板にぬり，不活性ガス中，約 600°C で焼結させる．図 3.51 (b) に示すように，電極はその間隔を短くし，受光面を大きくするため，くしの歯をかみ合わせたような形のものを用いる．CdS セルの分光感度のピークは波長約 520 nm であるが，Cu を添加するとその量に応じて 620～700 nm に感度のピークが移動する．CdS セルの特徴は，光導電感度がすぐれているうえに，光の照射を止めても，伝導電子 e^- はいったんバンド間の不純物準位に落ちて，すぐに h^+ と再結合しないことである．つまり，e^- の寿命時間が長いということである．CdS や CdSe は光電池 (photocell)，カメラの自動露出計 (exposuremeter)，街路燈の自動点滅器などに広く用いられている．

(c) 半導体ガスセンサー 半導体セラミックスの表面に気体分子が吸着したときの導電率の変化を検出して，ガス濃度を測定したり警報を発したりする半導体素子で，ガスセンサー (gas sensor) とよばれる．もっぱら大気中で使用され導電率の変化は，酸素の吸着，特定ガスの吸着，吸着物の化学反応など，複雑な表面現象が関与している．一方，比較的高温の酸化性や還元性のふん囲気においては化学的に安定であることが要求されるので，センサー素子材料のほとんどは多孔質の酸化物セラミックスに限定される．代表的な半導体ガスセンサーとしては SnO_2 や ZnO があげられるが，いずれも 300°C 以下で安定である．一般には素子の感度と応答速度を高めるためには 200～400°C に加熱して使用される．

ZnO (α-ZnS 型構造) も SnO_2 (ルチル型構造) も非化学量論組成で，O^{2-} に対し金属イオンが過剰に存在する．たとえば，ZnO では過剰の Zn^{2+} イオンが格子

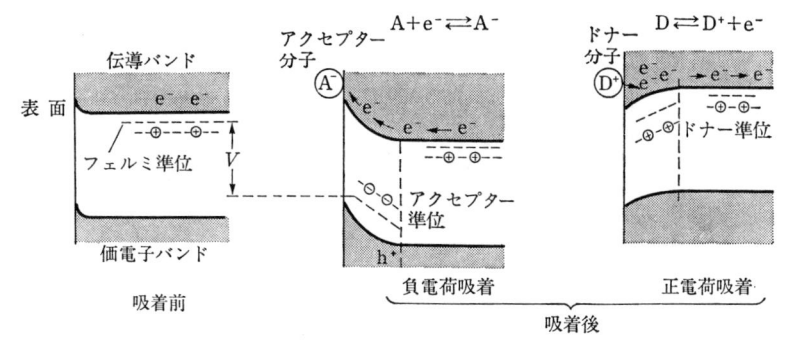

図 3.52 n 型半導体のガス吸着前後のエネルギーバンド

間にあって Frenkl 欠陥 (小さい陽イオンがその席を離れて格子間に移る欠陥) を形成, 伝導電子 e^- を供給しているため n 型半導体となり, つぎのような平衡が存在し, その導電率も温度やふん囲気によって大きく影響される.

$$ZnO \rightleftarrows Zn_i^+ + e^- + \frac{1}{2}O_2 \uparrow \qquad (3.17)$$

$$ZnO \rightleftarrows Zn_i^{2+} + 2e^- + \frac{1}{2}O_2 \uparrow \qquad (3.18)$$

ここに i は格子間のイオンの意味である. 上記の反応は n 型半導体の内部において起きているのであって, その表面においては化学結合の切断, 格子欠陥の生成, 大気中の酸素分子の負電荷吸着 (O^-, O^{2-}) などが起こる. その結果, 表面付近では電子欠乏層が生成し, 中性を保つため表面のエネルギーバンドはやや上向きに湾曲してポテンシャルの壁ができる.

吸着前後のエネルギーバンドの変化を図 3.52 に示す. 吸着ガスはドナー分子またはアクセプター分子として表面に吸着し, 半導体内部と電子の受け渡しを行う. まず, アクセプターとして作用する場合, 半導体のフェルミ準位よりも低い位置にアクセプター準位があらわれ, 電気二重層となるためエネルギーバンドの湾曲はさらに大きくなる. アクセプター分子による e^- の吸引は, 内部と表面とのフェルミ準位の差がなくなるまでつづく. このような n 型半導体の負電荷吸着は導電率を減少させる効果を示す. 一方, ドナーとして作用する場合は, 正負が逆の電気二重層となりエネルギーバンドは表面付近で下向きに湾曲する. ドナー分子から半導体表面に e^- をあたえることにより正電荷吸着し, 結果的には導電率を増大させるのである.

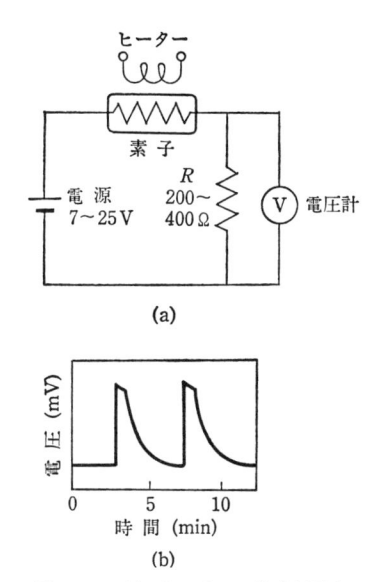

図 3.53 ガスセンサーの検出回路と出力信号

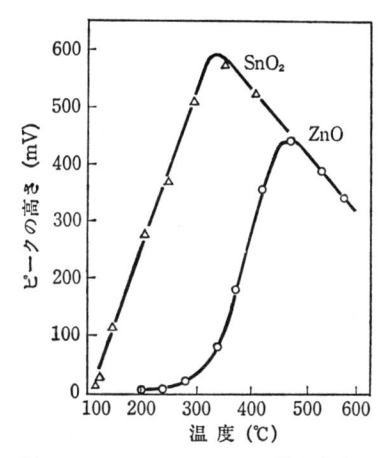

図 3.54 ガスセンサーのガス検出感度の温度変化

一般的には O_2 は負電荷吸着，H_2，CO，炭化水素などは正電荷吸着することが知られている．たとえば，プロパン (C_3H_8) は半導体表面の O^{2-} による式 (3.19) のような脱水素反応により不可逆反応により $C_3H_7^+$ がドナー分子となって正電荷吸着するといわれている．

$$C_3H_8 + O^{2-} \rightarrow C_3H_7^+ + OH^- + e^- \tag{3.19}$$

実際のガスセンサー素子は，Pt や Pd などの貴金属活性触媒を担持した低密度焼結体または絶縁体上の薄膜に，電極と加熱用のヒーターをとりつけたもので，これを適当な検出回路に組み込む．図 3.53 (a) に検出回路の例を示す．素子の抵抗変化は直列に入れた抵抗の両端の電圧変化で検出する方法で，図 3.53 (b) に示すような出力信号 (パルス信号) となってあらわれる．ガスの検出には，半導体表面でのガスの吸脱気がすみやかでなければならない．

図 3.54 は SnO_2 系と ZnO 系のガスセンサーにおいて 0.1%のプロパンガス (C_3H_8) を 30 s 間流したときの感度-温度曲線である．感度は温度変化に鋭敏であり，SnO_2 は約 300°C，ZnO は約 450°C で最高感度を示す．したがって素子はヒーターで加熱して 200〜400°C ぐらいに保持する．

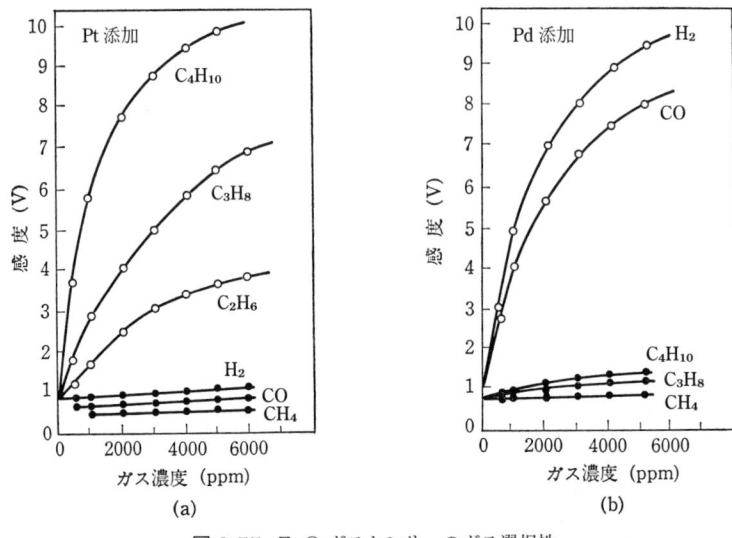

図 3.55 ZnO ガスセンサーのガス選択性

ガスセンサーとしての重要な条件はガスの選択性である.現在,SnO_2 系センサーがもっとも多く使われているのは,ZnO 系にくらべて低い温度で高い応答性を示すことが理由となっていたが,一方,アルコールや湿度にも敏感であるという欠点をもっていた.ZnO 系では触媒を使用することにより,ガス選択性を高めることに成功している.その結果を参考までに図 3.55 に示す.すなわち,Pt 化合物を触媒とした ZnO 素子は炭化水素に対して高感度を示し,Pd 化合物を触媒としたものは CO,H_2 などに対して高い感応性を示す.$\gamma\text{-}Fe_2O_3$ 系は触媒を使用しないものでもよく感応し,長時間の使用に耐えるセンサーとして注目されている.

半導体ガスセンサーは,ガスもれ警報器に応用されているが,いずれも表面現象の利用が基本となっており,安定な動作特性を得るには多くの問題を残している.

(d) p-n 接合とダイオード つぎに接合半導体素子としてのダイオードの整流特性について解説する.Si の単結晶体に不純物を適当量添加して p 型半導体や n 型半導体をつくる機構については,すでに 3.4.1 項において詳しくのべた.ここで説明をするのは,一つの結晶体内に p 型領域と n 型領域とを二分してつくった素子で,p-n 接合 (p-n junction) とよばれている.この p-n 接合面に起こるいろいろな現象は,ダイオードだけでなく後述するトランジスターの作用機構を理解するためにも重要な知識となる.

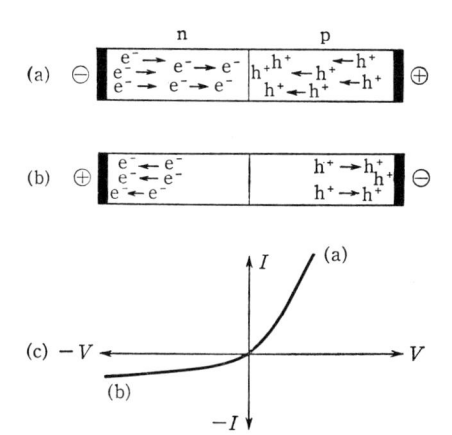

図 **3.56** ダイオードの整流特性

　p-n 接合で最も重要な性質は整流作用 (rectification) である．p-n 接合を応用した素子はダイオード (diode) で，一つの半導体単結晶体の半分を p 型領域に，他の半分を n 型領域として接合し，それぞれの側に電極をつけたものである．まず，概念図を図 3.56 に示す．まず，(a) に示すように p 型側を陽極として電圧をかけると，正孔 h^+ は陰極方向に引かれ，伝導電子 e^- は陽極に引かれ，両者は接合部付近で衝突し，消滅する．しかし，陽極からは h^+ が陰極からは e^- が，つぎつぎと供給されるので電流もたえまなく流れる．これを順方向 (forward direction) という．一方 (b) に示すように n 型側を陽極として電圧をかけると，e^- は陽極に h^+ は陰極にたちまち吸収され，電流はほとんど流れなくなる．これを逆方向 (reverse direction) という．

　これをバンド図で説明しよう．半導体の電位は価電子バンドと伝導バンドとの間の中央レベルとする約束がある．これがフェルミ準位で，0K における電子または正孔の充填レベルである (p.167 参照)．しかし，n 型半導体では伝導バンドのすぐ下の端とドナー準位とのちょうど中間となり，p 型半導体ではアクセプター準位と価電子バンドの上の端との中間となる．つまりここは電圧 0 のレベルと考えてよい．p-n 接合において電流が流れないような状態をつくるためには，p 型と n 型のフェルミ準位を直線にそろえればよいが，そのようにすると図 3.57 (a) に示すようにバンド図は接合部分で曲がってしまう．いま，この p-n 接合に p 型側を陽極として電圧をかけると (図 3.56 (a) の状態)，バンド図は図 3.57 (b) に示すように変化し n 型と p 型のバンドの高さは逆転する．バンド図は電子の動き

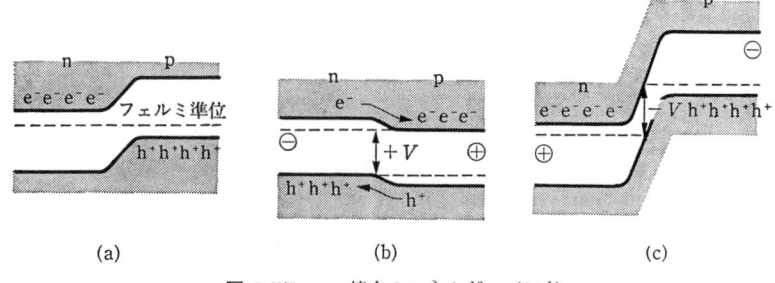

図 3.57 p-n 接合のエネルギーバンド

を基準としているので，負電圧が強いほどバンドは上に上がる．つまり正電荷をかけたことは，p 型のフェルミ準位が相当分下げることである．この場合，e^- と h^+ に対するさまたげはほとんどなく，e^- と h^+ は相互に無制限に流れる．e^- は下に落ち，h^+ は上に上がるのがもっとも抵抗が少ないからである．つぎに p 型側を陰極として負電荷をかけると (図 3.56 (c) の状態)，こんどは図 3.57 (c) に示すように p 型側のバンドはいちじるしく上がり，e^- も h^+ もまったく動けない．したがって電気抵抗はきわめて高いことになる．ただし，熱的作用で生じた p 型中の少数の e^- や n 型中の少数の h^+ だけは流れることができる．すなわち，飽和電流とよばれる一定の微小電流が流れる．

p-n 接合における加えた電圧 (V) と流れる電流 (I) との関係を図示したのが図 3.56 (c) である．p 型側を陽極にした場合には ($V > 0$)，電流は電圧とともに増大するが，p 型側を陰極にした場合には ($V < 0$)，電流はすぐ飽和しそれ以上は流れなくなる．すなわち，電流を正電荷の流れとみると，p 型側のほうが電位が高いときは p から n へよく流れるが，n 型側のほうが電位が高いときは n から p へ流れないわけで，このようなダイオードの p-n 型整流特性が整流器 (rectifier) に利用されている．

IC 基板の表面にダイオードを組み立てる工程については，図 2.8 を参照のこと．ダイオードに用いられる半導体の大部分は Si の単結晶体であるが，SiC の単結晶体は室温でも Si と同じように Al を混ぜると p 型に，N を溶かすと n 型となり，その p-n 接合は耐熱ダイオードとして重用されている．

(e) 太陽電池 p-n 接合に光があたると，光エネルギーにより半導体内部に同じ数の電子と正孔が発生し，互いに相手の領域に拡散して，両端に回路を接続すれば電流が流れる．図 3.58 はその機構を説明したもので，もともと存在する n 型

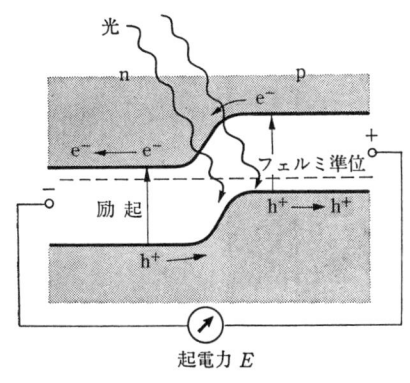

図 3.58 p-n 接合と光起電力   **図 3.59** 太陽電池の構造

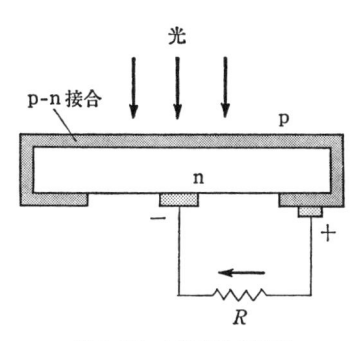

の e^- と p 型の h^+ は動くことができず，光エネルギーにより n 型に生成した e^- と p 型に生成した h^+ だけが左右に分離されて，電極間に起電力を発生する．

このように太陽電池 (solar battery) は p-n 接合の光伝導性を利用したもので，太陽の光エネルギーを Si の p-n 接合にあてて電力をとりだす目的のダイオードである．図 3.59 にその断面を示す．薄い円板上の Si 単結晶体で光のあたる場所は p 型，内部は n 型となっている．Si のエネルギーギャップ ΔE_g は 1.1 eV (光の波長で 1100 nm) よりも高いエネルギーの光が入射されると (可視光線の ΔE_g は 1.7～3.5 eV)，同数の e^- と h^+ が励起され接合部で分離されて，分極して起電力を生ずる．すなわち，p 端子が正に n 端子が負になり矢印の方向に電流を流す．

太陽は快晴時に 1 m² あたり 1 kW のエネルギーを照射しているが，Si 単結晶体の p-n 接合の光に対する感度は波長 1000 nm 付近が最大で，可視光線の波長分布 (740～360 nm) の最大は 500 nm 付近であるので (図 3.92 参照)，電池の効率は 1 m² あたり 160～180 W で 16～18% である．直径 10 mm ぐらいの円板形 Si の p-n 接合素子を 1 m² に並べると約 100 W の電力が得られるので，蓄電池と組み合わせて太陽発電機器，無人燈台や人工衛星などの電源として広く利用されている．

図 3.60 はおもな太陽電池用半導体の光吸収係数 α のスペクトル分布を示している．この分布が太陽スペクトルとなるべく広い範囲で重なり，しかも太陽放射光のエネルギー密度のもっとも高い波長 500 nm 近くで光吸収係数が高い材料ほど，理論的なエネルギー交換効率が高くなる．このような考えでこの図を見ると，CdTe や GaAs がもっとも太陽電池用材料として適しているように感ずるが，じっ

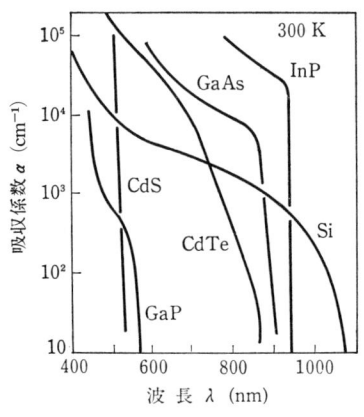

図 3.60 太陽電池用半導体の光吸収曲線

さいにエネルギー変換効率やコスト面から考えると実用上は Si のほうが有利で，もっとも多く使用されている．

シリコン太陽電池は単結晶，多結晶，アモルファスの 3 種類に大別される．アモルファス (amorphous) とは無定形または非晶質とよばれ，原子の配列が不規則で結晶のように特有な外形を示さない固体を指す．エネルギー変換効率は単結晶体で 18% 以下，多結晶体で 14% 以下，アモルファス体で 10% 以下といわれているが，太陽電池の需要急増から大幅なコスト低下が要望され，多結晶体，アモルファス体の低コスト製造が大きな課題となっている．とくにアモルファスシリコン (amorphous silicon) は太陽光放射エネルギーの最大値付近で 1 けた以上も光吸収係数が大きいため，太陽電池作用に必要な膜が薄くてすむことが分かった．すなわち，その厚さは単結晶 Si が約 80 μm であるのに対し，アモルファス Si はせいぜい 1 μm 程度ですむと考えられている．現在，アモルファス Si は，日本の太陽電池生産量の半ばをこえるに至っている．

(f) 発光ダイオード p-n 接合に電流を流すと多数の電子が伝導バンドにジャンプするが，これらの電子が再び価電子バンドに落ちて再結合すると，エネルギーが放出される．このエネルギーが光エネルギー相当分のときは p-n 接合は発光する．ただし，Si の場合は赤外線となってしまうので見えない．可視光線を放出する物質としては 1.7〜3.4 eV 程度の ΔE_g をもつ GaAsP, GaP, GaN などの半導体があり，これらのダイオードは 2 V 程度の電圧をかけると発光するので，発光ダイオード (light emitting diode) とよんでいる．

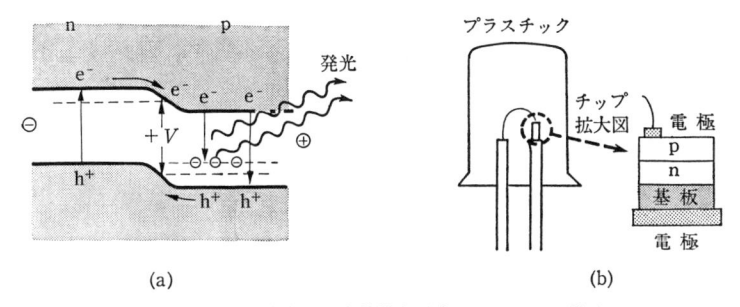

図 3.61 p-n 接合の発光機構と発光ダイオードの構造

　図 3.61 (a) は発光ダイオードのバンド図を，(b) は構造を示している．p-n 接合に順方向に電圧をかけると，n 型側から p 型側へ e^- が，p 型側から n 型側へ h^+ が，それぞれ接合部を通して流れ込む．しかし，e^- のほうが移動度が大きいので相手側へ流れ込む量は e^- のほうが大きい．そして p 型部分に入った e^- は，価電子バンドに多数存在する h^+ やアクセプター準位に存在する h^+ と再結合し，このさいのエネルギーギャップ ΔE_g が 1.7～3.5 eV に相当するエネルギーを光の電磁波 (可視光線) として放出する．

　発光ダイオードの材料としては，可視光線では $GaAs_{1-x}P_x$ (赤，ピーク波長 650 nm)，微量 N 固溶 $Ga_{1-x}P_x$ (赤，632 nm，黄 589 nm)，微量 N 固溶 GaP (緑，565 nm) で，そのほか青色材料としては GaN，SiC，ZnSe が知られている．

　$GaAs_{1-x}P_x$ の製造は x が 0.4 よりも小さい場合は，Ga，HCl，PH_3，AsH_3 を用いて作成された p 型の GaAs の単結晶基板上に CVD (p.73 参照) により n 型 $GaAs_{1-x}P_x$ を成長させる．成長は 800°C 前後で基板組成が x 0.5 以上となると電子構造が変わり発光しにくくなるので，不純物 N を加えて短波長の発光 (だいだい色→黄色) をだすことができる．基板となる GaAs は β-ZnS 型構造 (図 1.33 参照) で，融点は 1240°C，この温度での As の分解圧は 99 kPa (740 mmHg) であるので比較的つくりやすい．p.100 を見よ．発光ダイオードは記号表示材料，道路標識など広い用途を有する．

　GaAs の p-n 接合型としての半導体レーザーについては，3.6.7 項で別にのべることとする．

　(g) p-n-p 接合と接合トランジスター　結晶の中央を n 型に両側を p 型にして電極をつけた p-n-p 接合，またはその逆の n-p-n 接合を接合トランジスター (junction transistor) という．これらは背中合わせとなった 2 組の p-n 接合から

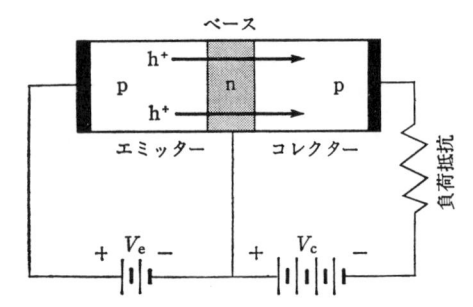

図 3.62 接合トランジスターの増幅特性

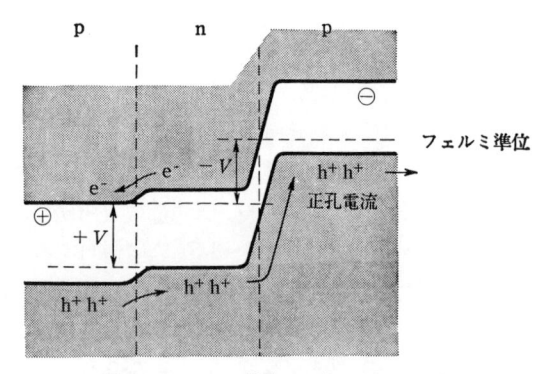

図 3.63 p-n-p 接合のエネルギーバンド

成る．

いま，図 3.62 に示すような p-n-p 接合に直流電流を加える．陽極側の p 型領域をエミッター (emitter)，陰極側の p 型領域をコレクター (collector)，中央の n 型領域をベース (base) という．電圧の向きはエミッターとベースの間は図 3.56 (a) の順方向の関係になっているが，ベースとコレクターとの間は図 3.56 (b) の逆方向の関係になっている．この p-n-p 接合のエネルギーバンドは図 3.63 のようにあらわされる．図 3.57 の p-n 接合のエネルギーバンドと対比すること．

ここで重要なのはエミッターからベースに注入されるエミッター電流 (I_e) であって，ベースを十分に薄くしておけば h^+ はほとんど e^- と再結合しないで，きわめてわずかな電圧でベースを通りぬけてコレクターに流れ込み，コレクター電流 (I_c) となる．すなわち，ベースからエミッターに流れる e^- はあまり問題にならない．電流増幅率 α は I_c/I_e でほぼ 1 に近い値であるが，図 3.56 (c) の電圧 (V) と電流 (I) 特性からも分かるように，コレクター側はわずかな電流によっても逆

電圧 $(-V)$ はいちじるしく大きくなる (見かけ上の電気抵抗値が大きくなる). すなわち, I と V との積である出力は, 入力側の接合部を通るときに要した入力よりもはるかに大きくなる. つまり, 入力電圧 V_e のわずかの変化で, 出力電圧 V_c のほうに大きな変化が見られることになる. これがトランジスターによる増幅作用で, 増幅率 G は非常に大きな値 (100 倍以上) となる.

ダイオードやトランジスターは非常に少ない電流で作動でき, 所要電圧も低くてよい. p-n 型の整流器や p-n-p 型 (またはその逆の n-p-n 型) のトランジスターをつくる場合, 不純物の添加量を厳重に調整して, それぞれの型の単結晶体を合成しなければならない. ドナーまたはアクセプターは半導体単結晶を成長させるさいに融解液中に添加するか, あとで CVD (p.73 参照) か PVD (p.75 参照) で結晶表面から内部に拡散させたりする. 集積回路プロセスは酸化膜の形成と酸化膜をマスクとする不純物の局所的な熱拡散が基本である. 詳しくは 2.1.5 項を参照されたい. しかし, Si は電子移動度が小さい ($1\,500\,\mathrm{cm}^2/\mathrm{V\cdot s}$) ために集積回路の演算時間やアクセス時間に問題があった. そこで, 電子移動度の大きい GaAs ($5\,000\,\mathrm{cm}^2/\mathrm{V\cdot s}$) が注目され, 高速コンピューターでは Si から GaAs への転換が活発である.

(h) MOS トランジスターと半導体メモリー素子　すでにのべた p-n-p 型の接合トランジスターに対し, 半導体メモリー素子として用いられる MOS トランジスター (MOS transistor) について解説する.

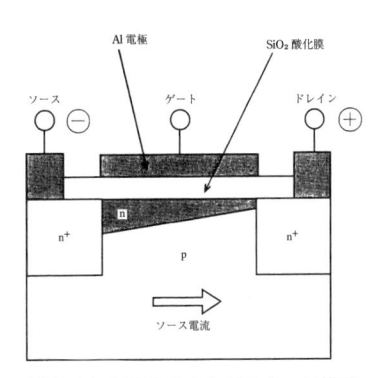

MOS トランジスターの構造を図 3.64 に示す. 外部からキャリア (電子または正孔) を受け入れるゲート (gate) の構造は, 上から金属 M/酸化物膜 O/半導体 S の 3 層から成ることから, MOS と名づけられた. この回路例によると弱い p 型基

図 **3.64**　MOS トランジスターの構造

板上内に強い導電性を有する n^+ 領域が二つ形成され，それぞれソース (source) とドレイン (drain) の電極となっている．いま，ゲートに電圧をかけてもソース (陰極) からドレイン (陽極) に至る電流通路は n-p-n 配列をとるため，二つの界面のうちどちらかの界面は逆方向となっているので (図 3.56 参照)，ソース電流は流れない．しかし，ゲートに強い正電圧をかけると，界面近くに多数の伝導電子が生じ p 領域は実質的には n 型となり，ソースとドレイン間の通路は n-n-n 配列となって電流は流れる．

このようにゲート電圧 V_G がある臨界値 V_{GO} をこえるまではソース電流は流れない．すなわち，ゲート圧力が $V_G > V_{GO}$ の状態を ON，$V_G < V_{GO}$ の状態を OFF とすれば，理論回路の 1 と 0 に対応してスイッチング (swiching) する機能をもつ半導体メモリー (semiconductorial memory) となるのである．

近年，MOS トランジスターを小形化して集積化した VLSI がメモリー素子としてさかんに使われるようになった．従来のメモリーの主力はフェライトの小さなビーズをあみ合わせたコア磁気メモリーであった (図 3.90 参照)．しかし，この場合のスイッチング速度は 100 ms 程度とおそく消費電力も 1 W 程度とかなり高いので，多量の計算を高速度で行うことはむずかしい．

MOS トランジスターも磁気メモリー素子と同じように外部からの 1 と 0 に対応するパルス信号 (pulse signal，断続的信号) により機能をする点では同じ原理で加算回路を構成している．このような信号の情報単位を 1 ビット (bit) という．半導体メモリー素子でとりあつかえる語長は 32 bit 分で，マイクロコンピューターの 1 mm 角程度の Si チップ上に 73 万個の MOS トランジスターを集積し，コンサイス英和辞典の 500 ページ分を記憶できるという．ちなみに半導体メモリー素子を用いた回路では，スイッチング速度は数 ns (10^{-9} s) であり，1 回のスイッチングに要するエネルギーは 1 mW 以下である．

3.4.4 固体電解質と酸素センサー

NaCl 水溶液では H_2O 分子の間を解離した Na^+ と Cl^- とがほとんど自由な状態で存在するので，電場をあたえればこれらのイオンは電極方向に容易に移動し，その結果，電流を生ずるのである．しかし，NaCl 結晶中では Na^+ も Cl^- も密につまった格子中にあって，電場をあたえても動くことができない．すなわち，NaCl 結晶の導電率は．室温では 10^{-16} S/cm ぐらいで絶縁体である．しかし，加熱するとイオンの熱振動や不純物原子の固溶などにより格子内にイオン空孔などができると，これらのイオンは格子欠陥を利用して動くことができるので，イオ

ン伝導性を生ずる．したがって，純粋なイオン結晶におけるイオン伝導性は温度依存性がある．

一方，NaCl 結晶において Na$^+$ の一部を Cd^{2+} に置換すると，次式により Cd^{2+} 1 個につき Na$^+$ イオン空孔 1 個につき Na$^+$ イオン空孔 1 個を生ずる．

$$\mathrm{Na}^+ \rightleftarrows \mathrm{Cd}^{2+} + \mathrm{V}_{\mathrm{Na}}^+ \tag{3.20}$$

ここに $\mathrm{V}_{\mathrm{Na}}^+$ は Na イオン空孔で，添加する Cd^{2+} の量を増すと，$\mathrm{V}_{\mathrm{Na}}^+$ 空孔の数も対応して増えるので，その空孔を利用して Na$^+$ は格子内を動きイオン伝導性を増す．Cd^{2+} のような 2 価金属イオンを含むイオン結晶におけるイオン伝導性は，温度に関係なく不純物の量だけに依存する．

これと同じ原理で ZrO$_2$ と Y$_2$O$_3$ の粉体どうしをよく混合し，1000°C 以上で加熱すると，Zr^{4+} の一部は Y^{3+} と置換して固溶体が生成し，次式のように電気的中性を保つため O^{2-} の陰イオン空孔を生成する．

$$2\mathrm{Zr}^{4+} \rightleftarrows 2\mathrm{Y}^{3+} + \mathrm{V}_{\mathrm{O}}^{2-} \tag{3.21}$$

ここに $\mathrm{V}_{\mathrm{O}}^{2-}$ は O^{2-} イオン空孔である．この場合，Zr^{4+} (イオン半径 0.079 nm) では MX$_8$ 配位をとるには小さすぎるので，もう少し大きな Y^{3+} (イオン半径 0.092 nm) で置きかえると，MX$_8$ 配位の理想的イオン半径比に近づき，単斜晶の ZrO$_2$ は Y$_2$O$_3$ の部分固溶により立方晶 (CaF$_2$ 構造，図 1.39 参照) に変化して安定化する．これが安定化ジルコニア (PSZ) とよばれる高温材料で，すでに CaO による ZrO$_2$ の安定化例を p.152 で詳しくのべている．

これらの固溶体の組成は Zr$_{1-x}$Y$_x$O$_{2-x/2}$，Zr$_{1-x}$Ca$_x$O$_{2-x}$ で示される O^{2-} 不足型 CaF$_2$ 構造となる．CaF$_2$ 構造においては，この x がかなり広い範囲でその構造が保たれるので，非常に高濃度の O^{2-} 欠陥が結晶中に存在することができる．この欠陥を利用して O^{2-} が動くことによって生ずる導電率は，x が小さいときはその増加とともに増大するが，ある組成で極大値を示す．たとえば，Zr$_{1-x}$Y$_x$O$_{2-x/2}$ において $x = 0.06$ (空孔濃度 3%) 付近で極大値 2×10^{-2} S/cm (800°C) を示す (図 3.47 参照)．このように格子中の欠陥を利用してイオンが自由に動きイオン伝導性を示す固体を，固体電解質 (solid electrolyte) とよんでいる．固体電解質の応用として自動車エンジン用の酸素センサー (oxygen sensor) がある．

ガスを透過しない高密度安定化ジルコニア焼結体の平板な両面に Pt 電極をとりつけ，これを隔壁として図 3.65 (a) のように隔てる．これは一種の濃淡電池となり，酸素分圧の高い側 I では $1/2\mathrm{O}_2 + 2\mathrm{e}^- \rightarrow \mathrm{O}^{2-}$，酸素分圧の低い側 II では

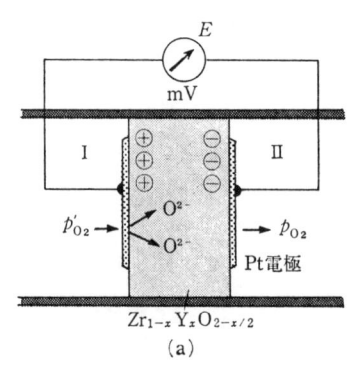

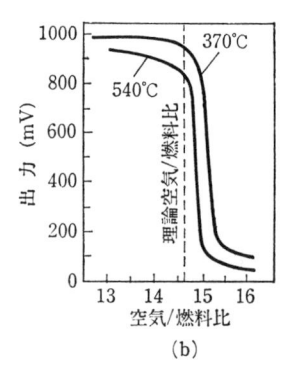

図 3.65 ZrO_2-Y_2O_3 系酸素センサーの導電機構と空気量制御

$O^{2-} \to 1/2 O_2 + 2e^-$ となり，高圧側に正電荷，低圧側に負電荷が集まる結果，両電極間に起電力 E を生じ，O^{2-} は固体電解質を I から II へ流れる．

酸素分圧を高圧側で p'_{O_2}，低圧側で p_{O_2} とすると，絶対温度 T における起電力は，つぎの Nernst の式であらわされる．

$$E = \frac{RT}{4F} \ln(p'_{O_2}/p_{O_2}) = \frac{RT}{4F}(\ln p'_{O_2} - \ln p_{O_2}) \tag{3.22}$$

ここに R は気体定数，F は Faraday 定数 $(9.65 \times 10^4$ C (クーロン)/mol = 96 kJ/mol·V) である．したがって，一方の電極に空気とか純酸素を導いて p'_{O_2} を既知としておけば，E の測定値からの p_{O_2} 値を知ることができる．このような $\ln p_{O_2}$ と E との直線関係を利用することにより，酸素センサーとしての用途が開かれた．

自動車エンジンの空気と燃料の比を制御する λ (ラムダー) センサーは，まったく同じ原理で安定化ジルコニアが利用されている．簡単にするため燃料を CO とすると，その燃焼反応は $2CO + O_2 \to 2CO_2$ であるから，O_2 と CO との化学量論比は 1:2 である．図 3.65 (b) に示すように，燃焼前のガス組成がこの比をわずかにずれても燃焼後の $\ln p_{O_2}$ は大きく変化して起電力約 1 V が観測されるので，その出力をエンジン入口の空気量で制御するのである．これによって排ガス中の有害成分 CO, NO_x などを急減させることが可能となった．

3.4.5 絶 縁 体

共有結合性であるダイヤモンド (C) は，価電子バンドでは電子が満ちているが伝導バンドとの間のエネルギーバンドが大きいため絶縁体であった．一方，多く

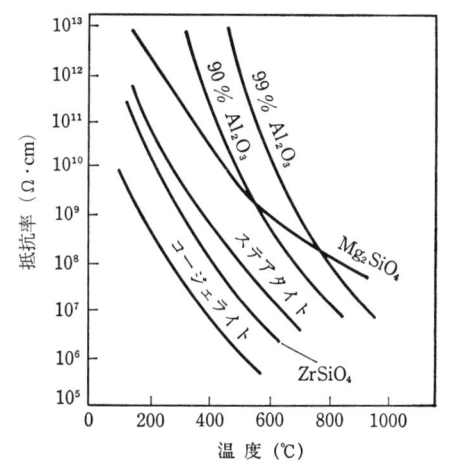

図 3.66 絶縁性セラミックスの電気抵抗の温度変化

のイオン結合性酸化物では，金属イオンの価電子バンド (s 軌道) は空っぽで O^{2-} イオンのそれ (p 軌道) は電子がいっぱいであり，しかも伝導バンドは重なり合うことはないので絶縁体である (図 3.41 参照)．すなわち，図 3.38 に示したように酸化物 (多結晶体) の大部分は室温付近で導電率 $10^{-10} \sim 10^{-20}$ S/cm の範囲に入り，なかでも MgO, Al_2O_3, BN, AlN などは絶縁材料として広く用いられている．しかし，温度の上昇とともにイオン欠陥が増加し，これらを利用してイオンは動けるようになり，イオン伝導にもとづく導電率が上がり，高温では半導体領域に入るものが多い．この特性を利用して高温用の抵抗，サーミスター，バリスターなどの用途が開けた．3.4.3 項 (a) を参照のこと．

古くから使用されていた絶縁体セラミックスは，アルミナ (α-Al_2O_3)，フォルステライト (Mg_2SiO_4)，ステアタイト (steatite, 主原料は滑石，主成分は $MgSiO_3$)，コージェライト (cordierite, $Mg_2Al_3(AlSi_5)O_{18}$)，ムライト ($3Al_2O_3 \cdot 2SiO_2$)，ジルコン ($ZrSiO_4$) などの焼結体で，電力用がい子，自動車用点火栓，抵抗用基板としても広く用いられてきた．これらのセラミックスは絶縁体だけでなく耐熱性，化学的安定性が高く評価されたが，一方，寸法精度や熱衝撃抵抗には問題があった．代表的な絶縁体セラミックスの固有電気抵抗を図 3.66 に示す．

アルミナ (α-Al_2O_3) はもっとも高い絶縁性をもち，Al_2O_3 含有率が高いものほどすぐれている (最高純度 4 nine)．しかもフォルステライトやステアタイトとくらべると，熱衝撃抵抗はかなり高いことから高周波絶縁体としても重用されて

いる．

　近年，絶縁体セラミックスはIC基板，ICパッケージ(IC package), LSI用多層回路基板として新しい用途が開け，より精密な性質が要求されるようになった．とくにAl_2O_3はIC基板として重要であるが，薄膜ICでは下地基板の影響が大きく，厚膜ICではスクリーン印刷のため，いずれも表面が均一で平らでなければならず，このため平滑化加工にかなりのコストをかけている．また，ICが高電力化するにつれて基板を通して熱の放散性のよいことがのぞまれ，熱伝導性の高いBNやAlNが注目されている(p.123参照)．

　$1\,mm^2$程度の小さな結晶片にダイオード，トランジスター，抵抗，電極などの素子を組み込んだモノリシックIC (monolithic IC) は，ふつう気密性のセラミックス容器(ICパッケージ)におさめられ外気から保護されている．とくに電極のピンやリード線が容器にはさみ込まれているが，セラミックスに金属を焼きつけて気密構造を保っている．集積度の高いLSIとなると，セラミックスシート上に耐熱の導線回路を印刷し積み重ねて同時焼成することにより，セラミックス基板内に導体層を形成するもので，1mmの厚みの基板内に5〜6層の導体層をもつものがつくられ，この上にLSIチップをのせて立体配線により回路が形成される(図2.9参照)．集積度が高くなるほど発生する熱の放散が問題となる．

3.4.6　誘電体とチタン酸バリウムコンデンサー

　絶縁体は価電子バンドと伝導バンドとのエネルギーギャップが大きすぎて電子を励起できず，導電性を示さなかった．しかし，絶縁体でも電場をかけると，瞬間的ではあるが電気が流れ込むことがある．すなわち，電場によって結晶内の正電荷の中心と負電荷にずれを生じ，これを中和するために電流が流れ込むものがある．このような電場による分極現象を誘電現象とよび，このような性質を有する固体を誘電体(dielectrics)という．

　いま図3.67に示すように厚みdの誘電体の両端に電極をつけ，電圧Vを加えると，電極の強さは$E = V/d$ (V/m)となり，dが薄いほどEは大きくなり中和に要する電気も多量に流れ込む．これがコンデンサー(condenser)として広く利用される原理である．分極(polarization)は結晶内部の特定イオンが電圧のために位置がずれて，格子が正電荷を有する部分と負電荷を有する部分とに分れることによって生ずる．誘電効果の大きさは誘電率(permittivity)の値をε (F (ファラッド)/m)であらわされているが，一般にはその誘電率εと真空状態の誘電率ε_0との比，比誘電率ε_r (relative permittivity)であらわされる．すなわち，$\varepsilon_r = \varepsilon/\varepsilon_0$

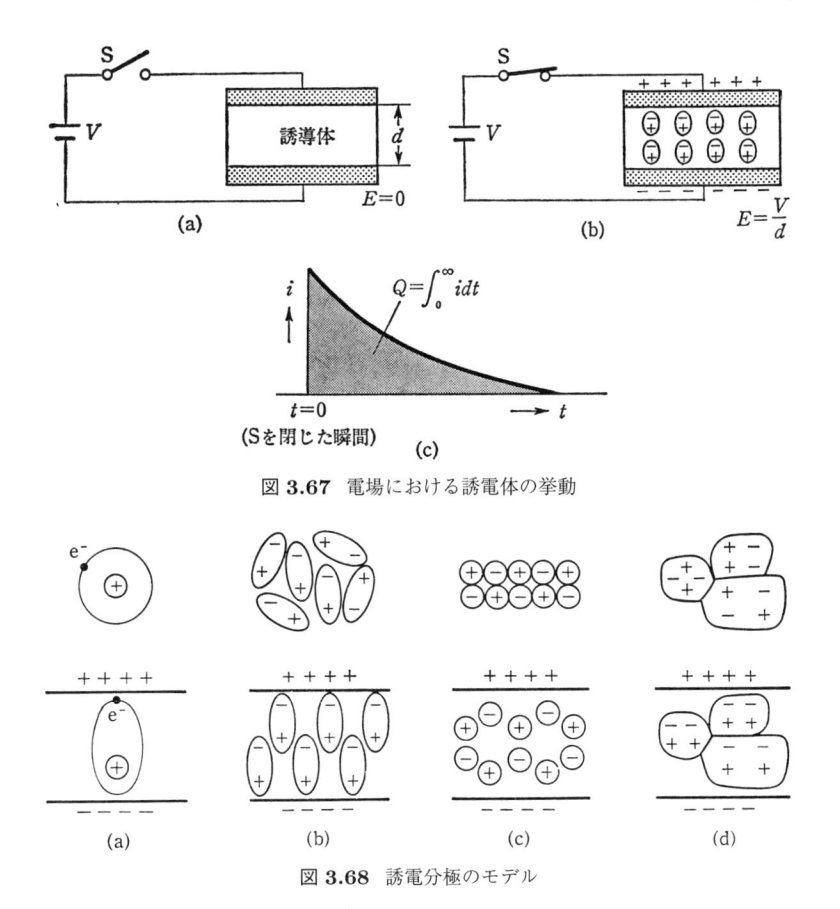

図 3.67 電場における誘電体の挙動

図 3.68 誘電分極のモデル

である．ふつうの絶縁体では 3～10 (α-Al$_2$O$_3$ で 9.7，固有抵抗 10^{15} Ω·cm) であり，TiO$_2$ (ルチル) では 30～80 (10^{12}～10^{14} Ω·cm) であるが，BaTiO$_3$ では 1 000～10 000 (10^{12}～10^{15} Ω·cm) にもなる．

誘電体内部での誘電分極 (dielectric polarization) には，図 3.68 に示すような 4 種類のモデルが考えられている．
(a) 原子内で電子雲に片よりを生ずる電子分極 (electronic polarization)．
(b) 固体内の双極子モーメントをもった対称分子が向きを変える双極子分極 (dipole polarization)．
(c) イオン結晶において格子がゆがむイオン分極 (ionic polarization)．
(d) 多結晶の粒界電荷が再配置される界面分極 (interface polarization) など．

(1) CaTiO₃ (2) BaTiO₃

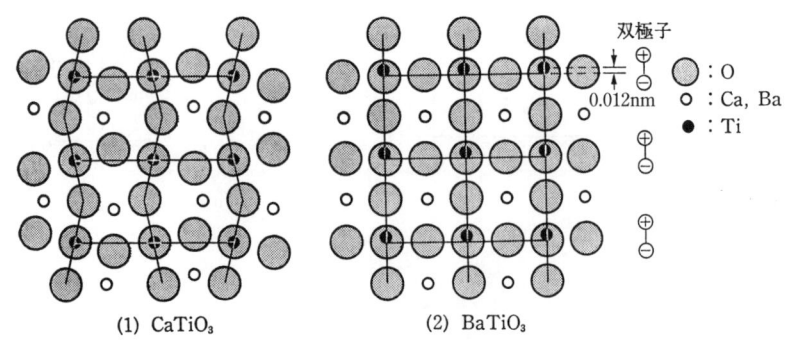

図 3.69 ペロブスカイト構造の格子ひずみと分極

これらのうちの一つか二つの要因が，電場の周波数，温度などによって重要な役割をはたすのである．たとえば，ダイヤモンドのような共有結合性固体では電子分極だけしか存在しないが，イオン結晶では電子分極，イオン分極と両方が存在し，とくに後者は赤外領域までの周波数で影響を受ける．また，高温ではイオンが動きやすくなるので，比誘電率も温度依存性を示す．さらに誘電体では，直流の電気伝導と双極子の緩和のためにエネルギー損失 (dielectric loss) が起こり，その損失率 ($\tan\delta$) が内部で熱になって失われるエネルギーの大きさの目安となっている．$\tan\delta$ は用途によって要求される程度が異なるが，10^{-4} 以下であることがのぞましい．

対称性の低い絶縁体では，電場をかけないうちから分極しているものもあり，温度を上げると原子の熱振動によって結晶も膨張するから分極も大きくなって，その差が電位差となってあらわれる．このような結晶を強誘電体 (ferroelectrics) とよび，$BaTiO_3$ はその代表的なものである．$BaTiO_3$ はペロブスカイト構造 (図 1.45 参照) で AO と BO_2 の 2 種の単一酸化物の組み合わさってできた複合酸化物である．理想的には立方晶であるが，A イオンが小さくなればイオンが変位して格子の対称性は低下し，正方晶，斜方晶，菱面体と変わる．

図 3.69 に示すように $CaTiO_3$ (斜方晶，$t = 0.75$，t はひずみの多少をあらわす．p.31 参照)，$BaTiO_3$ (正方晶，$t = 0.86$，t が 0.89 以上で立方晶に転移する) は，いずれもペロブスカイト構造で，TiO_6 八面体が O を共有して配列し，そのすき間に Ca^{2+} または Ba^{2+} が入っている．重要なのは，O-Ti-O の相互作用によって起こる分極である．Ba^{2+} よりもイオンの大きさの小さい Ca^{2+} を A 位置にもつ $CaTiO_3$ では Ca^{2+} の変位が大きく格子変形しているが，B 位置の Ti^{4+}

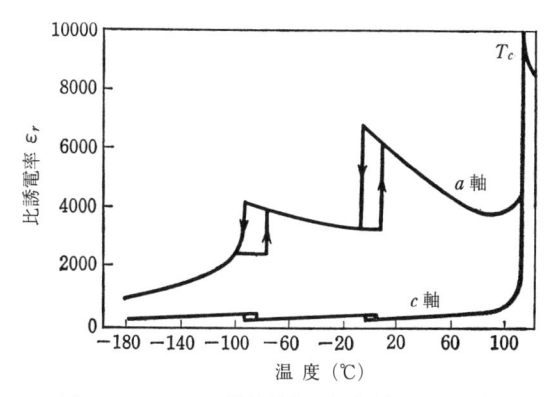

図 3.70 BaTiO₃ 単結晶体の比誘電率の温度変化

は TiO_6 八面体の中心にあり変位していないので分極性はない．これに対して変位の少ない $BaTiO_3$ では TiO_6 八面体の中心にある Ti^{4+} はまわりの 6 個の O^{2-} のどれかに接近した位置をとるため，正電荷の中心と負電荷の中心はずれて双極子モーメント (dipole moment) を生じ，誘電性があらわれてくる．

一般に $BaTiO_3$ はチタン酸バリウムとよばれているが，図 3.69 (2) に見られるように Ba^{2+} と Ti^{4+} は O^{2-} との間に平等なイオン格子を形成しており，TiO_3^{2-} のような錯イオンは見あたらない．したがって，$BaTiO_3$ は酸素酸塩ではなく，あきらかに複合酸化物であるから，チタン酸バリウムとよぶのは誤りであり，正しくは三酸化チタンバリウムとよばなければならない．

$BaTiO_3$ を加熱すると，120°C で立方晶に転移する．このさい，Ti^{4+} は立方格子の体心 (TiO_6 八面体の中心) に正しく位置するため，双極子モーメントは消えて誘電性を失う．このような非対称性の結晶が転移により対称性に変化し，誘電性を失う温度をキュリー点 T_c (Curie point) という．$BaTiO_3$ 単結晶体の比誘電率の温度変化を図 3.70 に示す．$BaTiO_3$ は $-70°C$ で菱面体晶 ⇄ 斜方晶，5°C で斜方晶 ⇄ 正方晶，120°C で正方晶 ⇄ 立方晶へ転移することが知られている．転移点付近で比誘電率も大きく変わり，とくに立方晶以外の結晶では異方性が大きくあらわれ，a 軸と c 軸とでは比誘電率の差がいちじるしい．しかし，コンデンサー材料として広く使われている $BaTiO_3$ セラミックスは多結晶体で微小結晶粒の焼結体（図 2.44 参照）であるから，その比誘電率は多数の小さい単結晶の各軸方向の平均値を示すことになる．

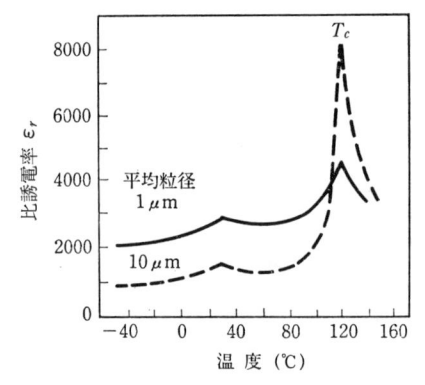

図 3.71 BaTiO$_3$ セラミックスの比誘電率の温度変化

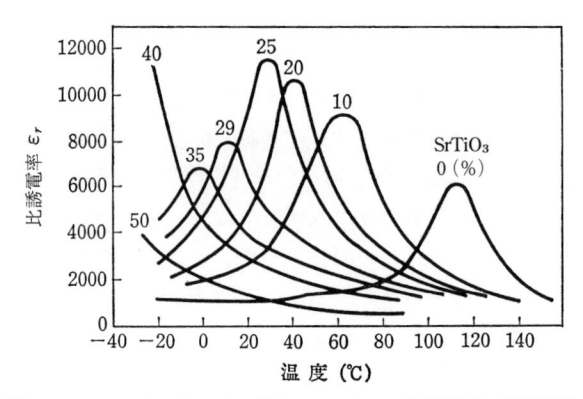

図 3.72 BaTiO$_3$-SrTiO$_3$ 系セラミックスの比誘電率の温度変化

図 3.71 は平均粒径 10 μm のふつうの焼結体と,粒成長を抑制し粒径を 1 μm 程度にそろえた焼結体のそれぞれの比誘電率の温度変化曲線を比較したものである.比誘電率に対する異方性の影響をできるかぎり少なくして,しかもその温度変化も小さくすることは,コンデンサー材料としてもっとも重要なことで,その点は粒径 1 μm の結果がすぐれていることが理解できよう.

BaTiO$_3$ セラミックスの比誘電率 ε_r (真空中の誘電率 ε_0 との比) は室温で約 1500 で,120°C ぐらいで 6000~10000 に達するが,図 3.72 に示すように BaTiO$_3$ に SrTiO$_3$,BaSnO$_3$ などを加え,Ba の一部を Sr に,Ti の一部を Sn に置換固溶させると,キュリー点は低温度側に移動し,室温で ε_r が 3000~5000 のすぐれた誘電体材料ができる.組成制御のよい例である.

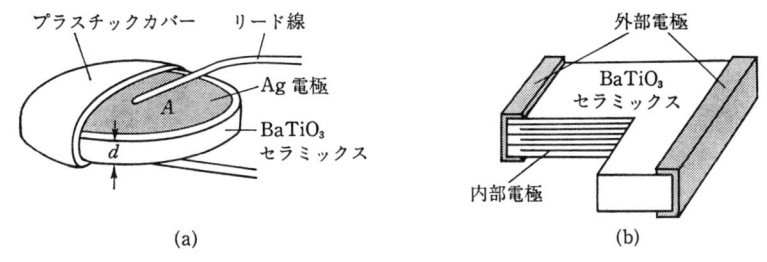

図 3.73 セラミックコンデンサーの構造

セラミックコンデンサーは円板状の $BaTiO_3$ 焼結体を両側から Ag 電極ではさみ込んだ構造で，その一例を図 3.73 (a) に示す．その静電容量 C，電極面積 A，誘電体の厚み d とすると，$C = \varepsilon_0 \varepsilon_r (A/d)$ であらわされる．ε_0 は 8.85×10^{-12} F/m である．ラジオ，テレビ，通信機器の部品として小形で大容量のコンデンサーをつくるためには，ε の大きいものを選べばよい．現在 d は $10^{-2} \sim 10^{-6}$ mm のものがつくられているが，$BaTiO_3$ 焼結体では 0.1 mm (100 μm) の厚さが技術的限界であるといわれ，直径 10 mm の円板状コンデンサーで ε_r が 1 000 の材料を用いれば，0.05 μF の容量が得られる．

A/d を大きくする方法として考えられたのがコンデンサーの積層化で，すでに IC 回路用素子として小形大容量積層セラミックコンデンサーが開発，実用化されている．その構造を図 3.73 (b) に示す．ドクターブレード法 (図 2.39 参照) によって製造された厚さ 10〜40 μm のセラミックシート上に印刷により厚さ 1〜2 μm の内部電極 (Pt, Pd, Au, Ag など) をつくり，このシートを 100 層も積み重ねて焼成する．1 枚のシートをはさんで対向する内部電極は，それぞれ一方の外部電極 (Ag) に接合している．このように小形化，高密度化のために高度な製造技術ときびしい品質管理が要求されている．

3.4.7 圧電体と PZT

誘電体の分極は電場をかけたときに生ずるが，とくに対称性の低い強誘電体では圧力または張力のような応力を加えただけで分極を起こすものもあり，このような性質を有する固体を圧電体 (piezoelectrics) という．

図 3.74 に誘電体の圧電特性の発現機構を示す．まず，(a) のように誘電体の両端に電極を置くと，内部に起きている分極のため両電極にそれぞれ異なる電荷を生ずる．つぎに (b) のようにこの結晶に圧力を加えると，格子はちぢまるため双

(a)　　　　　　　　(b)　　　　　　　　(c)

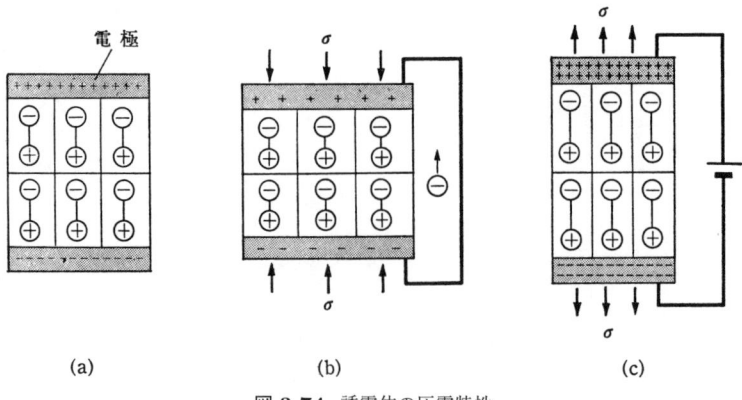

図 3.74　誘電体の圧電特性

極子モーメントも小さくなり，両端を短絡すれば電位差を生ずる．さらに (c) のように引っ張りによると格子は伸びるため双極子モーメントは大きくなり，外部より充電することができる．すなわち，圧電体は機械的エネルギーを電気的エネルギーに変換する機能を有しており，これにより変成器 (transducer) としての用途が開けた．

代表的な圧電材料としては単結晶体の水晶 (SiO_2)，多結晶体の $BaTiO_3$ や $Pb(Zr_xTi_{1-x})O_3$ が，それぞれ特徴を生かした形で広く用いられている．

$Pb(Zr_xTi_{1-x})O_3$ は Pb, Zr, Ti の頭文字をとって PZT と略称され，キュリー点が 500°C の $PbTiO_3$ と 234°C の $PbZrO_3$ との固溶体である．一般に，多結晶体はホットプレスによる PbO, ZrO_2, TiO_2 の粉体どうしの焼結により製造されている．単結晶は，PbO, $ZrCl_4$, $TiCl_4$ の気体どうしの気相反応により単結晶体の Si や Al 上にエピタキシャル成長させて PZT 圧電薄膜も作製できる．$PbZrO_3$-$PbTiO_3$ 系の状態図を図 3.75 に示す．

機械的エネルギー (応力 T とひずみ S) と電気エネルギー (電場 E と電気変位 D) との関係は，つぎのような式であらわされる．

$$S = S^E T + dE \tag{3.23}$$

$$D = dT + \varepsilon^T E \tag{3.24}$$

ここに S^E は E が一定のときのヤング率の逆数，ε^T は T が一定のときの誘電率，d は圧電定数で，T が 0 のときの電場によって生ずるひずみである．また，電気的エネルギーと機械的エネルギーの変換効率を示す係数として，電気機械結合

図 **3.75** PbZrO$_3$-PbTiO$_3$ 系状態図

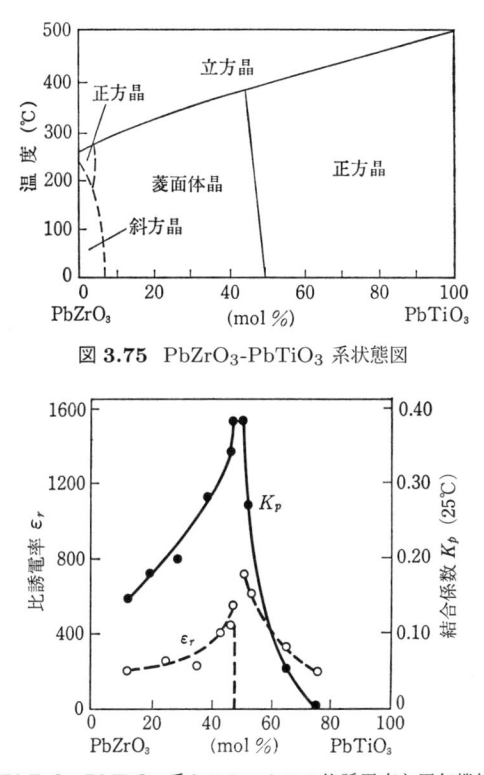

図 **3.76** PbZrO$_3$-PbTiO$_3$ 系セラミックスの比誘電率と電気機械結合係数

係数 K_p (electromechanical coupling coefficient) がよく知られている.

$$K_p = \left(\frac{d^2}{S^E \varepsilon^T}\right)^{1/2} \tag{3.25}$$

PbZrO$_3$-PbTiO$_3$ 系固溶体の組成, ε_r と K_p の関係を図 3.76 に示す. Pb(Zr$_{0.55}$Ti$_{0.45}$)O$_3$ の菱面体 $\rightleftarrows$ 正方晶への転移点付近で ε_r と K_p の最大値があらわれる特性が圧電材料として利用されている.

すでにのべたように BaTiO$_3$ 単結晶の比誘電率はいちじるしい異方性を示した (図 3.70 参照). 多結晶体が圧電性を示すのは構成する微結晶粒の分極方位が無秩序ではなく, 多少なりとも適当な軸方向にそろっていることが必要である. したがって, いったんキュリー点以上の温度に加熱したのち, 冷却しながら電場を加えるという処理を行うと, 各結晶粒を一定方向にそろえ, 高圧電性をあたえるこ

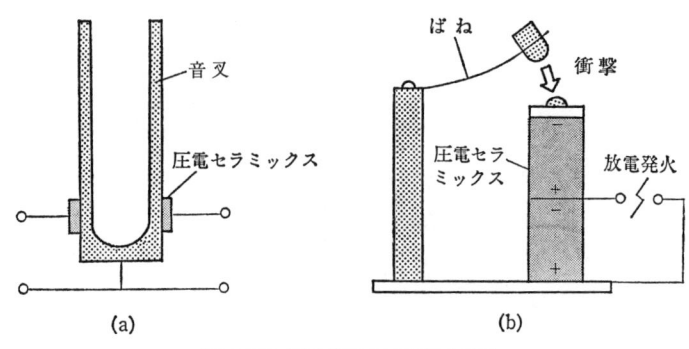

図 3.77　圧電音叉と圧電着火素子

とができる.

　圧電セラミックスの利用は圧電発振子と変成器とに大別されるが,いずれも PZT を中心として実用化され,その種類はきわめて多い.

　圧電発振子として応用されているもっとも簡単な形として圧電音叉(おんさ)がある.図 3.77 (a) に示すように金属製音叉の振動のひずみの大きい部分に 2 個の PZT セラミックスの小片を接着する.いま,この対向する PZT の両面に電気信号を送ると,その圧電性により機械的振動に変換されて音叉は振動する.そして,加えられた電気信号の周波数が音叉のもつ固有振動数に達したとき,共振現象により振動は大きくなり固有音波を発する.この現象を利用すると,音叉の固有周波数によって決まる周波数の発振素子として利用できる.この共振現象を利用して商品化されたのが,MHz 単位 (1 Hz = 1 c/s,サイクル/秒) の特定周波数だけに応答できるセラミックフィルター (ceramic filter) で,FM ラジオ (周波数 10.7 MHz) やテレビ (58 MHz 以下) などに多量に用いられている.

　圧電発振子はあくまでも電気端子からの電気的応答を用いるものであるが,変成器のほうはエネルギー変換の目的のために使用するものである.応力や音波を電気エネルギーに変換するものとして,ピックアップ,ガス着火装置,マイクロホン,水中聴音機などがある.音波は一種の粗密波であるから,結晶中に入ってくると,格子はちぢんだり伸びたりして圧電効果があらわれ,音と等しい周波数の電気信号に変換するのである.スピーカはその逆変換と考えればよい.一般には圧電体の薄板に直接電圧を加えると音を発する.たとえば時計から発するメロディは時計にはめられた圧電性ガラス (透光 PLZT,p.228 参照) が電気信号を音波に変えて流しているのである.

PZT の圧電直接効果を利用したガス着火装置の概要を図 3.77 (b) に示す．軸方向に分極された PZT セラミックスに，軸方向に急激に加えられた圧力によって 10^4 V 程度の高電圧を発生して，火花が生ずる．PZT セラミックスは機械的強度も高く 10 万回以上の使用回数が保証され，電池やヒーターの不要な着火素子として広く使われている．

ZnO は誘導率は低いが，電気機械結合係数が大きいため，圧電材料として用いられている．ただし，圧電性を十分に発現させるためには結晶の c 軸配向が必要で，ふつうの焼結体ではなく PVD (p.75 参照) によりガラス基板上に薄膜を形成させる．テレビ用の表面波フィルター (200 MHz 以下) として量産されている．

α-石英 (SiO_2) の単結晶を熱膨張係数のもっとも小さい方向でカットしたもの (AT カット) は，水晶発振子として有名で，電極に交流電圧をかけ，その圧電効果によって生じた固有弾性振動をとりだしたものである．時計，各種通信機，カラーテレビなどに広く用いられている．

3.5 磁気的性質

固体の磁気的性質 (magnetic property) は，電子の運動や電子のもつ磁気モーメント (magnetic moment) に原因している．磁気 (magnetism) と電気との間には，図 3.78 (a) に示すような関係がある．すなわち，円形の回路に電流 I が流れ，回路の面積を A とすると，回路に直角の方向に P_m の大きさの磁気モーメントを生ずる．磁気モーメントは双極子モーメントによく似ていて，その両端に符号の異なる磁極 (magnetic poles) が存在する．棒磁石はその例である．

1 個の磁気モーメントのまわりの磁場 (magnetic field) の分布を図 3.78 (b) に示しておく．磁場の中に入れると磁気モーメントを生ずるような物質を磁性体 (magnetics) という．本節でとりあつかう内容は，このような磁性体の磁気的性質の発現機構の解明である．

磁場の中に置かれた磁性体の磁気モーメントは，図 3.79 に見られるような挙動を示す．

まず，(a) は磁性体の中で，無秩序な方向を向いたモーメントが磁場と同方向にある程度配列する場合で，常磁性 (paramagnetism) という．(b) はモーメントの向きが磁場と逆になっており，反磁性 (dimagnetism) である．さらに磁気モーメントをもつ原子やイオンの濃度が高くなると，磁気モーメントの相互作用が起きて，

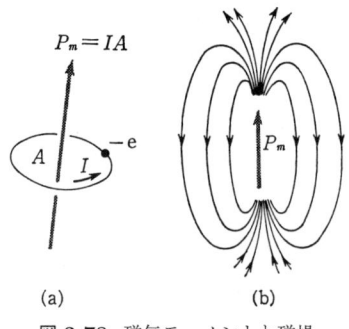

図 3.78 磁気モーメントと磁場

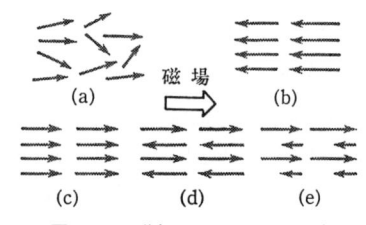

図 3.79 磁気モーメントの配列

(c) はすべてのモーメントの向きを磁場の方向に変える強磁性 (ferromagnetism), (d) はモーメントの向きが交互に逆方向となる反強磁性 (anti-ferromagnetism), (e) は互いに反対向きのモーメントがうち消し合って残りのモーメントだけがはたらくフェリ磁性 (ferrimagnetism) を生ずる. これらの中で反磁性だけは工学的利用価値はない.

磁性セラミックスとして工学的に重要なものは, 強磁性体とフェリ磁性体で, 変圧器, モーター, 発電機, 無線通信機などの磁心, 永久磁石, 録音テープ用磁気記録材料など, 用途はきわめて広い.

3.5.1 金属の磁性

固体の磁性は, その内部に磁性モーメントを有する原子によって生ずる. 原子のもつ磁気モーメントは, 電子の軌道運動と自転運動 (スピン, spin) に起因している. 電子軌道は図 3.78 (a) に示すような電流回路とみなされ, これによって磁気モーメントが起こるのである. 電子は電荷をもっており, これが軌道を回転すると磁場が発生し, 電子の回転軌道は傾く. いま p 軌道に磁場をあたえると, 磁気モーメントの z 成分の値 $(-eh/4\pi m, 0, +eh/4\pi m)$ に応じて $m = +1, 0, -1$ (m は磁気量子数) の三つのエネルギー状態を示すようになる. ここに e は電子の電荷, m はその質量とする. このように軌道量子数 l の状態にある電子は $l\mu_B$ ($1\mu_B = eh/4\pi m = 9.27 \times 10^{24}$ J/T (テスラ, 磁気密度)) の磁気モーメントをもつことになる. μ_B をボーア磁子 (Bohr magneton) という. 磁気モーメントは軌道運動から生じても, スピンから生じても, ボーア磁子 μ_B を単位として変化する.

磁性発現に対するスピンの影響を考えよう．一つの軌道には＋スピンと－スピンの2個の電子しか入ることを許されないが，2個の電子で満たされている場合にはスピンはうち消し合ってスピン磁気モーメントは生じない．また，1個の電子しか存在しない場合でも，ふつうは他の原子から電子を受け入れて電子対をつくり，スピンをうち消し合って磁性はあらわれない．さらに軌道による磁気モーメントでも，軌道が全部電子で満たされている場合には，それぞれの磁気モーメントはすべてうち消し合って磁気モーメントはあらわれない．しかし，以上はあくまでも原則である．

Na原子の場合，Ne原子と同じ電子殻の外側に1個の電子をもっており，磁気モーメントを有する．しかし，隣りの原子の磁気モーメントと並ぼうとするほど力は作用しない．非常に低温では熱振動がないのでかなりの磁性を生ずるが，室温では原子や電子の運動はかなり活発となっており，磁気モーメントもたえず動いて同じ方向に並ぶことはできない．したがって，常磁性という弱い磁性しか示さないのである．

ところが，Fe，Co，Niのようなd軌道をもっている原子となると，磁気モーメントの相互作用によって，すべての磁気モーメントは同じ向きであり，強い磁性があらわれる．たとえば，Fe原子の電子配置は$3d^6 4s^2$であり，Fe^{3+}イオンとなると外殻から3個の電子がとれて$3d^5$の配置となる．ここでは3d軌道に5個の電子が入った配置が，大きな磁性発現の原因となる．一つの軌道にはスピンの方向が逆の2個の電子が入るが，これはs軌道のように一つの軌道しかもたない場合のことで，エネルギーレベルのあまり異ならない5個の電子をもつd軌道の場合には，フントの法則(Hund's rule)にしたがう．すなわち，負の電荷をおびた電子どうしは互いに反発して，同一軌道に入らず離れるようになり，図3.80の電子配置図において，(a)，(b)のような入りかたはせず，(c)のように入る．したがって，5個の電子はすべて同じ方向を向く．このように磁場がなくともスピンの方向がそろった状態を強磁性とよび，これに磁場をかけると永久磁石(permanent magnets)となる．

Fe，Co，Niなどの強磁性体金属では，磁場の強さHを変化させると磁気の強さBは，図3.81のように変化してヒステリシス曲線(hysteresis curve)をつくる．すなわち，Hを上げていくとその強さがそれほど大きくないうちはB-H曲線は直線的で，しかも可逆的ある．このときの直線の傾きを初透磁率μ_iという．この範囲をこえてHを上げていくと，急激に磁化が進みやがて初透磁率の最大値$\mu_{\max}$に達する．透磁率μは磁化されやすさの尺度($\mu = B/H$)として用いられ

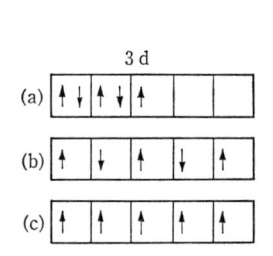

図 3.80 Fe^{3+} イオンの 3d 軌道の電子配置

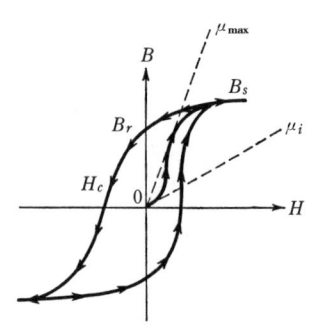

図 3.81 強磁性体の B-H 曲線

る.さらに H を上げると磁気の最大値 B_s に至り,その後は磁気をとり除いても残留磁気 B_r が残る.B を 0 にするためには逆方向に H_c の磁場をかける必要があり,H_c を保磁力という.磁性材料の性質は,このヒステリシス曲線の B_s,B_r,H_c,μ_i,$\mu_{\max}$ およびループの面積によって特徴づけられる.

このようなヒステリシス曲線ができる原因は,磁性体内にスピンの向きのそろって磁化した分域 (磁区,domain) の存在によって説明される.強磁性体の全体が一つの磁区となっている場合は,エネルギーがもっとも低い状態にあるが,内部に多くの磁区が存在すると,おのおのに磁極ができて引力や反発力を生じ,磁区境界におけるエネルギーは大きくなる.これらの磁区は磁場方向に向くときのエネルギーもそれぞれ異なるし,磁場によって磁区は伸びたりちぢんだりする性質をもち,破壊しないためには弾性変形して余分なエネルギーがたくわえられる.

各磁区の磁気モーメントが磁場の方向に向きを変え,全体のエネルギーを低下させるためには,図 3.82 に示すように (a) の磁区境界の移動と (b) の磁気モーメントの回転が考えられる.まず,(a) においては,初め磁気の強さは互いに相殺されているが,これに磁場をかけると磁区の境界が動き,全体として磁場の方向に磁気モーメントがそろうようになる.この場合,あたかも結晶粒の成長のときのように,大きい磁区は小さい磁区を併合しながら境界を移動していくのである.B-H 曲線において H を増すと,最初は (a) のように境界の移動により B を急増させるが,磁区の成長が限界に達すると,(b) のように磁気モーメントの回転による B の増加に移る.回転のほうが大きなエネルギーを必要とするので,曲線の勾配もゆるやかになる.磁区境界が動きやすいほど,磁気モーメントが回転しやすいほど,μ は大きくなる.また,これらの磁区は磁場を除いても,もとのばらばらの状態にはもどらないので,残留磁気 B_r を生ずるのである.

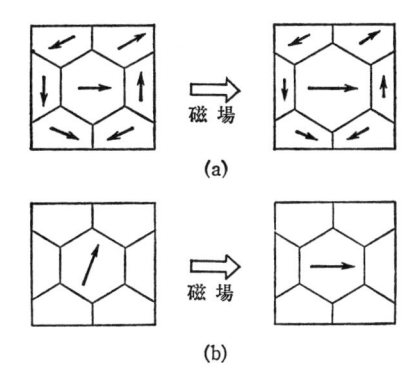

図 3.82 磁区における磁気モーメントの挙動

Fe, Co, Ni も高温になるとイオンの熱運動がはげしくなり, 一定の配列をとっていた磁気モーメントも乱れ, 強磁性を失い常磁性となる. この温度をキュリー温度といい, Fe は 770°C, Co は 770°C, Ni は 358°C である.

3.5.2 酸化物の反強磁性

d 型金属の酸化物は高い磁性を示すものが多い. この場合, 酸素イオンをはさんで両側の磁性原子が酸素の p 軌道を通して, 電子の磁気モーメントを反平行にして, 互いにうち消し合って磁性は消滅する. また, 反平行の磁気モーメントの大きさが異なれば, さし引いた磁性が発現する. このように磁性は金属でなければ発現しないということではなく, 磁性を示す原因はあくまでも原子の電子構造にあり, 金属の場合は磁性原子が密に充填しているので, 相互作用が容易に行われ, 強い磁性が生ずるのである.

MnO は NaCl 構造の酸化物であるが, O^{2-} によってとりかこまれている. Mn^{2+} は $3d^5$ 電子配置で, 3d 軌道に同方向のスピンの 5 個の電子をもち, スピン磁気モーメントはボーア磁子単位で $5\mu_B$ である. 122 K 以下における Mn の結晶格子とスピン格子との関係を図 3.83 に示す.

(111) 面内ではすべてのスピンは平行で, その向きは隣りの (111) 面のスピンの向きと逆になっていて, 互いにうち消し合っている. このように反平行に配列した磁気モーメ

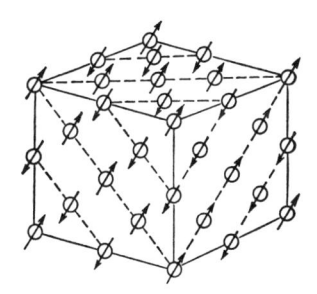

図 3.83 MnO の構造とスピン格子

ントが，O^{2-} を介して離れた磁性イオン間にはたらく交換力を超交換作用 (super exchange interaction) という．したがって，MnO は磁性イオン Mn^{2+} を含みながら強磁性を示さず，反強磁性があらわれるのである．122 K 以上ではスピンの超交換作用により配列はくずれ，常磁性に変わる．

3.5.3 フェライトの構造とフェリ磁性発現

　反強磁性体の超交換作用を拡張して説明できるのが，フェライト (ferrite) の磁性発現である．Fe_3O_4 (マグネタイト，magnetite) は強磁性金属と同じように磁性をかけなくても磁化して，磁界構造をもちヒステリシス曲線を示す．このような性質は Fe_3O_4 型フェライト (MFe_2O_4，M は Fe, Co, Ni, Cu, Mg などの 2 価の金属イオン) に見られ，フェリ磁性とよばれる．

(a) フェライトの構造と磁性発現　スピネルの一般的組成は，AB_2O_4 であらわされ，O^{2-} の立方密充填の間に A^{2+} は 4 配位位置に，B^{3+} は 6 配位位置に入って単位格子は $A_8B_{16}O_{32}$ となる (図 1.44 参照)．しかし，かならずしも A^{2+} が 4 配位位置に，B^{3+} が 6 配位位置に入るとはかぎらない．正確にはスピネルの示性式は，$[A_{1-x}B_x]^{IV}[B_{2-x}A_x]^{VI}O_4$ であらわされる．ここに x は 4 配位位置に入る B^{3+} のモル分率である．$x=0$ のときは $[A]^{IV}[B_2]^{VI}O_4$ で正スピネル (normal spinel)，$x=1$ のときは $[B]^{IV}[BA]^{VI}O_4$ で逆スピネル (inverse spinel) とそれぞれよばれている．しかし，完全な正スピネルや完全な逆スピネルは熱力学的にも存在せず，大部分はこの中間の組成の中間スピネル (intermediate spinel) である．スピネルの正，逆の程度は正常度 (normality) x であらわされ，表 3.15 に示すように温度によってもかなり変動する．フェライトの大部分は逆スピネルに近い組成をとる．

表 3.15　スピネルの正常度

$[A_{1-x}B_x]^{IV}[B_{2-x}A_x]^{VI}O_4$	$x = 0\sim 1$	
	T (K)	x
$MgAl_2O_4$	1 100	0.10
$CoAl_2O_4$	1 123	0.05
$MgFe_2O_4$	673	0.9
$CuAl_2O_4$	1 100	0.6
$NiAl_2O_4$	1 330	0.80
$FeAl_2O_4$	1 473	0.077
$NiFe_2O_4$	1 640	0.992

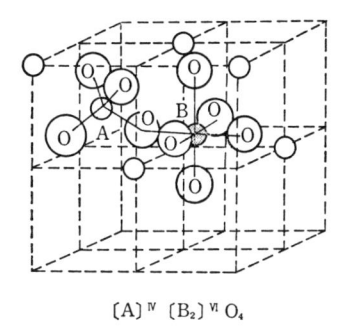

[B]^{IV} [BA]^{VI} O$_4$
B : Fe^{3+}
A : Mn^{2+}, Fe^{2+}, Co^{2+}, Ni^{2+}

A-O-A 約0.35nm 80°
A-O-B 約0.20nm 126°
B-O-B 約0.20nm 90°

[A]^{IV} [B$_2$]^{VI} O$_4$

図 3.84 スピネル型フェライトの構造と磁性発現

図 3.84 に示すように,スピネル構造内の A 位置と B 位置に存在する金属イオンの間には,A-O-A,B-O-B,A-O-B のように O^{2-} を介して超交換作用がはたらく.まず,正スピネルである Zn フェライト ($ZnFe_2O_4$) の場合には,Zn^{2+} の電子配置は $3d^{10}$ で磁気モーメントをもたないため,A-O-A,A-O-B の相互作用はなく,B-O-B にある Fe^{3+} は反平行になって磁気モーメントをうち消し合うため,磁性は発現しない.つまり反強磁性体である.

つぎに逆スピネル型のフェライト $[Fe^{3+}]^{IV}[Fe^{3+}M^{2+}]^{VI}O_4$ の場合には,A-O-B 相互作用がもっとも強くなり,A 位置の Fe^{3+} の磁気モーメントと B 位置の Fe^{3+} の磁気モーメントが反平行に作用してうち消し合い,B 位置に残っている M^{2+} の磁気モーメントの分が磁性となってあらわれる.これがフェリ磁性である.このようにして,$MnFe_2O_4$,$FeFe_2O_4(Fe_3O_4)$,$CoFe_2O_4$,$NiFe_2O_4$ などの磁性が発現するのである.d 型金属イオンとそのフェライトの磁気モーメントをボーア磁子単位 (μ_B) で比較したのが,表 3.16 である.

表 3.16 d 型金属イオンとフェライトの磁気モーメント

イオン	Mn^{2+}	Fe^{3+}	Fe^{2+}	Co^{2+}	Ni^{2+}	Cu^{2+}	Zn^{2+}
モーメント (μ_B)	5	5	4	3	2	1	0

フェライト	モーメント 理論値	(μ_B/mol) 実測値	キュリー 温度 (°C)
$MnFe_2O_4$	5	4.4~5.0	300
$FeFe_2O_4$	4	4.0~4.2	585
$CoFe_2O_4$	3	3.3~3.9	520
$NiFe_2O_4$	2	2.2~2.4	585
$CuFe_2O_4$	1	1.3~1.4	—
$MgFe_2O_4$	0	0.9~1.1	440

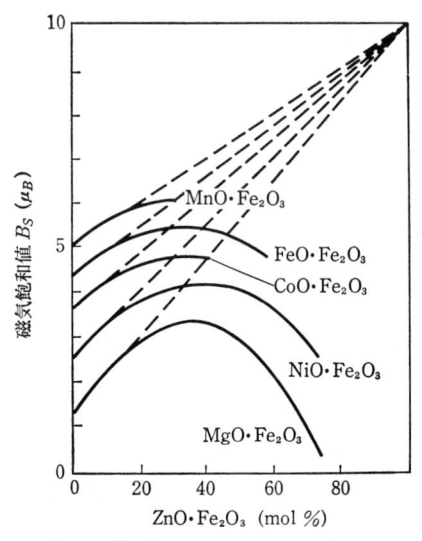

図 3.85 Zn^{2+} の置換固溶によるフェライトの磁気飽和値の変化

一方，この $[Fe^{3+}]^{IV}[Fe^{3+}M^{2+}]^{VI}O_4$ の Mn^{2+} の一部を Zn^{2+} で置換していくと，Zn^{2+} は4配位位置に優先的に入る性質をもっていて，4配位位置にいた Fe^{3+} を6配位位置に追いだす．4配位位置にあって6配位位置のモーメントを消していた Fe^{3+} が減り6配位位置に入るので，その差だけモーメントは増大する．また，M^{2+} のもっているモーメントも Zn^{2+} との置換分だけ減るので，モル分率 x を置換した場合には，さし引き $x(10-m)\mu_B$ だけ磁気モーメントが増大することになる．ここに m は M^{2+} のもつボーア磁子数である．このように Mn^{2+}，Fe^{2+}，Co^{2+}，Ni^{2+} などのフェライトに Zn^{2+} を置換固溶させていくと，磁性はしだいに増大し，モル比1：1付近に極大値が存在することが，つぎの図3.85 からもたしかめられる．この原理はフェライト工業で利用され，数多くのすぐれた磁性材料が生みだされている．

フェライトにはすでにのべたスピネル型のほかに，マグネトプラムバイト型 (magnetoplumbite type)，ペロブスカイト型，ガーネット型 (gernet type) などが知られており，いずれもフェリ磁性を示す．マグネトプラムバイト型フェライト ($MO \cdot 6Fe_2O_3$，M は Sr, Ba, Pb などの2価金属イオン) の代表例として，$BaO \cdot 6Fe_2O_3$ の構造を，六方晶の c 軸断面で図3.86 に示す．c 軸上に垂直に O^{2-} は立方密充填の層と，O^{2-} が Ba^{2+} とともに六方最密充填の層から成る層状構造

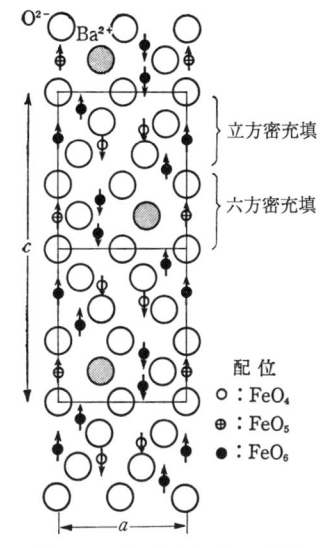

図 3.86 　BaO·6Fe$_2$O$_3$ の構造

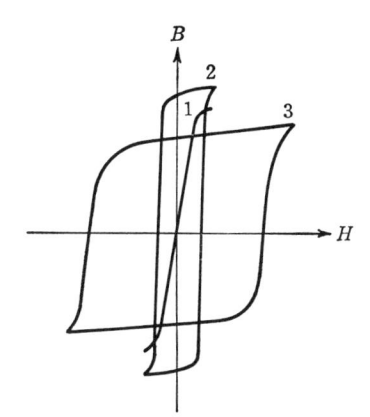

図 3.87 　磁性材料の代表的 B-H 特性

1：高周波トランス用磁心
2：磁気メモリー
3：永久磁石

BaFe$_{12}$O$_{19}$ を形成している．したがって，Ba^{2+} は 12 個の O^{2-} によってとりかこまれている．Fe^{3+} は O^{2-} の間に入って 4 配位，5 配位，6 配位の位置をとり，これらの磁気モーメントの方向は矢印のように示されている．BaFe$_{12}$O$_{19}$ の Fe^{3+} のうち 8 個が上向きのモーメント，4 個が下向きのモーメントであるから，超交換作用による磁気飽和値 B_s はさし引き $5\mu_B \times 4 = 20\mu_B$ のように大きい値となる．六方晶である BaO·6Fe$_2$O$_3$ は六角板状の結晶で，磁気テープ上で c 軸方向に垂直に磁気モーメントが立ち上がることにより，記録密度を上げる利点がある．図 2.3 を参照のこと．

このようにフェライトには多くの種類があり，それぞれの性質も異なるので，磁性材料としての利用方法もいろいろある．磁性材料は用途によって軟磁性材料，硬磁性材料，磁気記録材料の 3 種に大別される．これらの磁気材料の特性の相違は，図 3.87 に示すような B-H 特性によりあらわすことができる．

(b) 磁心材料　まず，軟磁性材料 (soft magnets) は，図 3.87 の曲線 1 であらわされるような，ほとんど線状の B-H 特性を示す．大きな μ，小さな H_c，せまい面積のヒステリシス曲線をもつため，非常に磁化しやすい性質をもつ．Mn-Zn フェライトをはじめとする多くのフェライトは，このような性質を示すため，アンテナ用磁心，電源トランス用磁心などの高周波磁心材料として広く用いられて

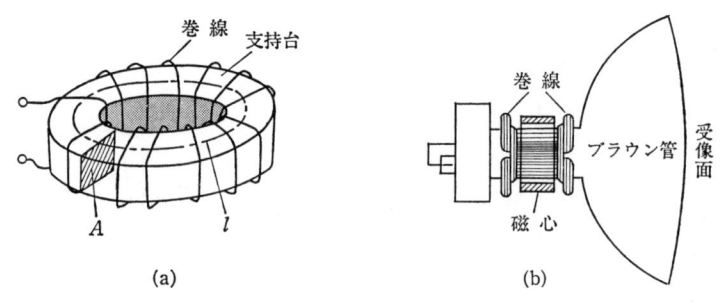

図 3.88 磁心コイルとテレビ用偏光コイル

いる．μ が ∞ のときは H_c は 0 となるが，このような理想的材料は存在せず，実用的には $\mu < 10\,000$ のフェライトが使われる．

磁心材料は図 3.88 (a) に示すように導線をコイル状に巻いたもので，電流を流すことにより生ずる磁気誘電作用を利用するものである．さらに二つのコイルを接近させ一方のコイルに電流を流すと，相互誘導作用により他方のコイルに電圧を発生する．このように磁気を媒体として電気エネルギーを伝達するのが変成器である．コイルおよび変成器はいずれも磁気誘導作用をするので，ほとんどの場合，磁性材料でつくられた磁心が使用される．磁心をコイルに挿入することによりインダクタンスが大きくなる．いま，図 3.88 (a) のコイル支持台を透磁率 μ の磁心に変えると，インダクタンス L は μ 倍となる．

$$L = K \frac{4\pi\mu A N^2}{l} \times 10^{-9} = \mu L_0 \; (\text{H}) \tag{3.26}$$

ここに，A はコイルの断面積 (cm^2)，N は巻数，l はコイルの長さ (cm)，K は定数でリングコイルでは 1，L_0 は非磁性支持台に巻線をほどこした場合のインダクタンスで，H は単位ヘンリー ($1\,\text{H} = 1\,\text{V}\cdot\text{s/A}$) である．したがって，$\mu$ の大きな磁性材料を使用すれば，それだけ断面積を小さく，巻数も少なくできるし，コイルは小型化できる．フェライトは金属にくらべ電気抵抗が高く ($10^{-2} \sim 10^5\,\Omega\cdot\text{cm}$)，図 3.89 に示すように 10 kHz 以上の音声周波数から中，短，超短波帯での磁心としてすぐれた性質をあらわしている．テレビ用偏光コイルは図 3.88 (b) に示すように，ブラウン管のネックにとりつけられ，ブラウン管の電子ビームを電磁的に偏向させ，受像面にビームを走査するために用いられる．その磁心材料は Mn-Zn フェライトである．

(c) 磁気メモリー素子 軟磁性材料のもう一つの大きな用途として磁気メモ

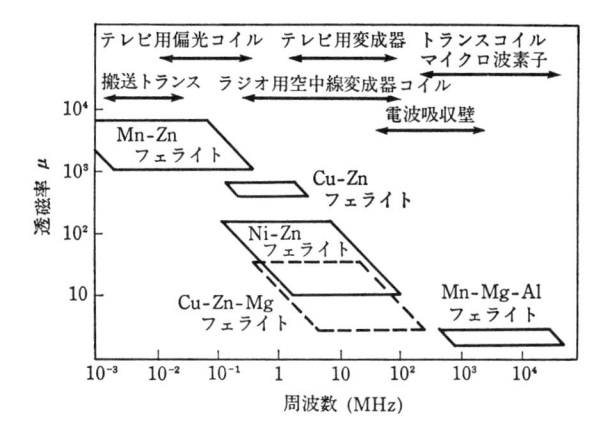

図 3.89 磁心材料としてのフェライトの用途

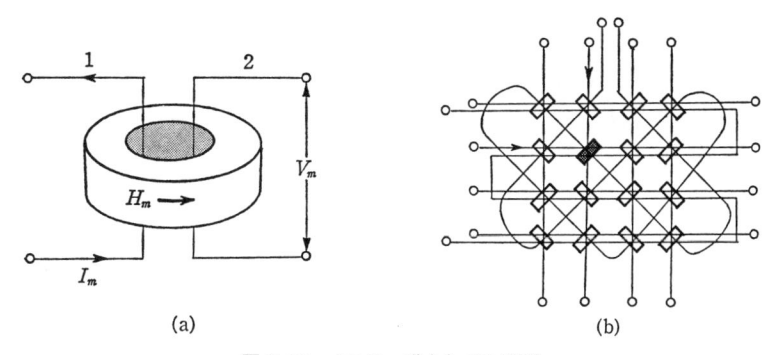

図 3.90 メモリー磁心と 3D 配列

リー素子 (magnetic memory) があり，かつてはコンピューターなどのデータ処理にさかんに使用されていた．その磁性材料は Mn-Mg 系フェライトが主流を占めていた．しかし，現在では半導体メモリー素子 (図 3.64 参照) に切りかえられ，生産は中止されているが，その原理は興味深いので簡単に解説しよう．

磁気メモリーの場合，図 3.87 のヒステリシス曲線 2 に示すような特性が要求され，μ が大きいだけでなく，大きな残留磁気 B_r が必要となる．いま，このような磁心に保磁力 H_c よりも大きな磁場を加えると，H を 0 にしたときの残留磁気は加えられた磁場の方向によって $+B_r$, $-B_r$ となる．これを二進法における 1 および 0 に対応させることにより 1 bit の情報を記憶することができるのである．

この場合，図 3.90 (a) に示すようなリング状フェライト磁心が用いられ，導線 1 に磁化反転に必要な振幅値のパルス電流 I_m を流すと磁心に磁場 H_m を生じ，電

流の向きによってメモリー磁心に $+B_r$ または $-B_r$ を残すことにより 1 または 0 の状態の記憶をあたえる．また，導線 2 は読みだし線であって残留磁気 B_r を反転させるに必要な電流 $+I_m$ または $-I_m$ を流すと，磁心の磁化の変化によって電圧 V_m を発生し，これにより 1 または 0 を検出することができる．図 3.90 (b) には 16 bit の磁心を配列して特定の磁心を選択記憶させる 3D 方式を示している．メモリー素子の重要な性質の一つは磁化反転に要する時間で，これをスイッチング時間という．磁化メモリーが衰退したのは，コストとスイッチング時間において半導体メモリーが圧倒的な強さを発揮したためである．

(d) 磁気ヘッド材料 磁気記録に使用される軟磁性材料である．とくに μ_i が高いこと，B_s が大きく，しかも磁気ヘッドの機能は，その巻線に電気信号を流し，ヘッドの先端からでる磁気によって接している磁気記録テープをすみやかに磁化し，磁気ひずみを発生させ，再生のときはテープから磁気ひずみをひろい，ヘッドの巻線に電圧を誘起させることである (図 2.3 参照)．材質は Mn-Zn，Ni-Zn のフェライト多結晶，Mn-Zn のフェライト単結晶体である．

(e) 永久磁石 図 3.87 に示されるような広い面積のヒステリシス曲線 3 をもつ磁性材料は，硬磁性材料 (hard magnets) とよばれる．これにより H_c，B_r ともに大きくなるので，永久磁石としての用途が開かれる．スピーカー，ヘッドホーン，電話器，発電機，小型モーターなどの永久的エネルギー源として利用されるが，このエネルギーをあたえるため製造中に強い磁場を加える必要がある．いったん，この強い磁場をかけたのち，とり去ると永久的残留磁気 B_r が磁石に残る．材質としては Fe_3O_4，$CoFe_2O_4$，$BaO \cdot 6Fe_2O_3$ などが使われている．

(f) 磁気記録材料 γ-Fe_2O_3，Fe_3O_4 はいずれもスピネル構造で，磁気記録材料として録音，録画，情報記録用の磁気テープに広く用いられている．音の再生をよくするためには，テープの残留磁気 B_r が音による電気信号の大きさに比例しなければならず，一方，磁化も容易で (μ_i が大)，保磁力 H_c も大きくなければならないという，硬と軟の両方の性質が要求される．この場合，異方性の大きい針状結晶 (長さ約 $0.3\,\mu m$) とすると H_c が増大し，薄膜化によって μ を大きくすることが可能である．一方，VTR 用磁気テープに六角板状結晶の $BaO \cdot 6Fe_2O_3$ (大きさ $0.1\,\mu m$) が使用されるようになり，γ-Fe_2O_3 の長手磁化方式に対し垂直磁化方式が採用され，記録密度を 3 倍以上に高めることに成功した (図 2.3 参照)．

磁気ディスクにおいても主流は針状の γ-Fe_2O_3，Fe_3O_4 であるが，記録密度を高くするために積層構造をもった薄膜ディスクが製造されるようになった．

3.6 光学的性質

固体に光をあてると,表面に屈折と反射が起こり,内部では散乱が起こる.特定の光が選択的に吸収されたり反射されたりする現象は,電子のエネルギー,格子欠陥や不純物原子に起因するもので,吸収された光はエネルギーとなって放散されたり,光として再び放出されたりする.また,固体を透過する光が電場の影響によって変化する電気光電効果 (electrooptic effect) も重要である.このような固体に対する光の性質,光を変化させる固体の性質を光学的性質 (optical property) という.

セラミックスとして重要な光学材料としては,プリズムなどの光学器機,透光セラミックス,光ファイバー,電気光電セラミックス,蛍光体,固体レーザーなどがある.

3.6.1 光の吸収と透過

まず,いろいろな電磁波のスペクトルを比較したものを図3.91に示す.可視光線はいろいろな波長の光の混ざった連続スペクトルであるが,アンテナから発信される電波は位相,波長のそろったもので,いろいろな信号をのせて発信することができる.

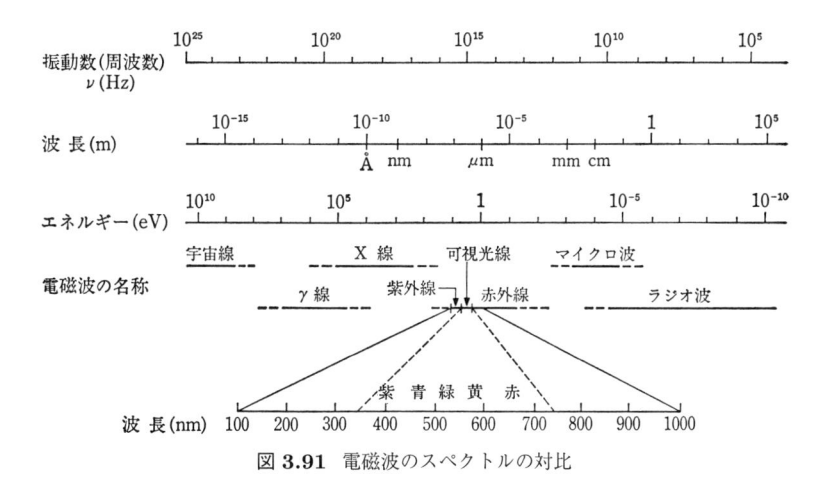

図 3.91 電磁波のスペクトルの対比

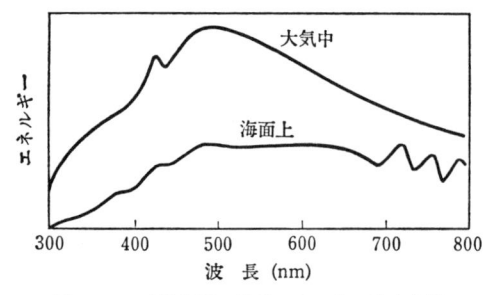

図 3.92 可視光線の分光エネルギー分布曲線

電磁波のスペクトルの大部分は原子の大きさよりもずっと大きな波長であるので，そのスペクトルは結晶格子によって回折されることもなく，均質な固相中を真直ぐに透過してしまうはずである．しかし，可視光線の場合は，すべての固体は完全に透過することができないので，多少なりとも反射や吸収が起こっている．一般に金属はすべて反射体であるが，ある絶縁体ではよい透過体となり，また，ある誘電体では特定の波長の光だけを吸収する．このような現象は結晶の電子エネルギーによって説明することができる．

単結晶体に光をあてると，電子は光によって励起され，価電子は伝導バンドにジャンプする．この結果，エネルギーギャップに相当する光の吸収が起こる．吸収された光の振動数 ν とエネルギーギャップ ΔE_g との間には簡単な関係が成りたつ．光は $h\nu$ (h はプランク定数) というエネルギーをもった光の量子 (フォトン，photon) の流れと考えることができるから，価電子バンドの電子がフォトンを吸収して伝導バンドに上がるためには，フォトンのエネルギー $h\nu$ が ΔE_g よりも大きくなければならない．したがって，$h\nu > \Delta E_g$ の関係のとき，ν より高い振動数の光だけを吸収する．ν に相当する光の波長 ($\lambda = c/\nu$, c は光速度) を，その結晶における光の吸収端という．

可視光線の分光エネルギー分布曲線の例を，図 3.92 に示す．結晶が透明であるためには波長 360～740 nm，すなわち，ΔE_g 3.5～1.7 eV の可視スペクトルのなかで電子的，または格子振動的励起をもっていなければならない．

ダイヤモンドのエネルギーギャップ ΔE_g は 5.3 eV であるから，吸収端の波長は 180 nm となる．これは紫外線に相当するため，これより波長の長い (振動数の少ない) 可視光線はほとんど吸収されず，結晶は無色透明である．CdS のエネルギーギャップは 2.5 eV で，図 3.93 に示すように吸収端の波長は 490 nm である．その結果，青から紫色の可視光線を吸収し，黄から赤の色が残っているので，結

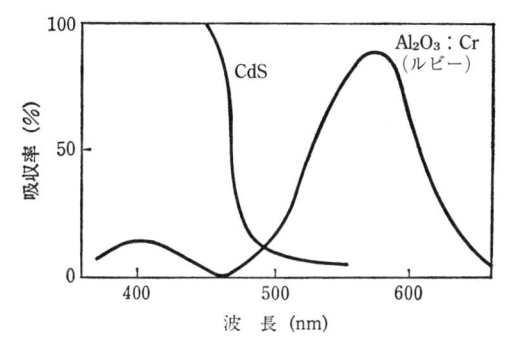

図 3.93 単結晶体による光の吸収

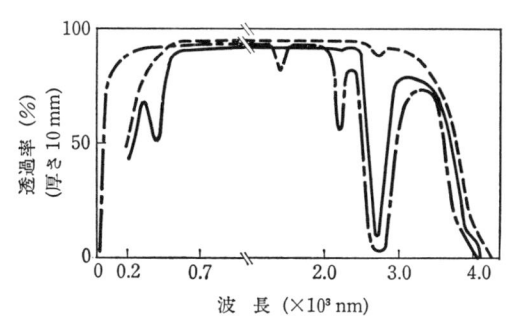

図 3.94 石英ガラスの分光透過率曲線

晶はオレンジ色をていする．ふつう，結晶の示す色は吸収した光の色ではなく，透過した光の色（余色）である．また，SiやGeのエネルギーギャップはそれぞれ 1.1 eV，0.72 eV で，可視光線はほとんど通さず，鉛色の金属光沢をもつ結晶となる．

固体の光透過度 T は，入射光強度を I_0，透過光強度を I，光の通過する固体の厚みを x，その反射率を R，吸収係数を μ とすると，

$$T = \frac{I}{I_0} = (1-R)^2 \exp(-\mu x) \tag{3.27}$$

であらわされる．高純度の石英ガラスでは波長 200 nm までの可視光線と紫外線に対しては透明であるが，窓ガラスに用いるソーダ石灰ガラスでは 350 nm までしか透過しない．これはガラス中の不純物原子による吸収である．

製造方法の異なる石英ガラスの分光透過率曲線を図 3.94 に示す．このような結晶やガラス中の不純物原子による光の吸収は，価電子バンドと伝導バンドとの間

に不純物原子により，いくつかのエネルギー準位ができて，これらの準位から小さなエネルギーギャップで伝導バンドへ電子を送り込むことができるからである．たとえば，α-Al_2O_3 は無色透明の単結晶体であるが，これに Cr_2O_3 を 1～3% 添加，固溶させた合成ルビーは真赤な色をもっている．これは Cr^{3+} は $3d^3$ の電子配置をもち，10 個収容の d 軌道中に電子が 3 個しか入っていないためで，光があたるとこれらのエネルギーを吸収して容易に隣りの 4s バンドに励起する．このとき光の吸収が図 3.93 に示したように緑 (560 nm) と青 (400 nm) 付近にあらわれるため，ルビーは透過した光の余色で赤色をていするのである．

3.6.2 透光セラミックス

一方，多結晶体は粒界や気孔が存在するため，光の散乱をなくすことができず，光学材料としては不適であるとされていた．しかし，近年では透明な多結晶体がセラミックスとしてつくられるようになった．透明度のすぐれたセラミックスをつくるためには，不純物量をできるかぎり少なくして，光学的異方性の小さいナノ構造をつくることが必要である．それには構造はなるべく立方晶に近く複屈折 Δn が小さいこと，均一な超微結晶粒子から成り異相や気孔が存在せず，単純に粒界だけから構成されることがのぞましい．気孔は完全にとり除くことはむずかしいが，その大きさは 3～10 nm 程度であれば，ほとんど影響はない．したがって，ホットプレスで気孔を強制的に追いだして，その物質の融点の 60～80% の比較的低温度で加熱し粒成長を抑制しながら高密度化すると，透光セラミックス (transparent ceramics) がつくられる．

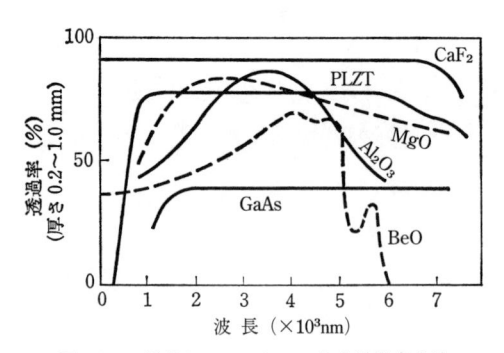

図 3.95 透光セラミックスの分光透過率曲線

表 3.17 透光セラミックスの合成条件

	BeO	MgO	Al_2O_3	PZT	CaF_2	GaAs
結晶系	六方	立方	菱面体	正方	立方	立方
融点 (°C)	2570	2800	2050	1450	1360	1240
合成条件 (°C)	1200	1400	1500	1000~1300	900	900~1000
合成条件 (MPa)	200	30	40	20~70	260	60~300

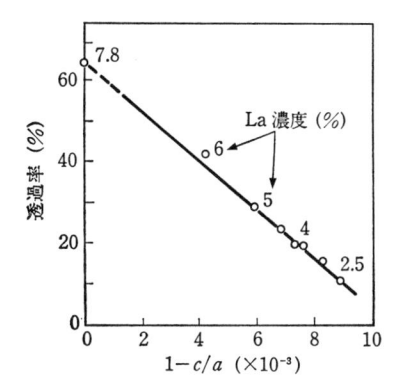

図 3.96 PLZT の光学的異方性と光透過率

透光セラミックスの代表的なもの (厚み 0.3~1.0 nm) について分光透過率曲線を図 3.95 に,合成条件を表 3.17 に示す.CaF_2,MgO などは等方性結晶で光学的異方性がないので,透過率は比較的高い.MgO,Al_2O_3 は 2000°C 以上の高温に耐え,しかも透光性を有するため,宇宙船の窓や機械的衝撃に耐えなければならないヘリコプターの窓などに使用される.しかし,α-Al_2O_3 は菱面体晶であるため光学的異方性は大きく半透明のものしか得られないが光の拡散透過率は 90%以上にも達するので,照明用として有用で高圧ナトリウム放電ランプに使用される.

PZT の単結晶体や多結晶体は圧電材料として広い用途を有することはすでに 3.4.7 項でのべたが,PLZT はホットプレスにより高密度化した透光セラミックスをつくることができ,しかも光を利用した高誘電性を有することから電子材料の分野で広く利用されるようになった.

PZT は $PbZrO_3$-$PbTiO_3$ 系固溶体であり ABO_3 型のペロブスカイト構造をもち,その組成は $Pb(Zr, Ti)O_3$ であらわされる.これに少量の La_2O_3 を添加すると,組成は $(Pb, La)(Zr, Ti)O_3$ の固溶体となり,これを PLZT と略称している.PZT の Pb^{2+} の一部を La^{3+} により置換すると,しだいに光透過率が向上する.その関係を図 3.96 に示す.すなわち,La の濃度を増すとともに正方晶の固

溶体の軸比 c/a が 1 に近づく．すなわち，$1-c/a$ は a に近づき，立方晶に近づくにつれて光学的異方性は小さくなり，透明度を増すのである．

3.6.3 光の屈折

固体中の光屈折率 n は真空中の光速度 c と固体中の光速度 v との比であらわされる．すなわち，$n = c/v$ である．また，空気中の屈折率を 1 とし，固体中のそれを n とすると，固体表面の反射率 R は，つぎの式であらわされる．

$$R = \left(\frac{n-1}{n+1}\right)^2 \tag{3.28}$$

n が大きいほど R も大きくなる．表 3.18 にいろいろな無機材料の屈折率を示しておく．

表 3.18 無機材料の屈折率

物質	n	物質	n
NaF	1.36	MgAl$_2$O$_4$	1.72
CaF$_2$	1.33	CaCO$_3$	1.65
BeO	1.73	BaTiO$_3$	2.40
MgO	1.74	PLZT	2.5
α-Al$_2$O$_3$	1.76	Si	3.49
TiO$_2$	2.71	ダイヤモンド	2.42
SiO$_2$	1.55	石英ガラス	1.46
ZrO$_2$	2.20	ソーダ石灰ガラス	1.51
PbO	2.61	ホウケイ酸塩ガラス	1.47
PbS	3.91	フリントガラス	1.7

さきの式 (3.27) からも分かるように，R が大きい物質ほど光透過率 T は小さくなる．たとえば，α-Al$_2$O$_3$ の屈折率 1.76 から式 (3.28) により R を求めると 7.6% となり，T は約 85% ということになる．表 3.18 によると，3 次元共有結合性の Si やダイヤモンドの n が大きいのは理解できるが，TiO$_2$，BaTiO$_3$，PLZT のような強誘電体の n もかなり大きい．n と誘電率 ε との関係は，つぎの式 (3.29) が知られており，

$$n^2 = \varepsilon \tag{3.29}$$

ε が高いほど n も大きくなる．とくに密度の高い誘電体は，単位面積あたりの双極子の数も多いので高い屈折率を示すのである．ケイ酸塩ガラスに Pb や Ba

を加えると-Si-O-Si-O-の網目構造の間に入って密度を増すので ε も n も増大する．イオン結合性の MgO や Al_2O_3 はイオンが密充填しているので，共有結合性の SiO_2 やガラスとくらべ密度が高く，n も大きい．一般に原子番号が大きい原子ほど多くの電子をもっているので密度も高く，n も大きい値を示す．

ガラスや立方晶系結晶では，屈折率 n はどの方向から入射しても同じであるが，その他の結晶系では異方性があらわれ，n の値は結晶面により異なってくる．n の最高値と最低値との差が複屈折 Δn で，結晶の異方性の目安としてしばしば使われている．$CaCO_3$ (カルサイト) は NaCl 構造 (面心立方晶) を体対角線に押しつぶしたような菱面体格子 (図 1.46 参照) であるが，平面三角形型の CO_3^{2-} が c 軸上に直角に配列しているので，c 軸方向とその直角方向では分極効果が異なり，Δn が大きい値を示す．Δn の例をあげると，$CaCO_3$ 0.167, TiO_2 0.287, PbO 0.13, α-Al_2O_3 0.008, SiO_2 0.009, PLZT 0.005 である．強誘電体に電場をかけると分極性が増大するとともに Δn も大きくなり，この原理を利用して透光 PLZT セラミックスの電気光電セラミックスとしての用途が開かれている．

3.6.4 光ファイバー

図 3.94 から高純度石英ガラスの光透過率がきわめてすぐれていることが分かったが，そのガラス繊維は数 km 以上にわたって透明であるという特性をもつため，この中に光を閉じ込め伝送路として利用したのが，光ファイバー (optical fiber) である．

光通信とは光によって行う通信で，情報を電波にのせる代わりに光をのせるもので，電波やこれまでの銅ケーブルを使う通信にくらべて大量の情報を長距離にわたって送れる利点がある．すなわち，光の周波数はラジオに使われる周波数よりも 1 000 倍以上高く，それだけたくさんの情報をのせることができる．中波のラジオよりも短波を使う FM 放送のほうが音質がよいのは，超短波は周波数が高く音の情報を多量に送ることができるのが，大きな理由である．光ファイバーは光がその中を長距離移動しても，ほとんど吸収されることのないきわめて透明度の高いものとなっている．

光通信システムは，まず伝送しようとする電気信号を，半導体レーザーによって周波数のきちんと定まった光に変換し，パルス状の光信号として光ファイバーに入れて他端まで伝送し，光検出器により再び電気信号に変換するものである．光信号によって変調された周波数は 10〜100 MHz である．

光ファイバーの構造と光の伝送路は図 3.97 に示すとおりで，ファイバーの中

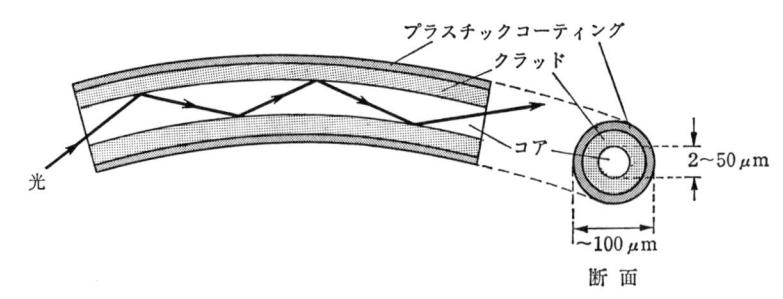

図 3.97 光ファイバーの構造と光の伝送

心部の屈折率の高いコア (core) とこれを外部から包んだ屈折率の低いクラッド (cladding) からなる．このような構造にしておくと，ファイバーの端からコア部分に入った光は，コアとクラッドの境界で反射され，光は外にもれることなくコアの中を伝わっていくのである．問題はコアの中を通っていくうちに光が弱まってしまうことで，できるかぎり透明なガラスを必要とする．光ファイバーの中での光の損失は，1 km あたりの伝送損失を dB (デシベル) 表示であらわす．

$$\mathrm{dB} = -10 \log \frac{I}{I_0} \quad (3.30)$$

ここに I_0 は光の入射強度，I は 1 km 伝送後の光の強度である．1 km の伝送で入射強度が 1/10 に弱まったとき，10 dB となる．中継器を設置する距離を 10 km とすれば 2～5 dB の伝送損失がでる．できるかぎり透明なガラスを得るには，十分に純度が高く，800～1600 nm の波長の光に対して有効なものがのぞましい．石英ガラスは融点が高く，コストは高いが，このような性質を満足している．しかし，ふつうの石英ガラスでは伝送損失が 1000 dB にもなり，使いものにならない．20 dB 以下にするための不純物の濃度限界 (ppb, 10億分の1) は，Fe^{2+} 20, Cu^+ 50, Cr^{3+} 20, Co^{2+} 2, Ni^{2+} 20 で，とくに Co^{2+} の影響が大きいといわれる．

石英ガラスによる光ファイバーの構成では，外側のクラッドには高純度石英ガラスを，内側のコアにはこれに不純物を添加，融解して得られる屈折率の高い石英ガラスを，それぞれ用いる．石英ガラスよりも屈折率を高くし，しかも熱膨張率を大きく変化させない不純物としては，GeO_2，P_2O_5 が用いられる．また，不純物として B_2O_3 を用いると，石英ガラスよりも低い屈折率のガラスとなるので，高純度石英ガラスコアに対し有効なクラッド材となる．

SiO_2 ガラスに対する不純物の添加量と屈折率との関係を図 3.98 (a) に，GeO_2/SiO_2 コアと B_2O_3/SiO_2 クラッドの光ファイバーの伝送損失の例を (b)

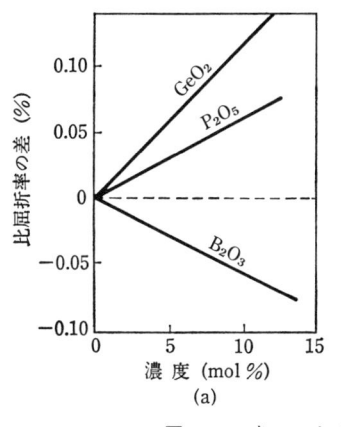

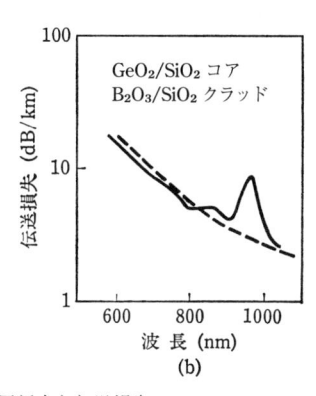

図 3.98 光ファイバーの屈折率と伝送損失

に示す．曲線上にあらわれている二つのピークは，いずれも OH 基による光吸収であるといわれている．石英ガラスの透明度は，光ファイバーの研究の進歩とともにほぼ理論的限界に達し，1600 nm の波長において 0.2 dB に至っている．したがって，このような赤外域の光を発振する InGaAsP 半導体レーザーが発振器としてもっぱら使用されている．p.238 を見よ．

光ファイバー用 SiO_2 の高純度化は 6 nine の $SiCl_4$ を出発原料として CVD や VAD によって母材をつくり，これを成長速度に合わせて引き上げる．コア部とクラッド部は母材作成のさい構成し，線引きして光ファイバーとする．詳細は図 2.1 を参照のこと．

3.6.5 電気光電セラミックス

セラミックス多結晶体の光学的応用をさらに拡大したものである．透明化された強誘電体に電場を加えると，通過する光の性質や量が変化する．このような多結晶体の誘電的性質と光との相互作用を利用するものが電気光電セラミックス (electro-optical ceramics) で，もっとも広く利用されているのは PLZT 透光セラミックスである．

(a) PLZT の電気光電効果　すでにのべたように PLZT は $BaTiO_3$ と同じペロブスカイト型結晶 (図 1.45 参照) で，これに La^{3+} を加えて固溶させると，La^{3+} (イオン半径 0.122 nm) は $Pb(Zr, Ti)O_3$ の中でイオン半径のよく似ている Pb^{2+} (0.132 nm) の位置に入り，そのために生ずる電荷のアンバランスは (Zr, Ti) の位

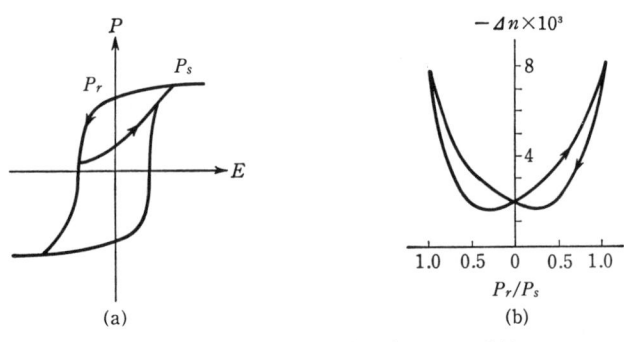

図 3.99 PLZT (8/65/35) の光メモリー特性

置で行われ，$Pb_{1-x}La_x(Zr_xTi_{1-x})O_3$ の組成をとる．Zr^{4+} や Ti^{4+} はそれぞれ 0.079 nm, 0.068 nm でいずれもイオン半径が小さいので，O^{2-} の配位八面体の中心付近には存在するが，c 軸の方向にわずかに変位し，そのため双極子モーメントを生じ強誘電体となる．PZT は La^{3+} の固溶により光透過率が向上し (図 3.96 参照)，透光 PLZT セラミックスになると，厚み 0.3 mm で光透過率は約 80% に達し，可視領域から約 700 nm の赤外領域にわたって高い光透過性を示す (図 3.95 参照)．また試料板が厚くなっても光透過率の低下が少ないことも特徴である．

式 (3.29) において強誘電体の誘電率 ε と屈折率 n との関係を示したが，ε と分極 P，電場 E との関係はつぎのようにあらわされる．

$$\varepsilon = 1 + 4\pi \left(\frac{P}{E}\right) \tag{3.31}$$

式 (3.29), (3.31) から，電場，分極，誘電率，屈折率が互いに関連をもつことが理解されよう．

PLZT セラミックスは強誘電性をもつため，図 3.99 (a) に示すように E の大きさによって P が変化し，P-E 曲線はヒステリシス特性を示す．したがって，電場を 0 にもどしても残留分極 P_r が残る．また，飽和分極値 P_s との比 P_r/P_s が小さいと複屈折 Δn は小さいが，その比が 1 のとき Δn は最大となる．(a) に対応する Δn-(P_r/P_s) 曲線を (b) に示しておく．すなわち，P_r が大きいほど Δn による光散乱効果は大きくなり，その特性は光メモリー素子に利用されている．このような特性は PLZT の組成によって大きく変化する．図 3.99 の PLZT の組成は (8/65/35) で，この場合，$PbZrO_3/PbTiO_3 = 65/35$，La = 8 原子%を意味する．

(b) 光メモリー素子 残留分極を利用した素子で，光を照射しながら電圧を加えると光学的性質が変化する．その構造を図 3.100 に示す．両面を光学研磨した 200 μm の厚さの透光 PLZT セラミックス板の片面に In_2O_3-SnO_2 の透明電極板をつけ，他の片面にはポリビニルカルバゾールの光導電膜をつけ，その上に透明電極を重ね，全体を絶縁性のスライドわくに固定する．素子全体の光透過率は 70% 以上となる．

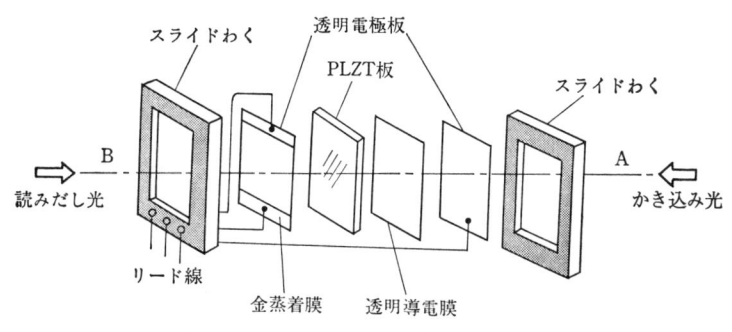

図 3.100 画像メモリー・表示素子の構造

まず，A 側の前面に画像マスクを置き，これを通して素子にかき込み光をあて，マスクの画像を素子上に結像させる．つぎに電極間に 200 V ぐらいの電圧をかけると，画像に対応して光のあたった部分に電流が流れ，PLZT 板に電圧が加わる．この電圧の大きさに応じて分極分布が生じ，画像はそのままメモリーされる．

メモリーされた部分は PLZT の分極の大きさが異なるので，これを利用して画像の読みだし表示が可能となる．図 3.100 の B 方向から素子に読みだし光をあて通過した光をスクリーンに投影すれば，任意の大きさの画像が再生される．メモリーした画像は金属蒸着膜に電流を通じ，PLZT をキュリー点近くまで加熱すると消去できる．また，素子に一様な光を照射しながら逆電圧をかけても消去できる．

磁気テープの記録密度は $10^4 \sim 10^5$ bit/cm^2 であるが (図 3.90 参照)，光メモリーのそれは波長 500 nm のレーザー光を用いた場合，$10^7 \sim 10^8$ bit/cm^2 である．

(c) 光シャッター 電場による光散乱を利用した素子が光シャッターである．たとえば，9/65/53 組成の PLZT は立方晶に近似し光学異方性はきわめて小さく光透過性は高いが，これに電圧を加えると分極のため高誘電性となり，Δn があらわれて光分散性の大きい構造に変化する．

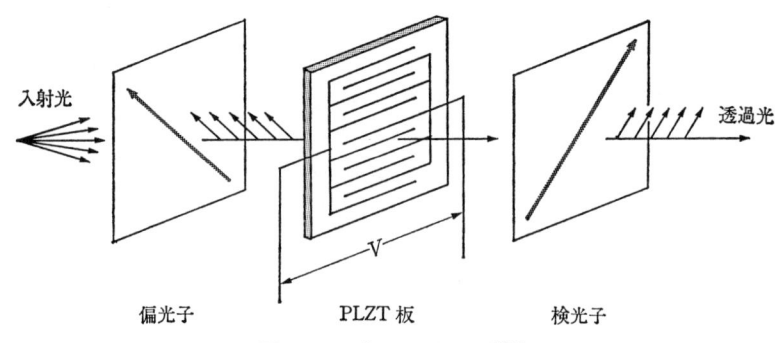

図 3.101 光シャッターの構造

　いま，図 3.101 に示すように平行電極をとりつけた PLZT 板を偏光子と直交した検光子との間に置くと，電圧をかけていないときは光は検光子を通過しないが，電圧をかけると，偏光子を通った偏光は結晶中の Δn の増大により変調され，特定成分の出力光として検光子を通過することができる．この場合，電場による分極の配向が光の進路に平行のときは散乱が少なく，直交するときは散乱が多くなる．また，光メモリーに見られるような高い P_r はあらわれない．応用としては，カメラシャッター，溶接作業の保護めがね，TV で立体画像を見るためのステレオめがねなどがある．
　PLZT は圧電体 (8/65/35 の K_p は 0.650) であり，電気エネルギーを応力に変換する能力がある．すなわち，その両面に電極をとりつけて電圧を加えると，面方向に伸縮し音を発する．これと透明性とを組み合わせて，透明圧電スピーカーが開発され，腕時計，電卓，携帯電話のカバーグラス兼スピーカーとして利用されている．

3.6.6 ルミネッセンスと蛍光体

　光が物質により吸収され，そのエネルギーが可視光線またはその付近の波長の光として再放出される現象をルミネッセンス (luminescence) とよび，外からエネルギーをあたえてから 10^{-8} s 以内に放射が起こる物質を蛍光体 (phosphor) という．
　ルミネッセンスは吸収した励起エネルギーによって電子を伝導バンドに上げ，再びもとの基底状態にもどるとき，光エネルギーとして放出されるものである．しかし，電子のもつエネルギーは $10^{-10} \sim 10^{-13}$ s で熱エネルギーとなって放散さ

れてしまうので，多くの物質ではこの時間内でエネルギーは消費してルミネッセンスを示さない．

そこで蛍光体では周囲のエネルギーと変換しにくい状態が要求される．Mn^{2+} ($3d^5$)，Cu^+ ($3d^{10}$)，Zn^{2+} ($3d^{10}$)，Ag^+ ($4d^{10}$)，Cd^{2+} ($4d^{10}$) のような d 型金属イオンでは最外殻の d 軌道が満員なので，内側の電子は外部の影響を受けにくい．したがって，このような電子がなんらかの形で励起されると，ルミネッセンスを起こしやすい．同じ電子配置 f^{14} の f 型金属イオンにも同じことがいえる．蛍光体の母結晶 (host crystal) としては発光特性，化学的安定性などのうえから，主としてリン酸塩，ケイ酸塩，酸化物，硫化物などが実用に供せられている．

蛍光体のおもな用途はカラーテレビブラウン管，蛍光ランプ，蛍光塗料，X 線増感紙，電卓，自動車，オーディオなどの照明や表示素子など，身近な日常生活に深く入り込んでいる．

(a) 蛍光体の発光機構　蛍光体の多くは母結晶内に少量の発光中心 (luminescence center) となる活性剤 (activator)，増感剤 (sensitizer) を置換固溶させたもので，母結晶に添加した少量の活性剤を発光中心とした一部だけが励起状態となり，発光中心を形成する．一般に母結晶としては活性剤を結晶内に均一に導入でき，導入するさいに電荷，イオン半径の相違による格子ひずみや欠陥生成が少なく，構造的に安定であることが必要である．一方，活性剤によらない母結晶自体が発光中心となる蛍光体もある．

テレビやコンピューターのディスプレーにはブラウン管が使われている．ブラウン管は，図 3.102 に示すようにガラス面の内側に 2〜20 μm の大きさの蛍光体粒子を 0.6 mm 程度の間隔で短ざく状に規則正しくとりつけ，これに数 kV の電

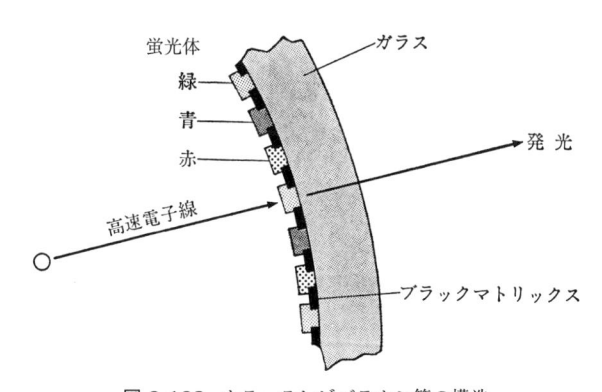

図 **3.102**　カラーテレビブラウン管の構造

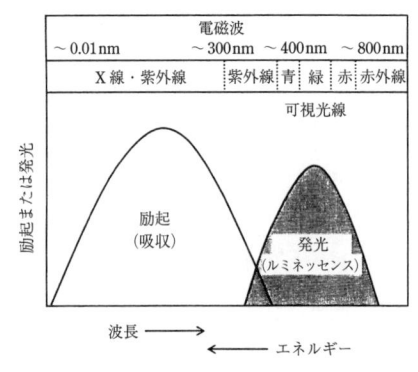

図 3.103 蛍光体の励起と発光エネルギー

圧で加速された高速電子線を入射させる．ブラックマトリックスは蛍光体粒子の間を黒鉛層でうめたものである．蛍光体粒子は ZnS のような結晶粒に活性剤として Cu^+, Al^{3+} のようなイオンを微量 (ppm 単位) で構造中に入れたもので，このような蛍光体の組成は $ZnS:Cu^+$, Al^{3+} のようにあらわす．

蛍光体の励起と発光エネルギーについてモデル的に示したのが図 3.103 である．可視光線の波長は 360～740 nm であり，これより短い波長で高エネルギーの X 線，紫外線などを蛍光体に照射すると，可視光線のエネルギーとして放出される．しかし，励起されたエネルギーは母結晶の格子振動などでエネルギーの一部を放出するために，最初の励起エネルギーよりも発光エネルギーは小さく，励起波長より発光波長のほうが長くなる．最初の励起エネルギーは母結晶のエネルギーギャップ ΔE_g によって決まる．さきにのべた ZnS (ΔE_g は 3.5 eV，紫外線域) にいくつかの活性剤を加えて X 線や紫外線を照射すると，Mn^{2+} では黄，Cu^+ では緑，Ag^+ では青にそれぞれ発光する．

このような発光金属イオンを添加すると，図 3.104 に示すように伝導バンドと価電子バンドとの間にいくつかの局部的エネルギーをもつ線状の準位がつくられる．もしも，このような準位が存在しなければ，伝導電子は直接価電子バンドに落ちて正孔と再結合し，発光しない．そこで光の吸収によって励起された電子は，いったん活性剤の準位 A にとらえられ発光する．準位 B に落ちたときは，熱的に励起されて再び伝導バンドに上がり，つぎに準位 A に落ちて発光するのである．

表 3.19 は蛍光体の発光中心の種類と発光特性を示したものである．イオン内遷移による発光中心は，母結晶構成イオンの一部を発光イオンにより置換して形成される．Sn^{2+} ($5s^2$) や Pb^{2+} ($6s^2$) のような金属イオンでは最外殻の s^2 電子の 1

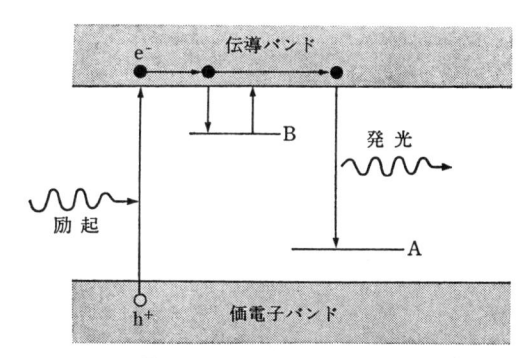

図 3.104 蛍光体の発光機構

表 3.19 蛍光体の発光中心と発光特性

種類		発光中心	発光特性			
			蛍光体	ピーク波長 (nm)	半値幅 (nm)	減衰時間 (ms)
イオン内遷移	s^2–sp	$In^+, Tl^+, Sn^{2+}, Pb^{2+}, Sb^{3+}, Bi^{3+}$	$Ca_{10}(PO_4)_6(F, Cl)_2 : Sb^{3+}$	480	120	17
	3d–3d	$Cr^{3+}, Mn^{2+}, Mn^{4+}$	$Zn_2SiO_4 : Mn^{2+}$	525	33	25 000
	4f–4f	$Pr^{3+}, Nd^{3+}, Sm^{3+}, Eu^{3+}$ $Gd^{3+}, Tb^{3+}, Dy^{3+}, Ho^{3+}$ $Er^{3+}, Tm^{3+}, Yb^{3+}$	$Y_2O_2S : Eu^{3+}$	626	2	520
			$Y_2O_2S : Tb^{3+}$	542	3	1 100
	4f–5d	$Ce^{3+}, Eu^{2+}, Yb^{3+}$	$YAlO_3 : Ce^{3+}$	370	58	0.03
錯イオン内遷移		$VO_4^{3-}, NbO_4^{3-}, UO_2^{2+}$ WO_4^{2-}	$CaWO_4$	410	100	18
ドナー・アクセプター対発光		Cu–Al, Ag–Cl	$ZnS : Cu^+, Al^{3+}$	531	74	20

個が p 軌道に励起される s^2-sp 遷移で，通常は紫外域から可視光域の青色にかけて強い吸収，発光を示す．Mn^{2+} ($3d^5$) や Cu^+ ($3d^{10}$) のような金属イオンでは，3d-3d 遷移であるが d 軌道が満員なので，いったん励起されると減衰しにくい特性がある．4f 軌道に空位のある希土類 (Sc, Y, ランタノイド) の金属イオンは，4f-4f 遷移により発光スペクトルの半値幅が狭く，減衰時間のやや長い発光となる．希土類金属イオンの発光は最外殻の 5s, 5p 電子により結晶場の影響を弱められているので，母結晶が異なっても発光スペクトルの変化は少ない．

しかし，希土類金属イオンの中でも，Ce^{3+} ($4f^1$), Eu^{2+} ($4f^7$), Yb^{3+} ($4f^{13}$) などは 4f-5d 遷移であり，5d 軌道は結晶場の影響を強く受けるので，これらの発光スペクトルは母結晶の構造に強く依存する．一方，錯イオン内遷移にはタングス

テン酸カルシウム ($CaWO_4$) があり，X 線や紫外線で青色発光するが，これは錯イオンである WO_4 四面体に起因するといわれている．最後のドナー・アクセプター対発光は，図 3.39 のように微量金属イオンのドナーとアクセプターとが対となって，ドナー準位にとらえられた e^- とアクセプター準位にとらえられた h^+ との 2 段階結合による発光で，$ZnS:Cu^+, Al^{3+}$ の例がある．

(b) 蛍光ランプとカラーテレビ用ブラウン管　蛍光体の中でもっとも大量に使用されているのがランプ用蛍光体である．蛍光ランプの構造を図 3.105 に示す．ランプに電源を入れると，熱電子がフィラメントから放出される．蛍光ランプ中には $270\sim400\,Pa$ の Ar と Hg ガスが封入されており，このガス中の Hg 原子は加速された電子の衝突により励起され，基底状態にもどるさいに波長 254 nm の紫外線を放出する．この紫外線でランプ内面に塗布されている蛍光体が励起され，発光する．

蛍光ランプの発光スペクトルが図 3.106 である．(a) は一般的なハロゲンを含有するハロリン酸カルシウム蛍光体とよばれるもので，$Ca_{10}(PO_4)_6(F,Cl)_2$：Sb^{3+}, Mn^{2+} で示される．この蛍光体は母結晶中の Ca^{2+} の一部を Sb^{3+}, Mn^{2+} で置換しており，Sb^{3+} があるために電荷のバランスを必要とし，母結晶中の F^-，Cl^- の一部を O^{2-} で置換している．480 nm にピークをもつ青緑色の幅広い発光は Sb^{3+} イオンの s^2-sp 遷移による発光，580 nm にピークをもつ黄橙色の発光は Mn^{2+} イオンの 3d-3d 遷移によるものである．Sb^{3+} イオンの s^2-sp 遷移による励起は紫外線のエネルギーと一致しており，紫外線により効率よく励起される．しかし，Mn^{2+} は紫外線では直接励起されず，Sb^{3+} からのエネルギー伝達によって励起されるために Sb^{3+} を増感剤という．このエネルギー移動が起こるためには Sb^{3+} と Mn^{2+} の励起準位や両者の距離が近くなければならない．このために Sb^{3+} と Mn^{2+} の濃度比を変えることにより，白色発光強度比を変えることがで

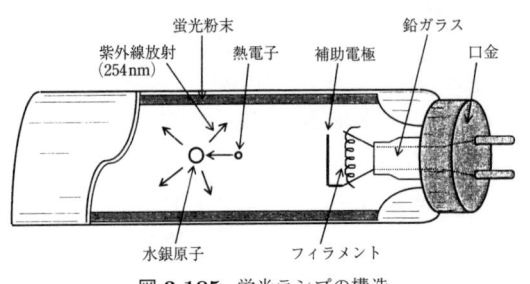

図 3.105 蛍光ランプの構造

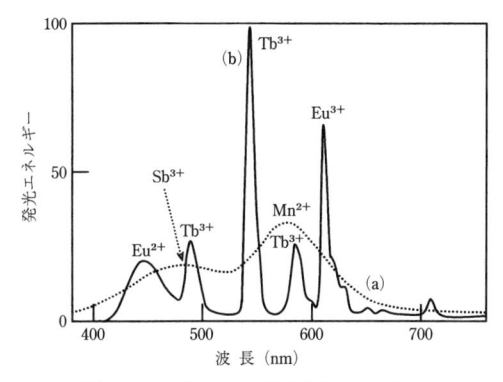

図 **3.106** 蛍光ランプの発光スペクトル

きる．この蛍光体の発光スペクトルは青緑〜黄橙色の可視光全体にわたった幅広いスペクトルであり，蛍光ランプは白色に見える．ハロリン酸カルシウム蛍光体は，原料の $CaHPO_4$, $CaCO_3$, CaF_2, $CaCl_2$, Sb_2O_3, $MnCO_3$ を均一に混合し，1100〜1200°C 焼成で製造されるが，安価に量産でき，化学的に安定なために一般照明用に広く使われている．

しかし，ハロリン酸カルシウム蛍光体は発光色に赤色が不足しているため，色再現性が低い．白光色は，光の3原色である青，緑，赤色の蛍光体を混合すれば再現できるため，これらを混合した3波長型ランプが開発され，この蛍光体の発光スペクトルが (b) である．青色には $BaMgAl_{10}O_{17}:Eu^{2+}$，緑色には $LaPO_4:Ce^{3+}, Tb^{3+}$，赤色には $Y_2O_3:Eu^{3+}$ 蛍光体が使われている．また，450 nm は Eu^{2+}，540 nm は Tb^{3+}，610 nm は Eu^{3+} からの発光である．Eu^{2+} は 4f-5d 遷移にもとづくもので結晶場の影響を受けるので幅広い発光となっている．一方，Tb^{3+}，Eu^{3+} の発光は 4f-4f 遷移によるもので，発光スペクトルは鋭い．3原色の狭い波長に発光エネルギーを集中させることにより高効率で高再現性を実現している．

図 3.107 のようにカラーテレビ用蛍光体のスペクトルは青，緑，赤色の3原色からなり，450 nm に青色発光の $ZnS:Ag,Cl$，530 nm に緑色の $ZnS:Cu^+, Al^{3+}$，さらに 630 nm の強い赤色発光が $Y_2O_2S:Eu^{3+}$ で，これは 540 nm と 700 nm にも発光スペクトルをもつ．これらの3原色を発光する蛍光体を組み合わせることにより美しい色合いのカラーテレビの高画質がつくられている．

カラーテレビブラウン管用蛍光体の主原料としては母結晶と活性剤，増感剤，低融点の融剤 (flux) などの添加物である．蛍光体の発光には不純物や格子欠陥がい

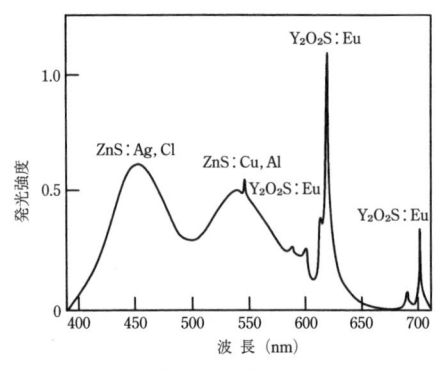

図 3.107 カラーテレビブラウン管用蛍光体の発光スペクトル

ちじるしく影響する．とくに Fe, Ni, Co などは 0.1 ppm 程度におさえなければならない．ZnS:Al,Cl 蛍光体は高純度 ZnS の母結晶に融剤として NaCl, $MgCl_2$, S, 活性剤は Ag として Ag_2SO_4 または $AgNO_3$ を混合し，900°C，数時間程度，H_2S ふん囲気中で焼成する．また，$Y_2O_2S:Eu^{3+}$ 蛍光体は母結晶 Y_2O_3 に Eu_2O_3, S, Na_2CO_3 を混合し，1 100〜1 300°C 焼成してから遊離の Na_2S を水洗除去する．

発光効率の良好な蛍光体を得るためには，原料(純度，粒径)，混合の均一性，焼成温度およびふん囲気の制御，蛍光体粉体の単一粒子化および塗布性などに注意しなければならない．とくに，蛍光ランプ，カラーテレビのブラウン管には，400〜600°C の加熱による表面処理工程 (baking) が必要なために耐熱性の無機蛍光体が用いられる．

3.6.7 レーザー

蛍光体でも，その他の光源でも，発光は光の吸収によって励起された電子が低エネルギー準位に落ちることによって生ずるものであるが，電子の移行は原子間相互とは無関係で行われる．したがって，放出される光の波長はほとんど変わらないが，位相はまったくでたらめで干渉性をもたない．このような現象を自然放射 (spontaneous emission) という．これに対して，エネルギー準位の差に対応する波長，位相ともにそろった単色性の光が放射される現象を誘電放射 (stimulated emission) とよび，このような機構によって発光する装置をレーザー (laser) とよんでいる．レーザーというのは light amplification by stimulated by emission by radiation の略称である．

(a) ルビーレーザー 多くの蛍光体は微量のd型，f型金属イオンをイオン結晶中に固溶させて，伝導バンドと価電子バンドとの間にいくつかの局部的なエネルギー準位を形成させたものであるが，s電子やp電子の場合は常に線状スペクトルをあたえる．この線状スペクトルにより発光スペクトルの幅が狭い強力な蛍光スペクトルが得られるのである．現在，もっとも実用的な固体レーザーはルビー(Cr^{3+}を固溶するα-Al_2O_3単結晶体）および YAG (Nd^{3+}を固溶する$Y_3Al_5O_{12}$単結晶体）である．Cr^{3+}は$3d^3$配置，Nd^{3+}は$4f^3$配置のようにそれぞれ不完全なd軌道，f軌道をもっており，図3.108に示すような結晶場の影響からエネルギーギャップのきわめて少ないd-d間，f-f間の移行によるルミネッセンスは，常に線状スペクトルを示す．すなわち，$3d_\varepsilon^3$配置において^2E, $^2T_1$, $^2T_2$は，すべてd_ε(6電子収容) 内における移行で，軌道状態は変わらずスピンだけが変化し，結晶場の強さが変わっても励起エネルギーは変化しない．

いま，図3.109に示すように，伝導バンドと価電子バンドの間に不純物原子によってできた三つのエネルギー準位E_1, E_2, E_3を考える ($E_1 < E_2 < E_3$)．この結晶に$E_3 - E_1 = h\nu_{13}$の条件を満足する振動数ν_{13}の強い光を照射すると，E_1にある電子は光を吸収してE_3に励起されるため，E_3の電子数が増加する．また，母結晶との相互作用による影響として電子の移行はE_3とE_2との間ではすみやかであるが，E_2とE_1との間ではおそい．したがって，E_3に上がった電子はすぐ下のE_2にはすぐ落ちるがE_1には落ちにくいのでE_2の電子数が増して

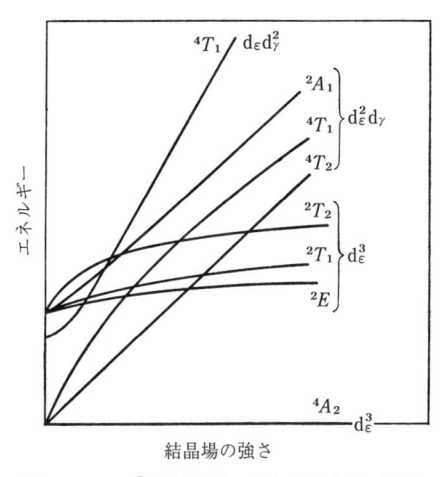

図 3.108 d^3電子配置に対する結晶場の影響

図 3.109 三準位レーザーの増幅機構

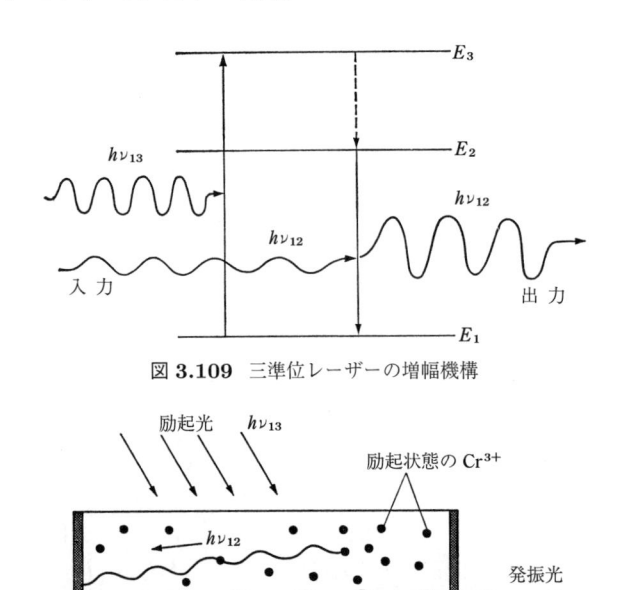

図 3.110 ルビーレーザーの発光機構

くる．その結果，E_1 の電子数は減って E_2 の電子数が増すという状態ができる．さらに $E_2 - E_1 = h\nu_{12}$ であたえられる振動数 ν_{12} の弱い光を照射すると，電子数の関係で E_2 から E_1 へ落ちる電子のほうが，E_1 から E_2 へ上がる電子の数より多いため，逆に ν_{12} という振動数の強い光を放出する．照射された ν_{12} の光は吸収されるどころか，さらに強い光となって結晶からとびだしていく．すなわち，光の増幅が行われる．これがレーザーの原理で，三つの準位を用いることから三準位レーザーとよばれる．

図 3.110 に示したのは三準位レーザーの発光機構を説明している．たとえば，ルビーレーザーは 0.05% の Cr^{3+} を固溶させた $\alpha\text{-}Al_2O_3$ 単結晶体で，これを円柱状にけずり，銀めっきにより一端に反射鏡を，他の一端に半透明反射鏡をとりつける．これにキセノンランプから強い光 (波長 560 nm) をあてると，Cr^{3+} は E_1 から E_3 に励起されるが，10^{-7} s という短い時間でエネルギーを失い，電子は Cr^{3+} に特有な準安定状態 E_2 に集まる．その寿命は 10^{-3} s で E_3 のそれとくら

べると10 000倍も長い．このため，一部はE_2よりE_1に落ちて$E_2 - E_1$に相当する694 nmの赤い光となって放出される．この光は両端にある反射鏡の間を往復するうちにE_2からの電子を誘導放出して非常に強い赤色光に増幅され，半透明反射鏡側より外部にでる．

YAGレーザーは波長1 060 nmの赤外線を発生するが，$Ba_2NaNb_5O_{15}$単結晶を通すと530 nm (緑) の可視光線に変調できる．レーザー用単結晶体のルビーはベルヌーイ法で，YAGは引き上げ法で合成されている．合成方法については，図2.30を参照のこと．YAGは発光スペクトルの発光効率が高く，蛍光の寿命の長いことから現在ではもっとも多く使われる固体レーザーである．

(b) 半導体レーザー　発光ダイオードについては，すでに3.4.3項 (f) において詳しくのべたが，発光ダイオードから放出される光が増幅されて，波長，位相ともにそろった強い光となると，p-n接合型半導体レーザーとなる．半導体がレーザー発振を行うための必要条件は，半導体の不純物濃度を高くして生成する電子や正孔の数を十分に増やしてやること，光の増幅を行うためにはなるべく光の吸収や屈折の大きな結晶を選ぶことである．GaAs, GaSb, InSb, InAs, InPなどはこのような性質によく適合する化合物半導体である．

GaAs (立方晶) のp-n接合型レーザーについてのべると，Snなどの不純物を加えたn型GaAsの基板の上にZnを拡散するか，またはエピタキシャル成長によってp型層を重ね，図3.111 (a) に示すようなp-n接合をつくる．この場合，レーザー光をとりだす面はへき開面(110)とする．GaAsの屈折率nは3.5であるから，この面に垂直に入射した光は39%程度反射する．いま，このp-n接合に順方向に電圧を加えて電流を流すと図3.56に示したように励起した電子と正孔は

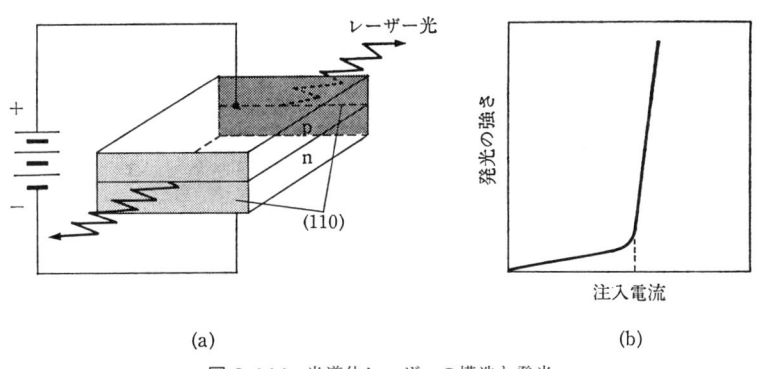

図 **3.111**　半導体レーザーの構造と発光

それぞれ接合部を通って p 型と n 型領域に入り，再結合することにより光の放射が起こる．このときの光の色はいろいろな波長，位相の弱い光が散乱した状態にあるが，図 3.111 (b) に示すように順方向の注入電流がある値をこすと，励起される電子や正孔の数が，消滅する電子や正孔の数をうわまわることになり，接合部付近で電子と正孔は反転して，波長，位相のそろった光 (赤波長，846 nm) となって放出する．放出される光の波長は母結晶のエネルギーギャップ ΔE_g の大きさで決まる．この光は両端の反射面 (110) の間を往復をくり返すうちに増幅されて強度を高め，レーザー光となって反射面に対して垂直方向に放出される．発振するレーザー光の波長は GaAs に対して不純物原子を固溶させることにより変えることが可能である．たとえば，$GaAs_{1-x}P_x$ では x を変えることにより 620〜840 nm に，$In_xGa_{1-x}As_{1-y}P_y$ では x, y を変えることにより 1100〜1600 nm に，それぞれ変わり，赤〜近赤外の光が得られる．

　レーザー光は一定位相の干渉波で指向性が大きいので，これに振幅変調や強度変調をかければ信号を伝達することができる．したがって，通信機器の発振子として広く応用されている．また，その鋭い方向性から精密加工や距離測定にも使われている．半導体レーザー発振器は超小型にできる利点があり，光ファイバー通信システムにおいて伝送しようとする電気信号をレーザー光に変換，その発光強度の変調によってパルス信号とする．その他，ビデオディスク，電話中継にも用いられている．

付　表

1. 単位とその記号

物理定数

物理量	記号	cgs 単位（概数）	SI 単位（概数）
電子の質量	m	9.11×10^{-28} g	9.11×10^{-31} kg
電子の電荷	e	4.80×10^{-10} esu	1.60×10^{-19} C
Plank 定数	h	6.63×10^{-27} erg·s	6.63×10^{-34} Js
気体定数	R	831×10^7 erg/mol·K (1.99 cal/mol·K)	8.31 J mol^{-1}K^{-1}
Avogadro 定数	L, N_A	6.02×10^{23}/mol	6.02×10^{23} mol^{-1}
Boltzmann 定数	$k = R/N_A$	1.38×10^{-16} erg/K	1.38×10^{-23} J K^{-1}
Faraday 定数	$F = eN_A$	2.89×10^{14} esu/mol	9.65×10^4 C mol^{-1}
モル体積（標準状態）	V_m	22.4 cm^3·atom	2.24×10^{-2} m^3 mol^{-1}
Bohr 磁子	μ_B	9.27×10^{-21} erg/G	9.27×10^{24} J T^{-1} $(1.165 \times 10^{-29}$ Wb m$)$
真空の透磁率	μ_0	$1 (9 \times 10^{20})$ esu $(4\pi \times 10^{-7}$ Ω·s/m$)$	12.6×10^{-7} Hm^{-1}
真空の誘電率	ε_0	$1 (9 \times 10^{20})$ emu	8.85×10^{-12} Fm^{-1}
光の速度（真空中）	c	3×10^{10} cm/s	3×10^8 ms^{-1}
氷点温度	T_0	273 K $(0°$C$)$	273 K
標準大気圧	P_0	1.01×10^6 dyn/cm^2 $(76.0$ mmHg$)$	1.01×10^5 Pa
重力の加速度	g	9.81 cm/s^2	9.81 ms^{-2}
1 eV に相当する波長	λ_0	1.24×10^{-4} cm	1.24×10^{-6} m

注）emu：電磁単位，esu：静電単位

SI 基本単位

物理量	名称	記号	cgs 単位
長さ	メートル	m	10^2 cm
質量	キログラム	kg	10^3 g
時間	秒	s	s
電流	アンペア	A	10^{-1} emu, 3×10^9 esu
熱力学的温度	ケルビン	K	°R
物質の量	モル	mol	mol
光度	カンデラ	cd	cd

注）SI 補助単位：平面角　ラジアン (rad)，立体角　ステラジアン (sr)

SI 誘導単位

物理量	名称	記号	定義
力	ニュートン	N	$\mathrm{kg\,m\,s^{-2}}$
圧力, 応力	パスカル	Pa	$\mathrm{kg\,m^{-1}\,s^{-2}}\ (=\mathrm{N\,m^{-2}})$
エネルギー	ジュール	J	$\mathrm{kg\,m^2\,s^{-2}}$
仕事率	ワット	W	$\mathrm{kg\,m^2\,s^{-3}}\ (=\mathrm{J\,s^{-1}})$
電荷	クーロン	C	$\mathrm{A\,s}$
電位差	ボルト	V	$\mathrm{kg\,m^2\,s^{-3}\,A^{-1}}\ (=\mathrm{J\,A^{-1}\,s^{-1}})$
電気抵抗	オーム	Ω	$\mathrm{kg\,m^2\,s^{-3}\,A^{-2}}\ (=\mathrm{V\,A^{-1}})$
電導度	ジーメンス	S	$\mathrm{kg^{-1}\,m^{-2}\,s^3\,A^2}\ (=\mathrm{A\,V^{-1}}=\Omega^{-1})$
電気容量	ファラッド	F	$\mathrm{A^2\,s^4\,kg^{-1}\,m^{-2}}\ (=\mathrm{A\,s\,V^{-1}})$
磁束	ウェーバー	Wb	$\mathrm{kg\,m^2\,s^{-2}\,A^{-1}}\ (=\mathrm{V\,s})$
インダクタンス	ヘンリー	H	$\mathrm{kg\,m^2\,s^{-2}\,A^{-2}}\ (=\mathrm{V\,A^{-1}\,s})$
磁束密度	テスラ	T	$\mathrm{kg\,s^{-2}\,A^{-1}}\ (=\mathrm{V\,s\,m^{-2}})$
光束	ルーメン	lm	$\mathrm{cd\,sr}$
照度	ルックス	lx	$\mathrm{cd\,sr\,m^{-2}}$
周波数	ヘルツ	Hz	$\mathrm{s^{-1}}$
セルシウス温度	セルシウス度	°C	$t/°\mathrm{C}=T/\mathrm{K}-273\ (1°\mathrm{C}=1\,\mathrm{K})$

SI 接頭語

大きさ	名称	記号	大きさ	名称	記号
10^{-1}	デシ	d	10	デカ	da
10^{-2}	センチ	c	10^2	ヘクト	h
10^{-3}	ミリ	m	10^3	キロ	k
10^{-6}	マイクロ	μ	10^6	メガ	M
10^{-9}	ナノ	n	10^9	ギガ	G
10^{-12}	ピコ	p	10^{12}	テラ	T
10^{-15}	フェムト	f	10^{15}	ペタ	P
10^{-18}	アット	a	10^{18}	エクサ	E

1. 単位のその記号 / 241

単位換算表

物理量，記号	非 SI 単位	SI 単位（概数）
長さ l	1 Å (オングストローム)	10^{-10} m, 10^{-1} nm
	1 μ (ミクロン)	10^{-6} m, 1 μm
	1 in (インチ)	2.54×10^{-2} m
	1 ft (フィート)	0.30 m
面積 A	1 ha (ヘクタール)	10^4 m^2
	1 a (アール)	10^2 m^2
	1 in^2 (平方インチ)	6.45×10^{-4} m^2
	1 ft^2 (平方フィート)	9.29×10^{-2} m^2
体積 V	1 l (リットル)	10^{-3} m^3
	1 in^3 (立方インチ)	1.64×10^{-5} m^3
	1 ft^3 (立方フィート)	2.83×10^{-2} m^3
	1 l/mol (リットル/モル)	10^{-3} m^3 mol^{-1}
質量 m	1 t (トン)	10^3 kg
	1 lb (ポンド)	0.454 kg
密度 ρ, 濃度 c	1 g/l (グラム/リットル)	1 kg m^{-3}
	1 lb/ft^3 (ポンド/立方フィート)	16.0 kg m^{-3}
	1 mol/l (モル/リットル)	10^3 mol m^{-3}
時間 t	1 min (分)	60 s
	1 h (時)	3 600 s
	1 d (日)	24 h, 86 400 s
速度 v	1 cm/s (センチメートル/秒)	10^{-2} m s^{-1}
力 F	1 dyn (ダイン)	10^{-5} N
	1 kgf (キログラム重量)	9.807 N
運動量 p	1 kgf·s (キログラム重量秒)	9.807 N s
圧力 P	1 bar (バール)	10^5 Pa
	1 atm (気圧)	1.01×10^5 Pa (1.01×10^6 dyn/cm^2)
	1 Torr (トル)	133.3 Pa
	1 mmHg (ミリメートル水銀柱)	133.3 Pa
応力 σ	1 kgf/mm^2 　　(キログラム重量/平方ミリメートル)	9.807×10^6 Pa (9.807 MPa または N/mm^2)
	1 dyn/cm^2 (ダイン/平方センチメートル)	10^{-1} Pa

単位換算表（つづき）

物理量，記号	非 SI 単位	SI 単位（概数）
エネルギー E, 仕事 W, 熱，熱量 Q, エンタルピー H	1 erg（エルグ）	10^{-7} J
	1 cal（カロリー）	4.186 J (1/860 Wh)
	1 eV（電子ボルト）	1.6×10^{-19} J (3.8×10^{-23} kcal)
	1 eV/mol（電子ボルト/モル）	96.5×10^{-3} J mol^{-1} (23.06 kcal/mol)
	1 kWh（キロワット時）	3.6×10^6 J
	1 Btu（イギリス熱力学単位）	1 055 J
	1 kgf·m（キログラム重量メートル）	9.807 J
仕事率 P	1 erg/s（エルグ/秒）	10^{-7} W
	1 kgf·m/s（キログラム重量・メートル/秒）	9.807 W
	1 cal/h（カロリー/時）	1.163×10^{-3} W
粘度 η	1 P（ポアズ）	10^{-1} Pa s (1 dyn·s/cm^2)
	1 kgf·s/m^2（キログラム重量秒/平方メートル）	9.807 Pa s
熱伝導率 λ	1 cal/cm·s·°C （カロリー/センチメートル·秒，セルシウス度）	418.7 W m^{-1} K^{-1}
熱容量 C, エントロピー S	1 cal/°C（カロリー/セルシウス度）	4.187 J K^{-1}
比熱 c	1 cal/g·°C（カロリー/グラムセルシウス度）	4.187×10^3 J kg^{-1} K^{-1}
電気量 Q	1 A·h（アンペア時）	3.6×10^3 C
電気コンダクタンス G	1 ℧（モー）	1 S (1 Ω^{-1})
磁界の強さ H	1 Oe（エルステッド）	$100/4\pi$ A m^{-1}
磁束密度 B	1 Gs（ガウス）	10^{-4} T
周波数 f	1 c/s（サイクル/秒）	1 Hz
振動数 ν	1 cpm（サイクル/分）	1/60 Hz
回転数 n	1 rps（回/秒）	1 s^{-1}
	1 rpm（回/分）	1/60 s^{-1}

ギリシャ文字

A	α	アルファー	I	ι	イオーター	P	ρ	ロー
B	β	ベーター	K	κ	カッパー	Σ	σ	シグマ
Γ	γ	ガンマー	Λ	λ	ラムダー	T	τ	タウ
Δ	$\delta\,\partial$	デルタ	M	μ	ミュー	Υ	υ	ウプシロン
E	ε	イプシロン	N	ν	ニュー	Φ	$\phi\,\varphi$	ファイ
Z	ζ	ゼーター	Ξ	ξ	グザイ	X	χ	カイ
H	η	エーター	O	o	オミクロン	Ψ	ψ	プサイ
Θ	$\theta\,\vartheta$	シーター	Π	π	パイ	Ω	ω	オメガ

2. 元素の周期表

元素の周期表

	1	2	3	4	5	6	7	8	9	10	11	12	13	14	15	16	17	18
1	H																	He
2	Li	Be											B	C	N	O	F	Ne
3	Na	Mg											Al	Si	P	S	Cl	Ar
4	K	Ca	Sc	Ti	V	Cr	Mn	Fe	Co	Ni	Cu	Zn	Ga	Ge	As	Se	Br	Kr
5	Rb	Sr	Y	Zr	Nb	Mo	Tc	Ru	Rh	Pd	Ag	Cd	In	Sn	Sb	Te	I	Xe
6	Cs	Ba	*	Hf	Ta	W	Re	Os	Ir	Pt	Au	Hg	Tl	Pb	Bi	Po	At	Rn
7	Fr	Ra	†															

* ランタノイド元素	La	Ce	Pr	Nd	Pm	Sm	Eu	Gd	Tb	Dy	Ho	Er	Tm	Yb	Lu
† アクチノイド元素	Ac	Th	Pa	U	Np	Pu	Am	Cm	Bk	Cf	Es	Fm	Md	No	Lr

3. 電子配置・原子量表

電子配置・原子量表 (1997)　　$Ar(^{12}C) = 12$

原子番号	元素名	元素記号	原子の電子構造	原子量
1	水素	H	$1s^1$	1.00794 ± 7
2	ヘリウム	He	$1s^2$	4.002602 ± 2
3	リチウム	Li	$1s^2 2s^1$	6.941 ± 2
4	ベリリウム	Be	$1s^2 2s^2$	9.012182 ± 3
5	ホウ素	B	$1s^2 2s^2 2p^1$	10.811 ± 7
6	炭素	C	$1s^2 2s^2 2p^2$	12.0107 ± 8
7	窒素	N	$1s^2 2s^2 2p^3$	14.0067 ± 2
8	酸素	O	$1s^2 2s^2 2p^4$	15.9994 ± 3
9	フッ素	F	$1s^2 2s^2 2p^5$	18.9984032 ± 5
10	ネオン	Ne	$1s^2 2s^2 2p^6$	20.1797 ± 6
11	ナトリウム	Na	$Ne3s^1$	22.989770 ± 2
12	マグネシウム	Mg	$Ne3s^2$	24.3050 ± 6
13	アルミニウム	Al	$Ne3s^2 3p^1$	26.981538 ± 2
14	ケイ素	Si	$Ne3s^2 3p^2$	28.0855 ± 3
15	リン	P	$Ne3s^2 3p^3$	30.973761 ± 2
16	硫黄	S	$Ne3s^2 3p^4$	32.065 ± 5
17	塩素	Cl	$Ne3s^2 3p^5$	35.453 ± 2
18	アルゴン	Ar	$Ne3s^2 3p^6$	39.948 ± 1
19	カリウム	K	$Ar4s^1$	39.0983 ± 1
20	カルシウム	Ca	$Ar4s^2$	40.078 ± 4
21	スカンジウム	Sc	$Ar3d^1 4s^2$	44.955910 ± 8
22	チタン	Ti	$Ar3d^2 4s^2$	47.867 ± 1
23	バナジウム	V	$Ar3d^3 4s^2$	50.9415 ± 1
24	クロム	Cr	$Ar3d^5 4s^1$	51.9961 ± 6
25	マンガン	Mn	$Ar3d^5 4s^2$	54.938049 ± 9
26	鉄	Fe	$Ar3d^6 4s^2$	55.845 ± 2
27	コバルト	Co	$Ar3d^7 4s^2$	58.933200 ± 9
28	ニッケル	Ni	$Ar3d^8 4s^2$	58.6934 ± 2
29	銅	Cu	$Ar3d^{10} 4s^1$	63.546 ± 3
30	亜鉛	Zn	$Ar3d^{10} 4s^2$	65.39 ± 2
31	ガリウム	Ga	$Ar3d^{10} 4s^2 4p^1$	69.723 ± 1
32	ゲルマニウム	Ge	$Ar3d^{10} 4s^2 4p^2$	72.64 ± 1
33	ヒ素	As	$Ar3d^{10} 4s^2 4p^3$	74.92160 ± 2
34	セレン	Se	$Ar3d^{10} 4s^2 4p^4$	78.96 ± 3

電子配置・原子量表 (つづき)

原子番号	元素名	元素記号	原子の電子構造	原子量
35	臭素	Br	$Ar3d^{10}4s^24p^5$	79.904 ± 1
36	クリプトン	Kr	$Ar3d^{10}4s^24p^6$	83.80 ± 1
37	ルビジウム	Rb	$Kr5s^1$	85.4678 ± 3
38	ストロンチウム	Sr	$Kr5s^2$	87.62 ± 1
39	イットリウム	Y	$Kr4d^15s^2$	88.90585 ± 2
40	ジルコニウム	Zr	$Kr4d^25s^2$	91.224 ± 2
41	ニオブ	Nb	$Kr4d^45s^1$	92.90638 ± 2
42	モリブデン	Mo	$Kr4d^55s^1$	95.94 ± 1
43	テクネチウム	Tc	$Kr4d^65s^1$	
44	ルテニウム	Ru	$Kr4d^75s^1$	101.07 ± 2
45	ロジウム	Rh	$Kr4d^85s^1$	102.90550 ± 2
46	パラジウム	Pd	$Kr4d^{10}$	106.42 ± 1
47	銀	Ag	$Kr4d^{10}5s^1$	107.8682 ± 2
48	カドミウム	Cd	$Kr4d^{10}5s^2$	112.411 ± 8
49	インジウム	In	$Kr4d^{10}5s^25p^1$	114.818 ± 3
50	スズ	Sn	$Kr4d^{10}5s^25p^2$	118.710 ± 7
51	アンチモン	Sb	$Kr4d^{10}5s^25p^3$	121.760 ± 1
52	テルル	Te	$Kr4d^{10}5s^25p^4$	127.60 ± 3
53	ヨウ素	I	$Kr4d^{10}5s^25p^5$	126.90447 ± 3
54	キセノン	Xe	$Kr4d^{10}5s^25p^6$	131.293 ± 6
55	セシウム	Cs	$Xe6s^1$	132.90545 ± 2
56	バリウム	Ba	$Xe6s^2$	137.327 ± 7
57	ランタン	La	$Xe5d^16s^2$	138.9055 ± 2
58	セリウム	Ce	$Xe4f^15d^16s^2$	140.116 ± 1
59	プラセオジム	Pr	$Xe4f^25d^16s^2$	140.90765 ± 2
60	ネオジム	Nd	$Xe4f^35d^16s^2$	144.24 ± 3
61	プロメチウム	Pm	$Xe4f^45d^16s^2$	
62	サマリウム	Sm	$Xe4f^55d^16s^2$	150.36 ± 3
63	ユウロピウム	Eu	$Xe4f^65d^16s^2$	151.964 ± 1
64	ガドリニウム	Gd	$Xe4f^75d^16s^2$	157.25 ± 3
65	テルビウム	Tb	$Xe4f^85d^16s^2$	158.92534 ± 2
66	ジスプロシウム	Dy	$Xe4f^95d^16s^2$	162.50 ± 3
67	ホルミウム	Ho	$Xe4f^{10}5d^16s^2$	164.93032 ± 2
68	エルビウム	Er	$Xe4f^{11}5d^16s^2$	167.259 ± 3
69	ツリウム	Tm	$Xe4f^{12}5d^16s^2$	168.93421 ± 2
70	イッテルビウム	Yb	$Xe4f^{13}5d^16s^2$	173.04 ± 3

電子配置・原子量表（つづき）

原子番号	元素名	元素記号	原子の電子構造	原子量
71	ルテチウム	Lu	$Xe4f^{14}5d^{1}6s^{2}$	174.967 ± 1
72	ハフニウム	Hf	$Xe4f^{14}5d^{2}6s^{2}$	178.49 ± 2
73	タンタル	Ta	$Xe4f^{14}5d^{3}6s^{2}$	180.9479 ± 1
74	タングステン	W	$Xe4f^{14}5d^{4}6s^{2}$	183.84 ± 1
75	レニウム	Re	$Xe4f^{14}5d^{5}6s^{2}$	186.207 ± 1
76	オスミウム	Os	$Xe4f^{14}5d^{6}6s^{2}$	190.23 ± 3
77	イリジウム	Ir	$Xe4f^{14}5d^{9}$	192.17 ± 3
78	白金	Pt	$Xe4f^{14}5d^{9}6s^{1}$	195.078 ± 2
79	金	Au	$Xe4f^{14}5d^{10}6s^{1}$	196.96655 ± 2
80	水銀	Hg	$Xe4f^{14}5d^{10}6s^{2}$	200.59 ± 2
81	タリウム	Tl	$Xe4f^{14}5d^{10}6s^{2}6p^{1}$	204.3833 ± 2
82	鉛	Pb	$Xe4f^{14}5d^{10}6s^{2}6p^{2}$	207.2 ± 1
83	ビスマス	Bi	$Xe4f^{14}5d^{10}6s^{2}6p^{3}$	208.98038 ± 2
84	ポロニウム	Po	$Xe4f^{14}5d^{10}6s^{2}6p^{4}$	
85	アスタチン	At	$Xe4f^{14}5d^{10}6s^{2}6p^{5}$	
86	ラドン	Rn	$Xe4f^{14}5d^{10}6s^{2}6p^{6}$	
87	フランシウム	Fr	$Rn7s^{1}$	
88	ラジウム	Ra	$Rn7s^{2}$	
89	アクチニウム	Ac	$Rn6d^{1}7s^{2}$	
90	トリウム	Th	$Rn6d^{2}7s^{2}$	232.0381 ± 1
91	プロトアクチニウム	Pa	$Rn5f^{2}6d^{1}7s^{2}$	231.03588 ± 2
92	ウラン	U	$Rn5f^{3}6d^{1}7s^{2}$	238.02891 ± 3
93	ネプツニウム	Np	$Rn5f^{4}6d^{1}7s^{2}$	
94	プルトニウム	Pu	$Rn5f^{6}7s^{2}$	
95	アメリシウム	Am	$Rn5f^{7}7s^{2}$	
96	キュリウム	Cm	$Rn5f^{7}6d^{1}7s^{2}$	
97	バークリウム	Bk	$Rn5f^{8}6d^{1}7s^{2}$	
98	カリホルニウム	Cf	$Rn5f^{10}7s^{2}$	
99	アインスタイニウム	Es		
100	フェルミウム	Fm		
101	メンデレビウム	Md		
102	ノーベリウム	No		
103	ローレンシウム	Lr		
104	ラザホージウム	Rf		
105	ドブニウム	Db		
106	シーボーギウム	Sg		
107	ボーリウム	Bh		

索引 (和文)

【ア】

IC (集積回路)　　66, **72**, 75, 175, 178
　——基板　　66, **72**, 77, 79, 112, 123, 186, 196
　——チップ　　76
　——パッケージ　　196
　厚膜——　　**78**, 112, 196
　薄膜——　　**72**, 196
　モノリシック——　　196
亜鉛フェライト ($ZnFe_2O_4$)　　30, 96, **211**
アクセプター (半導体)　　**174**, 191
　——準位　　**174**, 185
　——分子　　182
アケルマナイト ($Ca_2MgSi_2O_7$)　　37, 57
圧電性ガラス　　204
圧電体　　66, 201
圧電発振子　　66, 204
アパタイト $\Longrightarrow$ 水酸アパタイト
アモルファスシリコン (太陽電池)　　188
アモルファス相　　57, 188
アラゴナイト ($CaCO_3$)　　95
アルコキシド法 ($BaTiO_3$ の製造)　　96
アルミナ (α-Al_2O_3)　　25, **28**, 42, 66, **72**, 74, 83, 92, 100, **103**, **110**, **111**, 115, **116**, 120, 122, 124, 125, 127, 128, 132, **134**, 135, 138, **149**, 153, 160, 164, 177, **195**, 197, 220, 221, **235**
　——(γ-Al_2O_3)　　42, 66, 104, **154**
　——ゲル　　154
　——単結晶 $\Longrightarrow$ サファイア, ルビー
　——ホイスカー　　100
　高純度——　　83, 103, 195
　高密度——　　109, 111
　融解——　　113

アルミニウム (Al)　　122, 124, 127, 132
　——合金　　149
アレニウス式 (活性化エネルギー)　　89
安定化ジルコニア (PSZ) $\Longrightarrow$ ジルコニア
アンテナ用磁心　　213

【イ】

イオン間結合力 (Z/r^2)　　129, 142, 158
イオン結合　　1, 16, 169
イオン結晶　　15, 25
イオン交換性 (ゼオライト)　　158
イオン格子の安定性　　17, 24, 128
イオン伝導性　　169, 178, **193**, 195
イオンの拡散係数　　84, 85, 114
イオン半径比　　16, 17, 129
異方性　　71, **111**, 118, 136, 199, 203, 221
インジウムアンチモン (InSb)　　170, 175, 237
インジウムガリウムヒ素リン (InGaAsP)　　225, 238
インジウムヒ素 (InAs)　　170, 175

【ウ】

腕時計 (PLZT)　　204, 228

【エ】

永久磁石　　66, 71, 207, 216
永久双極子モーメント　　31
液相反応　　92
　核粒子の生成——　　92
　$CaCO_3$ 粒子の生成——　　93
　$BaTiO_3$ 粒子の生成——　　95
SOS 結合 (Si-Al_2O_3 薄膜)　　73

sp^2 混成　　15, 16, **20**, 123, 177
sp^3 混成　　**2**, 16, 20, 21, 35, 51, **168**, 170, 175
X 線　　8
　　特性―――　　**8**, 10, 13
　　連続―――　　8
X 線回折法　　8
　　回転結晶法―――　　12
　　写真法―――　　10, 13
　　比例計数管法―――　　10
　　粉末法―――　　10
X 線管球 (X 線回折)　　8
AT カット (水晶)　　205
n 型半導体　　**173**, 175, 182, 185, 192
NTC サーミスター　　179
エネルギーギャップ　　147, **168**, 170, 176, 180, 187, 218, 230, 238
エネルギー損失 (誘電体)　　198
エネルギーバンド　　166
　　n 型半導体の―――　　173
　　ガス吸着前後の―――　　182
　　蛍光体の―――　　231
　　三準位レーザーの―――　　236
　　シリコンの―――　　168
　　ダイヤモンドの―――　　167
　　多分子原子の―――　　166
　　銅の―――　　121
　　ナトリウムの―――　　169
　　p-n 接合の―――　　186, 187
　　p-n-p 接合の―――　　190
　　p 型半導体の―――　　173
エネルギー変換素子 (圧電体)　　205, 228
エピタキシャル成長 (薄膜)　　**72**, 77, 100, 202, 237
エミッター (トランジスター)　　190
LSI (大規模 IC)　　**75**, 79, 123, 196
　　超―――(VLSI)　　75, 192
　　超超―――(ULSI)　　75
塩化亜鉛 ($ZnCl_2$)　　24, 98
塩化アルミニウム ($AlCl_3$)　　98
塩化ケイ素 ($SiHCl_3$)　　68
―――($SiCl_4$)　　69, 74, 98
塩化セシウム (CsCl)　　**15**, 22, 25, 27
―――型　　17, 22
塩化チタン ($TiCl_4$)　　98

塩化ナトリウム (NaCl)　　**7**, **15**, 17, 22, 25, **27**, 102, 127, 170, **192**
―――型　　17, 22, 25, 32, 44, 129, 136, 209
―――の結晶外形　　7
―――の格子エネルギー　　27
塩化ヒ素 ($AsCl_3$)　　100
塩化ホウ素 (BCl_3)　　98
エンジニアリングセラミックスの特性　　139
エンスタタイト ($MgSiO_3$)　　52, 195

【オ】

応力-ひずみ曲線　　**130**, 136
オクタンの分離 (ゼオライト)　　157
押しだし成形　　111
音子 ⟹ フォノン
温度勾配法 (単結晶体の合成)　　101

【カ】

界面張力　　117
カオリナイト ($Al_2Si_2O_5(OH)_4$)　　39
化合物半導体 (AB 型)　　169, 175, 237
可視光線　　180, 189, **217**, 230
―――の分光エネルギー分布　　218
ガスセンサー　　66, 176, 181
ガス着火素子 (圧電体)　　204
可塑性 (粘土-水系)　　39
可塑体 (成形)　　108
型材 (HP)　　109
活性化エネルギー (固相反応)　　89
活性剤 (発光中心)　　229
家庭用洗剤 (ゼオライト)　　159
価電子　　1
―――バンド　　**167**, 171, 185, 218, 230
過飽和度　　92, 94, **95**, 96, 99
ガーネット型 (磁性体)　　212
カーボンアペックスシール (ロータリエンジン)　　145
カーボンナノチューブ (炭素分子)　　146
ガラスの転移点　　57
ガリウムアンチモン (GaSb)　　237

索引（和文） / 249

ガリウムヒ素 (GaAs)　　66, 100, 170, **176**, 188, 191, 221, **237**
ガリウムヒ素リン (GaAsP)　　66, 188, 238
ガリウムリン (GaP)　　188
カルサイト ($CaCO_3$)　　32, **46**, **93**, 94, 222, 223
カルシア (CaO)　　28, 33, 46, 128
感光性プラスチック (IC の作成)　　77

【キ】

気相反応　　97
　　——の平衡定数　　98, 100
　　α-Al_2O_3 ホイスカーの生成——　　100
　　GaAs 薄膜生成——　　99
　　SiC, Si_3N_4 の超微粉体生成——　　97
　　SOS 薄膜生成——　　73
起電力　　187, 194
逆 CaF_2 構造　　28
逆方向 (p-n 接合)　　185, 190
キャリア (電子と正孔)　　191
　　——ガス (気相反応)　　73
球充填モデル (イオン結晶)　　15
吸着　　154, 158, 181
キュリー点　　80, 180, **199**, 202, 203, 209
強磁性体　　206, 208, 216
共晶　　33
共沈殿　　96, 154
共有結合　　2, 16, 20, 22, 167
強誘電体　　31, 79, 198, 222, 226
金 (Au), 銀 (Ag)　　19, 78, 120, 177, 201
金属結合　　**3**, 19, 169

【ク】

空間格子　　4
屈折率　　222, 226
クラッキング (石油)　　155
クラッド (光ファイバー)　　69, 224
クリストバライト (SiO_2)　　**23**, 48, 50, 52

【ケ】

K_α 線 (X 線回折)　　8
ケイ化モリブデン (($MoSi)_2$)　　66, 110, 135, **177**
蛍光体　　66, 228
　　——の組成
　　　$BaMgAl_{10}O_{17}$: Eu^{2+} (青)——　　233
　　　$Ca_{10}(PO_4)_6(F,Cl)_2$: Sb^{3+}, Mn^{2+} (青)——　　232
　　　$LaPO_4$: Ce^{3+}, Tb^{3+} (緑)——　　233
　　　Y_2O_3 : Eu^{3+} (赤)——　　233
　　　Y_2O_2S : Eu^{3+} (赤)——　　233
　　　ZnS : Ag, Cl (青)——　　233
　　　ZnS : Cu^+, Al^{3+} (緑)——　　66, 230, 233
蛍光ランプ　　232
ケイ酸カルシウム (β-Ca_2SiO_4)　　32, 36
ケイ素 (Si) $\Longrightarrow$ シリコン
形態制御　　65
携帯電話 (PLZT)　　228
結晶化ガラス　　160
結晶水　　3, 43, 104
ゲート (MOS トランジスター)　　191
ゲルマニウム (Ge)　　20, 66, 67, 170, 175, 219
研磨剤 (ダイヤモンド)　　108

【コ】

コア (光ファイバー)　　69, 224
高圧装置 (高圧法)　　107
格子エネルギー　　24
　　NaCl の——　　27
　　ハロゲン化物の——　　27
格子振動 (熱伝導)　　122
硬磁性材料　　66, 216
格子定数　　4, 6, 7
　　——の計算 (X 線回折)　　11
格子内電荷分布　　129
格子ひずみ　　28, 31, 198

格子変形 ($CaTiO_3$)　198
高純度石英ガラス　69, 225
硬水軟化剤 (ゼオライト)　159
合成水晶 ⟹ 水晶
合成ゼオライト ⟹ ゼオライト
合成ダイヤモンド ⟹ ダイヤモンド
合成宝石　103, 108
構造安定性　17, 128
構造敏感性　135, 136
高速コンピューター　191
光導電素子　180
高密度回路基板　79
黒鉛 (C)　**19**, **20**, 47, 107, 109, 120, 122, 123, 125, 132, 135, **143**, 153, **177**
　——化　143, 144
　耐熱不浸透——　145
　不浸透——　143
コークス (黒鉛)　143
コーサイト (SiO_2)　47
コージェライト ($Mg_2Al_3(AlSi_5)O_{18}$)　37, 195
固相反応　83
　A-B 系——モデル　87
　$AO-B_2O_3$ 系——　84
　$BaCO_3-SiO_2$ 系——　88, 90
　$BaCO_3-TiO_2$ 系——　91
　$CaO-MgO-SiO_2$ 系——　86
　$CaO-SiO_2$ 系——　86
　$CoO-Al_2O_3$ 系——　92
固体酸触媒　155
固体電解質　193
コバルト (Co)　169, 207, 209
コバルトフェライト ($CoFe_2O_4$)　211, 216
コバルトブルー ($CoAl_2O_4$)　92
ゴム　131
固溶体　32
　部分——　34, 53, 152
コラーゲン (タンパク質)　163
コレクター (トランジスター)　190
コンデンサー ⟹ セラミックスコンデンサー
コンピューター　66, 71, 192, 229

【サ】

サイアロン ($Si_{6-z}Al_zN_{8-z}O_z$)　138, 139, **140**
サッカーボール分子 (炭素)　147
サファイア ($\alpha-Al_2O_3$)　72, 103
サーミスター　66, **179**
酸化亜鉛 (ZnO)　21, 66, 105, 176, **181**, 205
酸化イットリウム (Y_2O_3)　161, 193
酸化カドミウム (CdO)　28, 176
酸化カルシウム (CaO) ⟹ カルシア
酸化クロム (Cr_2O_3)　29, 128
酸化ケイ素 (SiO_2) ⟹ シリカ
酸化ゲルマニウム (GeO_2)　23, 224
酸化コバルト (CoO)　28, 66, 92, 128, 180
酸化ジルコニウム (ZrO_2) ⟹ ジルコニア
酸化スズ (SnO_2)　23, 29, 66, **181**, 183
酸化ストロンチウム (SrO)　28, 128
酸化セリウム (CeO_2) ⟹ セリア
酸化チタン (TiO_2) ⟹ チタニア
　——(Ti_2O_3)　29
酸化鉄 ($\alpha-Fe_2O_3$)　29, 70, 107, 128
　——($\gamma-Fe_2O_3$)　66, 71, 184, **216**
　——(FeO)　28, 176
　——(Fe_3O_4) ⟹ マグネタイト
酸化トリウム (ThO_2)　29, 128, **153**
酸化鉛 (PbO)　28, 105, 202, 222, 223
酸化ニッケル (NiO)　28, 128, 176, 180
酸化ハフニウム (HfO_2)　24, 29, 128
酸化バリウム (BaO)　28, 91, 128
酸化物の結合エネルギー (Z/r^2)　129, 142
酸化ベリリウム (BeO) ⟹ ベリリア
酸化ホウ素 (B_2O_3)　58, 63, 77, 224
酸化マグネシウム (MgO) ⟹ マグネシア
酸化マンガン (MnO)　29, 66, 180, **209**
　——(MnO_2)　23, 29
酸化リン (P_2O_5)　59, 225

三酸化チタンバリウム $\Longrightarrow$ チタン酸バリウム
酸性点 (固体酸)　154
酸素イオン欠陥　80, 152, 193
残留磁気　208, 215, 216

【シ】

CFRP (炭素繊維強化プラスチック)　148
ジオプサイド ($CaMg(SiO_3)_2$)　38, 57
磁気記録テープ (VTR)　66, **71**, 216
磁気ディスク　66, 216
磁気テープ $\Longrightarrow$ 磁気記録テープ
磁気ヘッド　66, 71, 216
磁気メモリー (p-n 接合)　192, 214
磁気モーメント　71, 206, 208, 211
磁極　205
磁区　71, 208
示差熱分析 (DTA)　41
磁心コイル　214
失透 (ガラス)　59
自動車エンジン　66, 138
CVD 法 (気相反応)　**73**, 75, 97, 100, 189, 191, 225
ジブサイド ($Al(OH)_3$)　42, 82, 154
重晶石 ($BaSO_4$)　91
集積回路 $\Longrightarrow$ IC
自由電子　**3**, **121**, 122, 169
順方向 (p-n 接合)　185, 190, 238
焼結体 (高密度)　109
　――のミクロ構造　116
焼結反応　83, 114
状態図　51
　A-B 2 成分系――モデル　52
　A-B-C 3 成分系――モデル　55
　Al_2O_3-SiO_2 系――　150
　C 系――　19
　CaO-Al_2O_3 系――　149
　CaO-MgO 系――　33, 54
　CaO-MgO-SiO_2 系――　56
　CaO-ZrO_2 系――　152
　H_2O 系――　51
　MgO-Al_2O_3 系――　34, 55
　MgO-CoO 系――　33

　MgO-SiO_2 系――　53
　$PbZrO_3$-$PbTiO_3$ 系――　203
　SiO_2 系――　48, 52
シリカ　**23**, 40, **48**, 50, **51**, 59, 60, 66, 74, **105**, 106, 127, 128, 223
　――ガラス $\Longrightarrow$ 石英ガラス
　――ゲル　154
シリカ-アルミナ触媒　154
シリコン (Si)　20, 66, 73, 108, **168**, 170, 175, 187, 188, 219, 222
　――ウエファ　**75**, 108
　工業用――　67
　高純度――　67, 102
ジルコニア (ZrO_2)　24, 66, 74, 99, 110, 120, 124, 128, 132, 135, 143, **151**, 177, **193**
　安定化――(PSZ)　**138**, **151**, 153, 160, 161, 177, **193**
　融解――　113
ジルコン ($ZrSiO_4$)　125, 195
ジルコン酸鉛 ($PbZrO_3$)　31
人工骨，人工歯根　66, 160

【ス】

水酸アパタイト ($Ca_{10}(PO_4)_6(OH)_2$)　66, 160, 161
水酸化アルミニウム ($Al(OH)_3$)　42, 82
水酸化カドミウム ($Cd(OH)_2$)　24
水酸化カルシウム ($Ca(OH)_2$)　24
水酸化鉄 ($Fe(OH)_2$)　24
水酸化マグネシウム ($Mg(OH)_2$)　24, **43**
水晶 (SiO_2)　105, 202
　――発振子 (圧電体)　205
水素結合　**3**, 45
スイッチング (メモリー)　192, 216
水熱法 (単結晶の合成)　104
スズ (Sn)　170, 175
ステアタイト ($MgSiO_3$)　195
ステショバイト (SiO_2)　48, 106
ステンレススチール　122, 135
スピーカー (圧電体)　204, 216

スピネル ($MgAl_2O_4$) **30**, 34, 52, **55**, **66**, 103, 110, 128, 132, 135, **151**, 210
――型アルミネート　30, 210
――型欠陥構造　154
――型フェライト　30, 70, **211**
――固溶体　55, 210
スピン (電子の自転)　206
スピン格子 (磁性体)　209
すべり系 (塑性変形)　136

【セ】

正孔伝導性　170, 174
生体活性　160
生体材料 (バイオセラミックス)　159
正電荷吸着　182
整流作用 (p-n 接合)　185
ゼオライト　**40**, 66, **156**, 159
　A 型――　156
　X 型――　158
石英　22, 25, **48**, 50, 52, 61, 205
――ガラス　52, **59**, **69**, 120, 125, 132, 219, 222, **224**
――ガラスの X 線回折　60
積層コンデンサー　112, 201
絶縁体　169, 175, 194
セッコウ ($CaSO_4 \cdot 2H_2O$)　3, **43**, 104, 120
　半水―― ($\alpha\text{-}CaSO_4 \cdot 1/2H_2O$)　104
　半水―― ($\beta\text{-}CaSO_4 \cdot 1/2H_2O$)　43, 104
　無水―― ($III\text{-}CaSO_4$)　43
　焼き――　105
セッコウ型 (成形)　112
セラミックス　65
　――エンジン　138
　――コンデンサー　66, 201
　――シート　79, **112**, 201
　――ファイバー　150
　――フィルター　204
　超伝導――　79
　デビド――　59
　電気光電――　225
　透光――　220
バイオ――　159
ファイン――　65, **66**, 67
セリア (CeO_2)　161

【ソ】

増感剤 (発光中心)　229
双極子結合　**3**, 43, 104
双極子モーメント　31, **199**, 202, 226
増幅作用 (トランジスター)　191
素子 (電子回路)　75
ソース (MOS トランジスター)　192
塑性変形　131, 136
塑性流動　113
ソーダ石灰ガラス　62, **63**, 127, 219, 222
ソーダ石灰ケイ酸塩ガラス ⟹ ソーダ石灰ガラス
ソーダフッ石 ($Na_2(Al_2Si_3O_{10}) \cdot 2H_2O$)　40

【タ】

ダイオード　66, 78, 175, 179, **185**
　耐熱――　176, 186
　発光――　176, **188**
体心立方格子 (bcc)　**18**, 19
耐熱合金 (Ni-Co 系)　109, 135, 139
ダイヤモンド (C)　3, **19**, 47, 66, 67, **107**, **108**, 125, 194, 218, 222
　――型　20, 30, 67, 123, 167, 175
　――カッター　75, 108
太陽電池　66, 186
多形　47
ターゲット (X 線)　9
脱着　158
単位格子　4
炭化ケイ素 (SiC)　22, 66, 74, 97, 110, 123, **137**, **138**, **139**, 153, 170, 176, 189
　改質――　123
炭化タングステン (WC)　107, 131, 132, 177
炭化チタン (TiC)　153, 177
タングステン (W)　79, 135, 153, 177

単磁区　　71
弾性波 (格子振動)　　122
弾性変形　　130
弾性率 $\Longrightarrow$ ヤング率
炭素 (C)　　**2**, *19, 67*
　　──繊維　　*20, 138, 148*
　　──の状態図　　*19, 47*
　　無定形──　　*143*
炭素鋼　　*135*
炭素繊維強化プラスチック (CFRP)
　　148
断熱エンジン　　*138*

【チ】

チタニア (TiO$_2$)　　**23**, **24**, *29, 103,*
　　128, 197, 222, 223
チタン合金　　*149, 160, 163*
チタン鉄鉱 (FeTiO$_3$)　　*91*
チタン酸カドミウム (CdTiO$_3$)　　*31*
チタン酸カルシウム (CaTiO$_3$) $\Longrightarrow$ ペロブスカイト
チタン酸ストロンチウム (SrTiO$_3$)
　　31, 200
チタン酸鉛 (PbTiO$_3$)　　*31*
チタン酸バリウム (BaTiO$_3$)　　*31, 66,*
　　91, *95, 97, 101, 117,* **180**,
　　197, **198**, *201, 222*
窒化アルミニウム (AlN)　　*21, 74,*
　　124, 138, 153, 170, 195
窒化ガリウム (GaN)　　*188*
窒化ケイ素 (Si$_3$N$_4$)　　*66, 97, 111,*
　　124, 137, 138, **139**, *141, 153*
窒化ホウ素 (BN)　　**21**, *66, 110, 123,*
　　124, 153, 170, 177, 195
窒素分子の吸着 (ゼオライト)　　*158*
超交換作用 (反磁性体)　　*210*
長石 (KAlSi$_3$O$_8$)　　*40*
超伝導セラミックス (Ba$_2$RCu$_3$O$_{7-y}$)
　　79
超微粉体　　*67, 75, 97, 220*
　　α-Al$_2$O$_3$──　　*83, 103, 115*
　　γ-Fe$_2$O$_3$──　　*71*
　　BaO·6Fe$_2$O$_3$──　　*72, 106*
　　BaTiO$_3$──　　*96*

CaCO$_3$──　　*94*
CoAl$_2$O$_4$──　　*92*
SiC──　　*97, 140*
Si$_3$N$_4$──　　*97, 141*
ZrO$_2$──　　*99*

【テ】

TG-DTA　　*42*
ディーゼルエンジン　　*138*
鉄 (Fe)　　*19, 111, 120, 124, 132,*
　　169, 207, 209
転移　　*47*
　　──の熱力学的考察　　*49*
　　アルミナの──　　*42*
　　黒鉛の──　　*47, 107*
　　シリカの──　　*48*
　　ジルコニアの──　　*151*
　　石英の──　　*48, 50,* **52**
　　チタン酸バリウムの──　　*199*
　　鉄の──　　*19*
転移点　　*47, 57*
展延性　　*19, 137*
電気陰性度　　*23, 169*
電気機械結合係数　　*202, 205, 228*
電気光電効果　　*217*
　　PLZT の──　　*225*
電気抵抗率　　*68, 124,* **174**, **177**,
　　179, 195, 199
電気伝導性　　*165, 169, 177*
電気伝導度 $\Longrightarrow$ 導電率
電源トランス用磁心　　*213*
電子雲　　*1*
電子欠陥　　*166*
電子素子　　*67, 72, 75, 175*
電子伝導性　　*123, 169, 173*
電磁波スペクトル　　*217*
伝送損失 (光ファイバー)　　*224*
電卓　　*228*
伝導電子　　*170, 173*
伝導バンド　　**167**, **171**, *185, 218,*
　　230
電場　　*167, 171*
電波フィルター　　*66, 204*
電話器　　*216*

【ト】

銅 (Cu)　　19, 120, 121, 124, 127, 131, 132, 169, 177
等圧成形 (IP)　　110
等温線 (3成分系状態図)　　56
透磁率 (Mnフェライト)　　70, 207
導体　　**121**, **169**, 175, 177
導電率　　177
ドクターブレード法 (セラミックスシート)　　79, **112**, 201
ドナー (半導体)　　173, 191
　　──順位　　173
　　──分子　　182
トランジスター　　66, 77, 175, 179, 184
　　MOS──　　191
　　接合──　　189
トリジマイト (SiO$_2$)　　23, 48, 50
ドレイン (MOSトランジスター)　　191
ドロマイト (CaMg(CO$_3$)$_2$)　　34, **46**

【ナ】

ナイロン　　132
流し込み成形　　112
ナトリウム (Na)　　168, 207
ナノ構造　　163, 220
鉛 (Pb)　　132, 175
軟鋼　　145
軟磁性材料　　213

【ニ】

ニッケル (Ni)　　111, 169, 207, 209
ニッケル亜鉛フェライト ((Ni,Zn)Fe$_2$O$_4$)　　215
ニッケルフェライト (NiFe$_2$O$_4$)　　211

【ネ】

熱間等圧成形 (HIP)　　110, 113, 141
熱交換器 (黒鉛)　　144
熱重量分析 (TG)　　41
熱衝撃抵抗　　126
熱伝導　　122
熱放射板　　123
熱膨張　　124
熱容量　　120

【ハ】

配位数　　15
パイ結合 (黒鉛)　　20, 21, 123, 147, 177
配向性フェライト　　70
媒晶剤　　104, 105
バイヤー法 (α-Al$_2$O$_3$の製造)　　82, 115
破壊じん性　　160
薄膜 (エピタキシャル成長)　　72, 100, 202
　　α-Al$_2$O$_3$──　　74
　　GaAs──　　100
　　Si──　　73, 74
　　SiO$_2$──　　75
薄膜合成反応　　74, 100
薄膜ディスク (磁気記録)　　66, 70, 216
8員環 (ゼオライト)　　157
白金 (Pt)　　201
発光ダイオード　　66, 176, 188
発光中心 (蛍光体)　　231, 233
　　3d-3d 遷移──　　231
　　4f-4f 遷移──　　231, 233
　　4f-5d 遷移──　　231
　　s^2-sp 遷移──　　232
　　錯イオン内遷移──　　231
　　ドナー・アクセプター対──　　232
発電機　　216
バテライト (CaCO$_3$)　　95
パラジウム (Pd)　　201
バリウムフェライト (BaO·6Fe$_2$O$_3$)　　66, 72, 106, **212**, 216
バリスター　　66, 176
パルス信号　　183, 192, 238
ハロリン酸カルシウム (蛍光体)　　232
反強磁性　　210
半導体　　168, 175, 178
　　──ガスセンサー　　66, 181

──メモリー　66, 192
　　──レーザー　66, 99, 176, 237
　　──レーザー発振器　238
　n型──　173, 182
　AB型化合物──　175
　真性──　172
　p型──　174
　不純物──　172
バンド図 $\Longrightarrow$ エネルギーバンド
反応速度定数(固相反応)　84

【ヒ】

PSA法(ゼオライト)　158
p-n接合　184, 187, 237
p-n-p接合　189
PLZT ((Pb,La)(Zr,Ti)O_3)　220, 222, 223, 227
　透光──　220
p型半導体　174, 185
光起電力(太陽電池)　187
光検出器　223
光シャッター　227
光センサー　66, 181
光通信システム　223
光電池　176, 181
光伝導性　176, 180, 187
光の吸収　218, 219
光の吸収係数　219
光の屈折率　222
光の複屈折　223
光の分光透過率　219
光ファイバー　66, 69
光メモリー　66, 226
引き上げ法(単結晶体の合成)　102
非晶質リン酸カルシウム(ACP)　163
ヒステリシス曲線　**208**, 210, 213, 226
PZT (Pb(Zr,Ti)O_3)　66, **202**, 221
PTCサーミスター　180
比熱　120
PVD法(薄膜)　75, **78**, 191, 205
比誘電率 $\Longrightarrow$ 誘電率
表面エネルギー　92, 93, 133
表面張力　113

表面波フィルター(圧電体)　205

【フ】

ファンデルワールス結合　21, 23, 39
VAD法(光ファイバー)　69, 225
フィックの法則　87
VTRテープ　72
フィラー($CaCO_3$超微粉体)　94
フェリ磁性　206
フェルミ準位　**167**, 182, 185
フォトエッチング(IC作成)　75
フォトン(光の量子)　218
フォノン(音の量子)　122
フォルステライト(Mg_2SiO_4)　**36**, 52, 195
複屈折　220, 223, 226
フッ化カルシウム(CaF_2)　**24**, 25, 27, 102, 127, 220, 221
　──型　**24**, 26, 29, 151, 180
フックの法則(ヤング率)　130, 133
フッ石 $\Longrightarrow$ ゼオライト
フッ素アパタイト($Ca_5(PO_4)_3F$)　161, 232
負電荷吸着(ガスセンサー)　183
部分安定化ジルコニア(PSZ) $\Longrightarrow$ 安定化ジルコニア
部分固溶　53, 151, 193
部分融解法(単結晶体の合成)　68, 102
ブラウン管(カラーTV)　66, 176, 214, **229**, 233
ブラッグの条件(X線回折)　10
ブラベイス格子　6
フラーレン(炭素分子)　146
フーリエ解析(X線回折)　13
ブルーサイト($Mg(OH)_2$) $\Longrightarrow$ 水酸化マグネシウム
プレス成形　109
プレーナー技術(IC作成)　75
フレーム融解法(単結晶体の合成)　103
フレンケル欠陥　182
ブレンステッド酸　154
プロパンガスの吸着(ガスセンサー)　183
分極　3, 24, 166, 187, **196**, 226

イオン── 197
界面── 197
双極子── 3, 197
電子── 197
誘電── 197, 199, 201
分子ふるい (ゼオライト) 66, 156
粉体 ⟹ 粒子
フントの法則 (電子の反発) 207

【ヘ】

へき開性 20, 23, 43
へき開面 38, 237
ベース (トランジスター) 190
ヘッドホーン 216
ベーマイト (AlOOH) 154
ベリリア (BeO) 66, 122, **123**, 124, 125, 135, 138, 153
ベルヌーイ法 (単結晶体の合成) 103
ペロブスカイト ($CaTiO_3$) **30**, 198
──型 31, 79, 198, 212, 225
偏向コイル (テレビ用) 214
変成器 (圧電体) 202, 214

【ホ】

ボーア磁子 206, 211
ホイスカー **75**, **100**, 101, 138
ボーキサイト (バイヤー法) 82
保磁力 71, 208, 215, 216
ホットプレス (HP) 70, **109**, 113, 118, 123, 141, 202, 221
ポリアクリロニトリル (PAN) 147
ポリエチレン 132
ポルトランドセメント 36
ボーン・ハーバーサイクル 26
ボーン方程式 (格子エネルギー) 25

【マ】

マイクロホン (圧電体) 204
マグネサイト ($MgCO_3$) 46
マグネシア (MgO) **12**, 22, 28, 33, **45**, 66, 110, 116, 120, 124, 127, 128, 131, 132, **136**, **153**, 177, 195, 221
融解── 113
マグネタイト (Fe_3O_4) 30, 66, 180, 210, 216
マグネトプラムバイト型 211
マーデルング定数 **25**, 29
マンガン-Zn フェライト (($Mn,Zn)Fe_2O_4$) 66, 70, 213, 214, 216
マンガンフェライト ($MnFe_2O_4$) 66, 70, 103, 211
マンガン-マグネシウムフェライト (($Mn,Mg)Fe_2O_4$) 215

【ミ】

ミクロ構造 (焼結体) 116, 135
水ガラス 62
水分子 (H_2O) **3**, 43, 51, 154, 172
ミラー指数 6

【ム】

ムライト ($3Al_2O_3 \cdot 2SiO_2$) 150, 195

【メ】

メルウィナイト ($Ca_3Mg(SiO_4)_2$) 57, 86
面指数 6
──の配当 (X 線回折) 11

【モ】

モリブデン (Mo) 79, 111, 135, 153, 177
もろさ (破壊) 132

【ヤ】

焼きセッコウ 105
ヤング率 **130**, 132
ヤンダー式 (固相反応) 88

【ユ】

融解流し込み法　*113*
融解熱　*127*
融点　*120*, **127**, *136*
誘電体　*196*
誘電率　**196**, *199*, *200*, *203*, *222*, *226*

【ヨ】

ヨウ化カドミウム (CdI$_2$)　*24*
　――型　*24*, *25*, *43*
溶成苦土リン肥　*62*

【ラ】

ラムダセンサー　*194*
ランダム配列 (固溶体)　*32*
ランプ用蛍光体　*232*

【リ】

立方最密充填 (ccp)　**17**, *19*, *22*, *30*, *31*, *210*
硫化亜鉛 (ZnS)　**22**, *66*, *105*, *170*, *176*, *230*
　――型 (α型)　**22**, *28*, *123*, *176*, *181*
　――型 (β型)　**22**, *25*, *123*, *175*, *176*, *180*, *189*
粒界 (多結晶体)　*117*, *135*
　――の移動　*117*
　――の異方性　*136*
硫化カドミウム (CdS)　*22*, *66*, *101*, *170*, *176*, **181**, *188*, **218**
粒子　*83*, *117*
　――間固相反応　*83*
　――間焼結反応　*83*, *114*
　――径と成長速度　*115*
　――径と表面エネルギー　*93*
　――の生成　*92*, *99*
超微――　*75*, *78*, *92*, *95*, *97*, *99*, *103*, *114*
2次――　*114*
理論的引張り強さの計算　*132*
リン化アルミニウム (AlP)　*21*, *170*
リン酸三カルシウム (Ca$_3$(PO$_4$)$_2$)　*32*, *163*
リン酸水素カルシウム二水和物 (CaHPO$_4 \cdot$2H$_2$O)　*45*

【ル】

ルイス酸 (固体酸)　*154*
ルチル (TiO$_2$)　**23**, *29*, *197*
　――型　*26*, *29*, *181*
ルビー (α-Al$_2$O$_3$)　*103*, *104*, *220*, *235*
ルミネッセンス　*228*

【レ】

冷間プレス　*109*, *110*, *112*, *118*
レーザー　*66*, *234*
　――発振子　*176*, *238*
　固体――　*235*
　三準位――　*236*
　半導体――　*223*, *237*
　p-n接合型レーザー――　*237*
　ルビー――　*235*
　YAG――　*237*

【ロ】

露出計 (カメラ)　*176*, *181*
ロータリエンジン (黒鉛)　*145*
六方最密充填 (hcp)　*17*, **18**, *19*, *22*, *28*, *36*, *161*, *212*

【ワ】

YAG (Y$_3$Al$_5$O$_{12}$)　*235*
ワイゼンベルグ写真法 (X線回折)　*13*

索引 (英文)

【A】

acceptor　174
activation energy　89
activator　229
adsorption　158
akermanite　36, 57
alkoxide method　96
alumina　28, 82
aluminosilicate clay　35
amorphous　57, 188
amorphous calcium phosphate　163
amorphous carbon　143
amorphous silicon　188
amphiboles　38
anisotropy　111
anti-ferromagnetism　206
anti-fluorite structure　28
apatite　161
aragonite　95

【B】

barite　91
base　190
baul　103
bauxite　82
Bayer process　82
benitoite　37
beryl　37
bioactive　160
bioceramics　159
biocompatibility　164
bioinert　160
biomaterials　159
Born-Haber cycle　26
Bohr magneton　206
Brönsted acid　154
Bragg's rule　9
Bridgman method　101
brittleness　132
brucite　43

【C】

calcite　32, 95
carbon nanotube　146
carbon-fiber reinforced plastic　148
ceramic filter　204
character control　65
chemical vapor deposition　73
chip　75
cladding　224
cleavage angle　38
cleavage property　20
coesite　47
collagen　163
collector　190
complex oxide　29
condenser　196
conduction band　168
conductor　169
coordination　15
cordierite　37, 195
core　224
corrosion　142
corrosion resistance　142
covalent bond　2
cristobalite　22
crystal grain　117
cubic close packing　17
Curie point　199
cyclic structure　35

【D】

desorption　158

devitrification 59
diamond 19
dielectric loss 198
dielectric polarization 197
dielectrics 196
differential thermal analysis 41
diffraction 8
diffraction pattern 8
dimagnetism 205
diode 185
diopside 38, 57
dipole 3
dipole moment 199
dipole polarization 197
disilicate 36
doctor blade method 112
dolomite 34
donor 173
double salt 32
drain 192

【E】

elastic deformation 130
electrical conductivity 165, 177
electrical field 171
electrical resistance 177
electro-optical ceramics 225
electromechanical coupling coefficient 203
electron defect 166
electronic conductivity 169
electronic polarization 197
electrooptic effect 217
element 75
emitter 190
energy band 166
energy gap 168
energy level 166
engineering ceramics 137
enstatite 52
epitaxial growth 72
epitaxy 72
etching 116
eutectic crystal 33

exposuremeter 181
extrinsic semiconductor 172
extrusion 111

【F】

Fermi level 167
ferrimagnetism 206
ferrite 210
ferroelectrics 198
ferromagnetism 206
fine ceramics 65
flame fusion method 103
fluorite 24
Hooke's rule 130
forsterite 36
forward direction 185
fracture toughness 160
free electron 3
Frenkl defect 182
fullerene 146

【G】

gas sensor 181
gate 191
germanium 167
gernet type 212
grain boundary 117
graphitization 143
graphite 19
gypsum 43

【H】

hard magnets 216
heat capacity 120
heating exchanger 144
hexagonal close packing 17
host crystal 229
hot isostatic press 110
hot press 109
Hund's rule 207
hydrogen bond 3
hydrous aluminosilicate 156

hydroxyapatite 161
hysteresis curve 207

【I】

IC package 196
ilmenite 91
insulator 168
integrated circuit 75
interface polarization 197
intermediate spinel 210
intrinsic semiconductor 172
ion radius 14
ionic bond 1
ionic conductivity 169
ionic polarization 197
island structure 35
isostatic press 110

【J】

Jander's equation 88
junction transistor 189

【K】

kaolinite 39

【L】

large scale IC 75
laser 234
lattice constant 4
lattice energy 26
Lewis acid 154
light amplification by stimulated by
　　　emission by radiation 234
light emitting diode 188
luminescence 228
luminescence center 229

【M】

magnesite 46

magnetic field 205
magnetic memory 214
magnetic moment 205
magnetic poles 205
magnetics 205
magnetism 205
magnetite 210
magnetoplumbite type 212
melt casting 113
merwinite 57
metallic bond 3
microstructure 116
molding 108
molecular sieve 156
monolithic IC 196
monosilicate 36
monticellite 57
MOS transistor 191
mullite 150

【N】

natrolite 40
negative end 3
negative temperature coefficient
　　　179
noncrystalline 57
normal spinel 210
normality 210

【O】

optical fiber 223
orthoclase 40
osteoblast 163
oxygen sensor 193

【P】

p-n junction 184
paramagnetism 205
partially stabilized zirconia 138
paste 78, 111
permittivity 196
permanent magnets 207

索引（英文） / 261

phase diagram　　51
phonon　　122
phosphor　　228
photoetching　　75
photocell　　181
photoconductivity　　176
photoresist　　77
photosensor　　181
physical vapor deposition　　75
piezoelectrics　　201
plastic deformation　　131
plastic flow　　113
plasticity　　39
polarization　　196
polymorphism　　47
positive ends　　3
positive hole　　174
positive temperature coefficient　　179
positive-hole conductivity　　174
powder method　　10
pressing　　109
pressure swing adsorption　　158
primitive unit lattice　　4
pulse signal　　192
pyrophyllite　　40
pyroxenes　　38

【Q】

quartz　　22
quartzite　　68

【R】

rectification　　185
relative permittivity　　196
resistibility　　177
reverse direction　　185
rotating-crystal method　　12
rubber press　　110
ruby　　103
rutile　　23

【S】

sapphire　　72, 103
semiconductor　　168
semiconductorial element　　178
semiconductorial memory　　192
sensitizer　　229
sheet structure　　35
sialon　　138
silica　　22, 47
silica-alumina catalyzer　　154
silicate glass　　61
silicates　　35
silicon　　167
silicon on sapphire　　73
silicon wafer　　75
simple oxide　　28
simulated body fluid　　164
sintering　　113
sintering reaction　　83
slip casting　　112
slip system　　136
soft magnets　　213
solar battery　　187
solid electrolyte　　193
solid solution　　32
solid state reaction　　83
source　　192
space lattice　　4
specific heat　　120
spinel　　29
spontaneous emission　　234
steatite　　195
stimulated emission　　234
stishovite　　47
stress-strain curve　　130
structure sensitivity　　135
super exchange interaction　　210
superconductivity　　79
surface energy　　93
swiching　　192
synthetic zeolite　　156

【T】

talc 40
thermal conduction 122
thermal expansion 124
thermal gravimetry 41
thermal shock resistance 126
thermally sensitive resister 179
thermister 179
thermobalance 41
thick film 78
thin film 72
three-dimentional network structure 35
transducer 202
transformation points 57
transition 47
transparent ceramics 220
tricalcium phosphate 163
tridymite 22

【U】

unit lattice 4

ultrafine powdered material 75

【V】

vacuum evaporation 75
valence band 168
valence electrons 1
vapor-phase axial deposition 69
vaterite 95
Verneuil's method 103
very large scale IC 75

【W】

water of crystallization 43
whisker 75, 100
wollastonite 37

【Y, Z】

Young's modulus 130
zone melting method 102

著者紹介

荒井康夫（あらい やすお）
　　日本大学名誉教授　工学博士
　　無機マテリアル学会名誉会員
　　主著："改訂3版　セラミックスの材料化学"大日本図書（1985）
　　　　　"粉体の材料化学"培風館（1987）
　　　　　"改訂2版　セメントの材料化学"大日本図書（1990）
　　　　　"Chemistry of Powder Production" Chapman & Hall, London（1996）

安江　任（やすえ たもつ）
　　日本大学理工学部教授　工学博士
　　無機マテリアル学会副会長

ファインセラミックスの構造と物性　　　定価はカバーに表示してあります

2004年1月20日　1版1刷　発行　　　ISBN978-4-7655-0133-0　C3043
2018年4月2日　1版4刷　発行

著　者　荒井　康夫
　　　　安江　　任
発行者　長　　滋彦
発行所　技報堂出版株式会社
　　　　〒101-0051
　　　　東京都千代田区神田神保町1-2-5
　　　　電　話　営業　（03）（5217）0885
　　　　　　　　編集　（03）（5217）0881
　　　　FAX　　　　　（03）（5217）0886
　　　　振替口座　　　00140-4-10
　　　　http://gihodobooks.jp/

日本書籍出版協会会員
自然科学書協会会員
土木・建築書協会会員
Printed in Japan

© Y. Arai, T. Yasue, 2004　　　　装幀　海保　透
　　　　　　　　　　　　　　　　印刷・製本　三美印刷

落丁・乱丁はお取り替えいたします。
本書の無断複写は，著作権法上での例外を除き，禁じられています。